孫子はすべてで13篇あるが、この上巻では第1篇から第7篇までを扱う。次にあるのが、第1篇から第7篇までの孫子の本文である。これは目次もかねていて、最後に書いてあるページ数がその項目の説明をしているページ数である。

　なおこの本には索引はつけないが、下記 URL にこの本と同じ孫子の全文を掲載してあり、簡単に孫子の本文の検索ができる。そこの通し番号はこの本の通し番号と同じであり、そこのページ番号はこの本のページ番号である。

http://kiboinc.com　サイトが開いたら「孫子」をクリックして下さい。

	始計　第一	5
1	孫子曰、兵者国之大事、死生之地、存亡之道、不可不察也、	7
2	故経之以五事、校之以計、而索其情、	9
3	一曰道、二曰天、三曰地、四曰将、五曰法、	10
4	道者、令民与上同意、可与之死、可与之生、而不畏危也、	10
5	天者、陰陽寒暑時制也、	13
6	地者、遠近、険易、広狭、死生也、	16
7	将者、智、信、仁、勇、厳也	17
8	法者、曲制官道、主用也	21
9	凡此五者、将莫不聞、知之者勝、不知者不勝	23
10	故校之以計而索其情、	24
11	曰、主孰有道、	24
12	将孰有能、	25
13	天地孰得、	26
14	法令孰行、	26
15	兵衆孰強、	29
16	士卒孰練、	29
17	賞罰孰明、	30
18	吾以此知勝負矣	30
19	将聴吾計用之必勝、留之、将不聴吾計用之必敗、去之、	31
20	計利以聴、乃為之勢、以佐其外、	32
21	勢者、因利而制其権也、	33
22	兵者詭道也、	34
23	故能而示之不能、用示之不用、	35
24	近而示之遠、遠而示之近、	35
25	利而誘之、乱而取之、	36
26	実而備之、強而避之、	37
27	怒而撓之、	38
28	卑而驕之、	39

29	佚而労之、	39
30	親而離之、	39
31	攻其無備、出其不意、	40
32	此兵家之勝、不可先伝也、	40
33	夫未戦而廟算、勝者得算多也、未戦而廟算不勝者得算少也、多算勝、少算不勝、而況於無算乎、吾以此観之勝負見矣、	42

作戦　第二　……… 43

34	孫子曰、凡用兵之法、馳車千駟、革車千乗、帯甲十万、千里饋糧、則内外之費、賓客之用、膠漆之材、車甲之奉、日費千金、然後十万之師挙矣、	45
35	其用戦也、勝久則鈍兵挫鋭、攻城則力屈、久暴師則国用不足、	50
36	夫鈍兵挫鋭、屈力殫貨、則諸侯乗其弊而起、雖有智者、不能善其後矣、	51
37	故兵聞拙速、未覩巧之久也、	51
38	夫兵久而国利者、未之有也、	54
39	故不尽知用兵之害者、則不能尽知用兵之利也、	54
40	善用兵者、役不再籍、糧不三載、取用於国、因糧於敵、故軍食可足也、	55
41	国之貧於師者遠輸、遠輸則百姓貧、	58
42	近於師者貴売、貴売則百姓財竭、財竭則急於丘役、	58
43	力屈財殫中原、内虚於家、百姓之費十去其七、	60
44	公家之費、破車罷馬、甲冑矢弩、戟楯蔽櫓、丘牛大車、十去其六、	61
45	故智将務食於敵、食敵一鍾当吾二十鍾、萁秆一石当吾二十石、	62
46	故殺敵者怒也、	64
47	取敵之利者貨也、	66
48	故車戦得車十乗以上、賞其先得者而更其旌旗、車雑而乗之、卒善而養之、是謂勝敵而益強、	69
49	故兵貴勝、不貴久、	70
50	故知兵之将、民之司命、国家安危之主也、	70

謀攻　第三　……… 71

51	孫子曰、夫用兵之法、全国為上、破国次之、全軍為上、破軍次之、全旅為上、破旅次之、全卒為上、破卒次之、全伍為上、破伍次之、是故百戦百勝非善之善者也、不戦而屈人之兵善之善者也、	73
52	故上兵伐謀、其次伐交、其次伐兵、其下攻城、攻城之法為不得已、修櫓轒輼、具器械三月而後成、距闉又三月而後已、将不勝其忿而蟻附之、殺士卒三分之一而城不抜者、此攻之災也、	80

53	故善用兵者、屈人之兵而非戰也、抜人之城而非攻也、毀人之国而非久也、必以全争於天下、故兵不頓而利可全、此謀攻之法也、	84
54	故用兵之法、十則囲之、五則攻之、倍則分之、敵則能戰之、少則能逃之、不若則能避之、故小敵之堅大敵之擒也、	85
55	夫将者、国之輔也、輔周則国必強、輔隙則国必弱、	88
56	故君之所以患於軍者三、	89
57	不知軍之不可以進而謂之進、不知軍之不可以退而謂之退、是謂縻軍、	90
58	不知三軍之事而同三軍之政者、則軍士惑矣、	91
59	不知三軍之権、而同三軍之任、則軍士疑矣、	91
60	三軍既惑且疑、則諸侯之難至矣、是謂乱軍引勝、	92
61	故知勝有五、	93
62	知可以与戰不可以与戰者勝、	93
63	識衆寡之用者勝、	94
64	上下同欲者勝、	95
65	以慮待不慮者勝、	96
66	将能而君不御者勝、	97
67	此五者、知勝之道也、	98
68	故曰、知彼知己、百戰不殆、不知彼而知己、一勝一負、不知彼不知己毎戰必敗、	99

軍形　第四　……　101

69	孫子曰、昔之善戰者、先為不可勝、以待敵之可勝、	103
70	不可勝在己、可勝在敵、	104
71	故善戰者、能為不可勝、不能使敵之必可勝、	105
72	故曰勝可知而不可為、	105
73	不可勝者守也、可勝者攻也、	106
74	守則不足、攻則有余、	107
75	善守者蔵於九地之下、善攻者動於九天之上、	107
76	故能自保而全勝也、	109
77	見勝不過衆人之所知、非善之善者也、	109
78	戰勝而天下曰善、非善之善者也、	110
79	故挙秋毫不為多力、見日月不為明目、聞雷霆不為聡耳、	111
80	古之所謂善戰者、勝於易勝者也、	113
81	故善戰者之勝也、無智名無勇功、	114
82	故其戰勝不忒、	115
83	不忒者其所措必勝、勝已敗者也、	115
84	故善戰者立於不敗之地、而不失敵之敗也、	115
85	是故勝兵先勝而後求戰、敗兵先戰而後求勝、	116

86	善用兵者、修道而保法、故能為勝敗之政、	117
87	兵法、一曰度、	118
88	二曰量、	118
89	三曰数、	119
90	四曰称、	119
91	五曰勝、	119
92	地生度、	120
93	度生量、	120
94	量生数、	121
95	数生称、	121
96	称生勝、	121
97	故勝兵若以鎰称銖、敗兵若以銖称鎰、	122
98	勝者之戰、若決積水於千仞之谿者形也、	122

兵勢　第五 …… 125

99	孫子曰、凡治衆如治寡分数是也、	128
100	鬪衆如鬪寡形名是也、	130
101	三軍之衆、可使必受敵而無敗者、奇正是也、	132
102	兵之所加、如以碬投卵者、虚実是也、	133
103	凡戰者以正合為奇勝、	134
104	故善出奇者、無窮如天地、不竭如江河、	136
105	終而復始日月是也、死而復生四時是也、	136
106	声不過五、五声之変不可勝聴也、色不過五、五色之変不可勝観也、味不過五、五味之変不可勝嘗也、戰勢不過奇正、奇正之変不可勝窮也、	137
107	奇正相生、如循環之無端、孰能窮之哉、	138
108	激水之疾、至於漂石者勢也、鷙鳥之疾、至於毀折者節也、	139
109	是故善戰者、其勢険、其節短、	140
110	勢如彍弩、節如発機、	142
111	紛紛紜紜鬪乱、而不可乱也、渾渾混混形円、而不可敗也、	143
112	乱生於治、怯生於勇、弱生於強、	146
113	治乱数也、勇怯勢也、強弱形也、	147
114	故善動敵者、形之敵必從之、予之敵必取之、	148
115	以利動之、以卒待之、	149
116	故善戰者、求之於勢、不責之於人、	150
117	故能択人而任勢、	151
118	任勢者其戰人也如転木石、木石之性安則静、危則動、方則止、円則行、	152
119	故善戰人之勢、如転円石於千仞之山者勢也、	153

虚実　第六　……155

120	孫子曰、凡先処戦地而待敵者佚、後処戦地而趨戦者労、	157
121	故善戦者致人、而不致於人、	159
122	能使敵人自至者利之也、能使敵人不得至者害之也、	160
123	故敵佚能労之、飽能飢之、安能動之、	161
124	出其所必趨、趨其所不意、	163
125	行千里而不労者、行於無人之地也、	164
126	攻而必取者、攻其所不守也、守而必固者、守其所不攻也、	166
127	故善攻者、敵不知其所守、善守者、敵不知其所攻、	169
128	微乎微乎至於無形、神乎神乎至於無声、故能為敵之司命、	170
129	進而不可禦者、衝其虚也、退而不可追者、速而不可及也、	170
130	故我欲戦敵雖高塁深溝、不得不与我戦者、攻其所必救也、我不欲戦雖画地而守之、敵不得与我戦者、乖其所之也、	173
131	故形人而我無形、則我専而敵分、	175
132	我専為一、敵分為十、是以十攻其一也、則我衆而敵寡、	177
133	能以衆撃寡者、則吾之所与戦者約矣、	178
134	吾所与戦之地不可知、不可知、則敵所備者多、敵所備者多、則吾所与戦者寡矣、	179
135	故備前則後寡、備後則前寡、備左則右寡、備右則左寡、無所不備則無所不寡、	180
136	寡者備人者也、衆者使人備己者也、	180
137	故知戦之地、知戦之日、則可千里而会戦、	181
138	不知戦地不知戦日、則左不能救右、右不能救左、前不能救後、後不能救前、而況遠者数十里、近者数里乎、	182
139	以吾度之、越人之兵雖多、亦奚益於勝敗哉、	182
140	故曰勝可為也、敵雖衆可使無闘、	183
141	故策之而知得失之計、	184
142	作之而知動静之理、	185
143	形之而知死生之地、	186
144	角之而知有余不足之所、	187
145	故形兵之極、至於無形、	188
146	無形、則深間不能窺、智者不能謀、	189
147	因形而措勝於衆、衆不能知、	189
148	人皆知我所以勝之形、而莫知吾所以制勝之形、	190
149	故其戦勝不復、而応形於無窮、	191
150	夫兵形象水、水之形避高而趨下、兵之形避実而撃虚、	191
151	水因地而制流、兵因敵而制勝、	191
152	故兵無常勢、水無常形、	192
153	能因敵変化、而取勝者謂之神、	192

| 154 | 故五行無常勝、四時無常位、日有短長、月有死生、……… | 192 |

軍争　第七 ……………………………………………………………… 195

155	孫子曰、凡用兵之法、将受命於君、合軍聚衆、交和而舎、莫難於軍争、………	197
156	軍争之難者、以迂為直、以患為利、………………………………	198
157	故迂其塗而誘之以利、後人発先人至、此知迂直之計者也、………	198
158	故軍争為利、軍争為危、	200
159	挙軍而争利則不及、而委軍争利則輜重捐、………	201
160	是故卷甲而趨、日夜不処、倍道兼行、百里而争利則擒三将軍、勁者先疲者後、其法十一而至、五十里而争利則蹶上将軍、其法半至、三十里而争利則三分之二至、是故軍無輜重則亡、無糧食則亡、無委積則亡、………	201
161	故不知諸侯之謀者、不能予交、………	203
162	不知山林険阻沮沢之形者、不能行軍、………	204
163	不用郷道者、不能得地利、………	205
164	故兵以詐立、以利動、以分合為変者也、………	205
165	故其疾如風、其徐如林、侵掠如火、不動如山、難知如陰、動如雷震、………	208
166	掠郷分衆、廓地分利、………	211
167	懸権而動、	211
168	先知迂直之計者勝、此軍争之法也、………	212
169	軍政曰、言不相聞、故為金鼓、視不相見、故為旌旗、………	212
170	夫金鼓旌旗者、所以一人之耳目也、………	214
171	人既専一、則勇者不得独進、怯者不得独退、此用衆之法也、………	214
172	故夜戦多火鼓、昼戦多旌旗、所以変人之耳目也、………	215
173	故三軍可奪気、将軍可奪心、………	216
174	是故朝気鋭、昼気惰、暮気帰、故善用兵者、避其鋭気、撃其惰帰、此治気者也、…	217
175	以治待乱、以静待譁、此治心者也、………	219
176	以近待遠、以佚待労、以飽待飢、此治力者也、………	220
177	無邀正正之旗、勿撃堂堂之陣、此治変者也、………	221
178	故用兵之法、高陵勿向、………	222
179	背丘勿逆、	222
180	佯北勿従、	223
181	鋭卒勿攻、	224
182	餌兵勿食、	226
183	帰師勿遏、	227
184	囲師必闕、	228
185	窮寇勿迫、	229
186	此用兵之法也、………	230

序　文

　私は山口大学文理学部文学科で英文を専攻していた。そんな大学時代のある日、山口市内の古本屋で明治、大正時代に早稲田大学から出版された漢籍国字解全書第十巻を見つけた。それには荻生徂徠が注釈した孫子国字解が収載されていた。私はそれを読むと引きこまれた。英文の学生であったにもかかわらず、孫子に読み耽り、その他の中国哲学の本も読むようになった。大学を卒業すると英語の高校教員になったが、中国哲学を研究しそれで飯を食っていこうという気持ちが強く、中国哲学関係の大学院を受験した。幸いなことに京都大学大学院文学研究科中国哲学史専攻に合格し研究者としての生活を夢見て京都へ行った。しかし家の事情等があり、修士課程までで打ち切り高校の英語教員になるつもりで故郷の徳島に帰って来た。阿南高専に誘われ、英語の非常勤講師をしながら常勤があくのを待つことになった。ところが諸般の事情で阿南高専に常勤採用されなかった。生活に窮した私は他の道を考え、幸いなことに徳島大学医学部に合格し医者としての道を歩むことになった。医者になってからも仕事の合間に時おり孫子を読みなおすことがあったが、その輝きはいつまでも失われず、読むたびにまた新しいことを発見するようであった。61歳になった時、「医者には停年がないけれど、もし私が教員になっておれば、もう停年の頃だな。それじゃ医者をする時間を減らして自由にいろいろとやってみようか。若い頃したかった中国哲学にももっと時間をさいてみよう。」と思った。

　私は荻生徂徠の孫子国字解が収載されている漢籍国字解全書第十巻の古本を若い頃に二冊買っていた。しかし買ってから40年が経ちだいぶ古びてきた。もう一冊買えないかなと思いインターネットで調べてみたが、もう今では入手は困難であるとわかった。私が若い頃は古本ではあるが、比較的簡単に手に入った。今の若い人は手に取ることもできないのだなと思った。兵法書で孫子に勝る本はない。また荻生徂徠の孫子国字解は卓越した注釈書として名高い。孫子という希代の軍事的天才が残した本を、荻生徂徠という日本の誇る頭脳が解説した本が孫子国字解である。この卓越した本を今の人が読むことができないのは、日本の損失と言っても過言ではなかろう。今の日本は幸いなことに戦争がなく平和である。そんな時代に軍事書など必要でないと思うかもしれない。しかし私達が住んでいる社会は、資本主義社会である。資本主義社会とは言ってみれば金を求めて競争し、戦争をしている社会である。今の日本でも血を流さない戦争はたえずなされているのである。戦争のある所、競争のある所、そこには孫子の知恵、荻生徂徠の知恵が必ず光る。

　荻生徂徠は江戸時代の人であるから、使う言葉が現代日本語に近く、荻生徂徠の原文を読んでも意味はだいたいわかる。しかし細かい所は解説がないとわかりにくい。しかも漢字は旧字であり、仮名遣いも旧仮名遣いであり、今の人は読みにくい。それならわかりにくい所に解説をつけ、旧字も新字に改め、仮名遣いも現代仮名遣いにし、難しい漢字にはルビをふり、今の人にも読みやすいものをつくってみようかと思った。もう一度よく読むことは私自身にも益があることである。思い立ってから書き始め1年半ほどかかり、ようやくできあがった。

　底本は次のものを用いた。

荻生徂徠（1926）『孫子国字解』（漢籍国字解全書　第10巻）早稲田大学出版部.

ところが、どう考えてもミスプリと思われる所がある。それで国立国会図書館に所蔵されている次の二冊を参照にした。

　荻生徂徠（1920）『孫子詳解』（『孫子国字解』改題）大日本教育書院.

　荻生徂徠　道済　校（1750）『孫子国字解』出雲寺文治郎.

底本が明らかなミスと思われる所は他の二冊を参考にして本文を改めたが、いちいちそのことを断ってはいない。『孫子詳解』と道済　校『孫子国字解』で異なる所は、道済　校『孫子国字解』は江戸時代の本であるため原文に近いだろうと考え、道済　校『孫子国字解』のほうを重視した。

　漢文を読む時返り点をつけて読むのが一般的である。しかしその読み方は漢文を日本語として読むことである。漢文という中国の漢字、しかも二千五百年前の漢字と現代、日本で使っている漢字とでは、同じ漢字であっても意味が同じであるはずがない。返り点をつけ日本語読みをすると孫子が意図したことと意味がずれてしまうのである。それで返り点をつけず、現代の日本語の漢字とは違うのだということを喚起するためにピンインをつけた。ただしピンインだけではわかりにくいだろうから、書き下し文もつけたが、書き下し文で孫子の真意を正確にとらえることができるとは思わないでほしい。

　この本の体裁はまず孫子の本文があり、その下にそのピンイン、その下にその書き下し文を書いてある。その下には荻生徂徠の解説がある。わかりにくいだろうと思われる所に数字を打ち、下に私が注釈をしている。私の注釈の下には私の感想、意見、あるいは孫子の考え方を現代に応用したものを枠で囲んだ中に書いてある。過激と思われる見解も見られる。それはあくまで孫子の考え方を現代に応用するならこうなるだろうということであり、そのようにしろという意味でない。実際に実行するには諸般の事情を考慮しなければならず、孫子をあてはめてそのまま実行できるものではない。私の注釈には全力を尽くしたが、間違いがあるかもしれない。またはっきりとしない所もあった。諸賢のご意見をいただければ幸いである。

注釈

孫子国字解 上

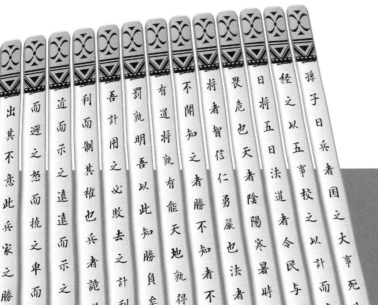

此の書を孫子と名づくることは、孫子が(1)編みたる書なるゆえかく云えり。孟子の書を(2)直に孟子と名づけ、老子荘子列子が書を直に老子荘子列子と云うが如し。古の人は真実に己に学び得たる所ありて一道を成就し、その成就したる所を書に著し、(3)強ちに古書をもからず、古語をも集めず、唯我自得の所をそのままに書きあらわすによりて、其の書を観れば其の人の全体明かなるわけにて、直に作者の名を書の名とすることなり。

(1) 編む：しるす　(2) 直に：直接に　(3) 強ちに：むやみに

　大凡此れ等の類をみな子書と云う。聖人の書を経と云い、賢人の書を子と云うというもこのことなり。而るに宋の世に至りて、神宗の元豊年中に、この孫子に呉子、(1)太宗問対、司馬法、尉繚子、三略、六韜を合わせて七書と名づけ、武士の本経とす。それゆへに又これを武経とも云うなり。武経七書の内にては、孫子呉子を誤りなき書とす。司馬法、尉繚子、三略、六韜には、後人のかき加えたるらんと疑わしき所も多し。さて孫呉の内にては、また孫子を第一とす。故に明の茅元儀も孫子より前なる書の意は孫子に(2)遺さず、孫子より後の書は孫子を(3)さし置くことあたわず、孫子一部にて兵家の道にのこることなし、其の余の五書をば孫子の注疏なりと心得べしと云えり。是は太宗問対は、あらわに孫子の意を解釈したるものゆえ、云うに及ばずとて除きて、外の五書のことを云いたるなれば、六書共に孫子の注疏と云いつべし。宋の朱服もこのわけにて、七書の次第を立てるに首に孫子次に呉子と次第して、それより段々に外の五書をつらねたるなり。然れば七書の内にても尤も尊信すべき書なり。

(1) 太宗問対：これは、「李衛公問対」、「唐太宗李衛公問対」とも言われる。太宗は唐の太宗で李世民のこと。李衛公は李靖のこと。李靖は唐の太宗に仕え、衛公に封じられたため李衛公と言う。問対は「問答」の意味。
(2) 遺す：全部し尽さないで一部を手つかずのままにする　(3) さし置く：無視する

　さてこの書の作者の孫子と云いしは斉の国の人なり。孫は姓なり。子は男子の美称とて、(1)おのこごを尊ぶ詞なり。名を武と云いたるによりて孫武とも云う。又姓名の下に子の字を置きて孫武子とも云うなり。是は荀子と云う人のことを孫子とも云いたることあるによりて、それに(2)まがわすまじき為に孫武子とも称せるなるべし。もと斉の国の人なりしが、伍子胥が薦めによりて呉の国に召され、呉王闔廬に仕え上将軍の官となり、楚国と戦い楚の軍を破り、楚国の都の郢と云う所まで攻め入り、楚王を追い落し武威を天下に顕す。呉国は東南の(3)返土にて(4)夷の風俗なりければ、其の時分まで諸侯の数にも入れられざりけるが、此の戦より勢強く、斉の国、晋の国など、皆諸侯の盟主にて国も大きく、威勢も強かりけれども、呉王闔廬に(5)手を置きたるは、過半は孫子が力なりとぞきこえし。其の後闔廬、遊興に(6)長じて政務に怠られけるを見て、官を辞して斉の国に帰りて病死せり。唐の李靖も孫子がことを(7)脱然(8)高踏と云いてほめたるも、官禄の利を貪らず呉国を立ち去り、伍子胥が如きの禍を蒙らざることを云えり。

(1) おのこご：男子　男性　(2) まがわす：紛らわしくする　(3) 返土：都に遠い地
(4) 夷：四方遠国の民族の総称　(5) 手を置く：手を出さない　(6) 長ず：耽る
(7) 脱然：超越すること　(8) 高踏：世俗を離れて身を潔く保つこと

　総じて合戦の道を説きたる書に、孫子に超えたるはなきゆえ、和漢共に崇重す。又孫子の書八十

二篇と漢書の芸文志にはかきたれども、今の世に伝わるは只此の十三篇なり。三国の時、魏の曹操この書の注解をせられたるとき、重複を刪りたりと、杜牧、⁽¹⁾晁以道などが説に見えたり。然れども史記の孫武が伝に、孫子初めて呉王闔廬に見えたる時、闔廬の詞に、子之十三篇、吾悉観之矣（zǐ zhī shí sān piān、wú xī guàn zhī yǐ　子の十三篇、吾悉く之を観る）と云えり。又大史公が賛にも世俗所称師旅、皆道孫子十三篇（shì sú suǒ chēng shī lǚ、jiē dào sūn zǐ shí sān piān　世俗称する所の⁽²⁾師旅、皆孫子十三篇を道う）とあるを見れば、孫子が本書は本より十三篇なること明らかなり。史記の正義には⁽³⁾劉向が⁽⁴⁾七録に孫子兵法三巻とあるを引き合わせて、今の世に伝わる十三篇は上巻なり、中下の巻外にありと云えども、是は⁽⁵⁾傅会の説なるべし。

(1) 晁以道：晁説之のこと。以道は字である。　　(2) 師旅：戦争　(3) 劉向：漢の人
(4) 七録：七録は中国南朝梁の阮孝緒が編纂した図書目録である。劉向の著書でない。劉向は別録をつくり、その子の劉歆がそれを簡素化して七略をつくった。七録は七略の誤りと思われる。
(5) 傅会：無理につなぎ合わせること。現代語では、「付会」あるいは「附会」と書く。

始計 第一

始ははじめなり。計ははかりごとなり。はかりごとを始めとすと読むなり。文字の意を知らぬものは、はかりごとと云えば、はや人をたばかりいつわることと心得るは⁽¹⁾僻事なり。兵は詭道なれば、人をたばかるも計の内の一つなるべけれども、計の字の意は、ものを⁽²⁾つもりはかり⁽³⁾目算をすることなり。此の始計の篇は、総じて軍をせんと思わば、まず敵と味方をはかりくらべて、軍に勝つべきか勝つまじきかと云うことを、とくと目算して見て、果して勝つべき⁽⁴⁾図をきわめて軍をすべきことを云えり。孫子一部は専ら合戦の道を説きて治国平天下の道をば説かず。かように⁽⁵⁾前方につもりはかることは合戦の本なり。前方に目算をせず⁽⁶⁾了簡を究めずして合戦に勝つと云うことはなきわけなるゆえ、此の篇を孫子の開巻第一⁽⁷⁾義とするなり。第一とは次第の一と云う意にて、孫子十三篇の最初なればかく云えり。此の篇を集注本には計篇と云う。始めの字なし。

(1) 僻事：間違ったこと　(2) つもる：見積もる　(3) 目算：見つもること　(4) 図：計画、はかりごと
(5) 前方：その時より前　(6) 了簡：考えをめぐらすこと　(7) 義：ことわり

1　孫子曰、兵者国之大事、死生之地、存亡之道、不可不察也、

sūn zǐ yuē, bīng zhě guó zhī dà shì, sǐ shēng zhī dì, cún wáng zhī dào, bù kě bù chá yě,

孫子曰く、兵は国の大事、死生の地、存亡の道、察せざるべからず、

一部十三篇共に篇ごとの始めに皆孫子曰と云うことは、十三篇ともにみな孫武が語なればなり。兵と云うは、もと弓鎧剣⁽¹⁾矛等の⁽²⁾総名なり。それより転じて武器を持つ人と云うわけにて武士をも兵と云う。此の時はつわものと訓ずるなり。此の本文にては⁽³⁾兵革などと云うようなる詞にて⁽⁴⁾軍のことを兵と云う。軍には武士を用いて武器を取りあつかうゆえなり。国とは国郡の国には非ず、国家と云うと同じ様なる詞にて諸侯の家を云うなり。大夫の上にては家と云い、諸侯の上にては国と云う。君の身の上より家来民百姓までをも籠めて云う詞なり。されば兵者国之大事とは、軍と云うものは諸侯の身の上にては是に過ぎたる大きなることはなしと云う意なり。ひと軍にても⁽⁵⁾物入夥しく、民の愁も甚だしきこと、外のことには、かようなる類⁽⁶⁾またもなく、多くの人の生死、国の立つも亡ぶるも、軍の勝負にかかることなればかく云えり。

(1) 矛：長い柄の頭に刃をつけた兵器　(2) 総名：総称
(3) 兵革：兵は武器、革はよろい、かぶとのことで、いくさ道具の総称である。それから転じて戦争、戦いの意味もある。この場合は戦争、戦いの意味で使っている。
(4) 軍：戦い　(5) 物入：出費
(6) またもなし：「またなし」で「二つとない」の意味である。この場合は「も」をつけてあるので「二つもない」の意味

死生之地と云うは、地は場所なり。軍は場所を大切なりとす。死する場あり、生きる場あるゆえ死生の地と云うなり。存亡之道とは存は家のたつことなり。亡はほろぶるなり。道とは軍に勝ちて家のたつ道と負けて家の亡ぶる道とあることを云うなり。不可不察也とは明かに察し知らずしてはならぬ事なりと云う意なり。されば死生之地、存亡之道、不可不察也とは、兵は国の大事にて多くの人の生死も家の存亡も軍の勝負によることなれば、かようなるを軍に勝ちて生くべき地とし、かようなるを軍に負けて死すべき地とす、かようにするは軍にかちて家の存する道なり、かようにす

るは軍にまけて家の亡ぶる道なりと云うことを察し知らずしてかなわぬことなりと云う意なり。かように説き出して勝負の知りようを下の文に説きたるなり。孫子は百度戦いて百度勝つ道を得て、今の世までも兵家の祖と云わるる程の人なれば、軍をすることは[1]心安きことに思うべき様に思わるるに、一部の最初にかように云いたる所、尤も心を染めて深く味わうべきことなり。俗説には多く死生之地、存亡之道と云う句を上へつけて、兵の大事なるわけは、死生之地、存亡之道なりと云う意に見れども、集注本には国の大事なりと云うにて切りて、死生之地、存亡之道を不可不察と下へつづけてあり。今此の説に従うなり。

(1) 心安し：たやすい

「死生之地、存亡之道」を「兵者国之大事」にかけて、「兵は国の大事である。死生の地、存亡の道であるからだ。察せざるべからず。」と読むのと、「不可不察也」にかけて、「兵は国の大事である。死生の地、存亡の道を察せざるべからず。」と読むのとでは、「不可不察也」にかけるほうが、はるかに優れる。

兵が国の大事であることは当然であり、兵が死生、存亡にかかわることであるのも当然である。兵がなぜ国の大事であるかは、いちいち説明しなくても、当然わかるものである。しかし察することは察し方がある。同じ察するでもその察し方に兵法の極意がある。孫子は死生の地、存亡の道を察せよと言っており、単に生の地、存の道を察せよとは言っていない。つまり生、存の勝つことと、死、亡の負けることの両方を察せよと言っているのである。

勝負を考える時に、我々はとかく勝つことだけを考える。こうすれば勝つ、ああすれば勝つと考えて行動する。それで見落としていた負の要因で負けることになる。どうすれば勝つか、どうすれば負けるかと両方を考えて行動すれば、負けの要因を見落とすことが少なくなる。それで負けることが少なくなる。死と生の両方、存と亡の両方を考えることが肝要であるため、書物の一番最初にこのことを説いているのである。

徒然草、第110段に次のような一文がある。

双六の上手といひし人に、その手立を問ひ侍りしかば、「勝たんと打つべからず。負けじと打つべきなり。いづれの手か疾く負けぬべきと案じて、その手を使はずして、一目なりともおそく負くべき手につくべし」と言ふ。道を知れる教、身を治め、国を保たん道も、またしかなり。

勝つことと負けることでは、負けることを考えることを重んじなければならないのである。負けることを考え尽して負けないように打てば、負けないのだから自ずと勝つことになる。

徂徠は「地は場所なり」と言っているが、場所も含むが場所だけに限定すべきでない。「場、状態」の意味に取るべきである。たとえ完全に負ける場所であっても、それが勝つ場、勝つ状態となることもある。死地になると、かえって勝つことが多い。

軍争篇に「善く戦う者は不敗の地に立つ」とあり、徂徠はここで、「不敗之地と云うは如何様にしてもまけず、やぶれぬ場と云うことにて、是別にかくの如きの場所あるに非ず。」と注している。「不敗之地」の「地」と「死生之地」の「地」は同じ使い方である。徂徠はまた「李

筌が説、開宗が説などに、要害よき地に備を立てることと云いたるは、是も不敗之地の一つにてはあるべけれども、畢竟地の字に泥みて、土地のことと心得たるより云うなれば、用うべからず。」と言っている。ここも地を単に土地の意味に取るなら、「地の字に泥んでいる」と言うべきである。

2 故経之以五事、校之以計、而索其情、

gù jīng zhī yǐ wǔ shì, xiào zhī yǐ jì, ér suǒ qí qíng,

故に之を経するに五事を以てし、之を校るに計を以てして、其の情を索む、

此の段は上の文に不可不察と云えるによりて、その察し様を云えり。故とは上の文を(1)承くる詞なり。上の文に云いたる如くのわけゆえにと云う意なり。経はつねとも読む。(2)機のたて(3)絲のことなり。機の横絲は左右へ移り動けども、たて絲は一定して動かず、(4)絹布の骨になる物なり。このゆえに経之以五事と云うは、軍の勝負を察し考える上には五つの事を以て、一定したる(5)箇条(6)目録にして、是にて察し考えると云うこと也。

(1) 承くる：下二段活用の動詞「承く」の連体形。「受ける」の意味。　(2) 機：布を織る手動の機械
(3) 絲：生糸（蚕の繭から取った絹糸）。絲を省略して糸とも書くため、糸にも生糸の意味がある。
(4) 絹布：絹糸で織った織物　(5) 箇条：いくつかに分けて示した一つ一つの条項　(6) 目録：項目

この経の字を直解には常と訓ずるに泥みて、主将たる人の常々守りて軍の本とすることと云えり。道理はさることなれども始計一篇の文勢に暗きなり。一篇に、主意は、この五つにかないたる人は勝ち、かなわぬ人は負くると云う目録に挙げたるなり。さてこの五つにかないたる人は軍にも勝つなれば、主将たる人のつねづね守るべきことと云うわけは、おのづから見ゆるを、其の意にて経の字の義を説くはあしきなり。又武経大全には経理なりと注しておさむる意にし、黄献臣は(1)経緯の意と見たるは、何れも(2)的切の注にあらず。用うべからず。さてその五事は次の段にあるなり。

(1) 経緯：経緯には
  1 縦糸と横糸
  2 ものごとの骨子となるもの
  3 おさめととのえる
の意味がある。「ものごとの骨子となるもの」の意味にとればこれでもいいように思われる。
(2) 的切：適切

校とは敵と味方と何れかまさる何れか劣ると、くらべ見ることなり。計とは(1)目算なり。其の情とは敵味方の軍情なり。軍情と云うは、軍に勝つべき所、まくべき所の外に見ゆるを軍形と云う、形はかたちと読みて外に見ゆる意なり、勝つべきわけ負くべきわけの、内にかくれて外へ見えぬ所をさして軍情と云うなり。軍理などとも云うべけれども、理と云えば理屈になるなり。理はなるほど聞こえても合わぬことあるものなり。情は(2)情実とて実に手に取りたる如くたしかなる所を云う。又人の腹中へたち入りて其の人情を知る程ならねばならぬわけゆえ、軍情と云う詞あるなり。

(1) 目算：見つもること　(2) 情実：ものごとの本当のありさま。実状。

　さてこの一段の意は、上文にある如く、軍は其の家の大事にて多くの人の生死、家の存亡のかかる所なれば、勝負の境を察し考えずしてかなわぬわけゆえに、其の察し考える仕様は、次の段にある五事を箇条目録にして、我目算を以て敵味方をはかりくらべて、敵味方何れか勝つべき何れか負くべきと云う軍情を尋ねもとむべきことなりと云う意なり。尋ね(1)覓むると云うは、失いてかなわぬ物を失いて一大事と尋ね覓むる如く、此の軍情を尋ね覓めて必ず得べきことなり。

(1) 覓む：求む

3　一曰道、二曰天、三曰地、四曰将、五曰法、

yī yuē dào、èr yuē tiān、sān yuē dì、sì yuē jiāng、wǔ yuē fǎ、

一に曰く道、二に曰く天、三に曰く地、四に曰く将、五に曰く法、

　この五つは、即ち上の文にある五事なり。この道天地将法の五を目録にたてて、是にて敵味方をはかりくらぶることなり。扨この五のひとつひとつのわけは、次の文に委しく説けり。

4　道者、令民与上同意、可与之死、可与之生、而不畏危也、

dào zhě、lìng mín yǔ shàng tóng yì、kě yǔ zhī sǐ、kě yǔ zhī shēng、ér bù wèi wēi yě、

道は民をして上と意を同じくし、之と死すべく、之と生きるべくして、畏れ危ぶまざらしむ、

　此の段は、上の文の一曰道とある、道の字のことを説けり。民と云うは、異国にては、百姓をおもに心得べし。我国にては、(1)士をおもに心得べし。子細は、異国にては民兵とて専ら民を軍兵に用いる也。故に民を云いて(2)官人はこもるなり。我国にても、上代は異国の如くなれども、今は民を軍兵に用いることはなきゆえ、民と云う字を、士卒と云う字に直して心得べし。さりとて(3)一向に民はかようになくてもよしと云うことにてはなし。民までもかようにあれば、(4)いよいよのことなるべし。まず異国と我が国と、事の様の違いたることを弁えねば、異国の書の(5)義理は(6)すまぬものゆえ、かく断るなり。

(1) 士：士農工商の士である。武士。 (2) 官人：官吏。役人。 (3) 一向に：（下に打ち消しの語を伴って）全く
(4) いよいよ：ますます (5) 義理：意味 (6) すむ：「澄む」　明らかである

　江戸時代は戦争は武士がして、民を兵士として使うことはなかったのである。近代国家ではどこでも民を徴兵するのが当り前である。太平洋戦争では多くの民が徴兵され、多くの人が死亡した。考えてみればこれは非常に残酷な制度である。本人は戦争をしたくないのに無理やり徴兵されて人を殺すことを強いられ、自分も殺される危険にさらされる。これは国家が殺人教唆罪を犯しているのである。江戸時代は戦争をしたくなければ、官を辞して身分を農工商に落とせばよかったのである。士農工商は身分制度として酷評されるが、非常に合理的な一面がある。無理やり徴兵され、従わないと犯罪者扱いされる徴兵制は非常に不合理な制度である。

令民与上同意とは、上の思う様に士卒のなることなり。可与之死、可与之生とは、上と士卒と生死を一つにして、懸かるも引くも、死ぬるも生くるも、上たる人をすてぬことなり。(1)二つの之と云う字は、民を指して云うなり。畏れ危ぶまざらしむとは、畏れ気遣うべき場、危うきことをも、士卒が畏れず危まぬ様にあらしむることなり。是も生死を一つにすると同じことなれども、生死を一つにすると云うは、士卒の心の一致なることを云いて、畏れ危まざらしむと云うは、士卒の気の(2)剛なる様にすることなり。尤も士卒の心(3)親切なれば、おのづから剛なるわけもあれども、左様に見るは理屈の上のことなり。士卒の上と生死をひとつにするは、士卒の心を取る所にありて、士卒の剛なる様にするは、士卒の気をたくましくする所にあるなり。たとえば三国の時分、蜀の劉備の曹操に(4)追い落とされ、新野と云う所を落ちたまえる時、数万の民どもが劉備の跡を追いて、道もとおられぬ程おち行きけることあり。かように民に深く慕われたる劉備なれども、此の数万の民を以て戦うことはならざりし。是民上と生死を一つにすれども、民の心の剛になる様にする所の、いまだ足らぬ故なり。かようなる差別あるゆえ、孫子が意を加えて、詞を添えたるなるべし。

(1) 之は上をさすと考えるほうがよいと思う。令民与上同意の令民が可与之死、可与之生にもかかっていると取るべきであり、そうすると之は当然上のことでなければならない。
(2) 剛：つよい。剛気という熟語があり、「気が強く何物にも屈しないこと」を言う。
(3) 親切：心の底からすること　(4) 追い落とす：都、城などから敗走させる。

> 劉備がこの数万の民で戦うことができなかったのは、徂徠の言うように民の心が剛でなかったとも取れる。もう一つの見方は法がなかったからである。大将の命令で秩序立って動く法のある民でないと兵として使いものにならない。いくら慕われても法のない烏合の衆では戦うことはできないのである。

　さてこの段の主意は、上の段に、一日道と云いたる其の道と云うは、いかようなることを云うとなれば、士卒が上と心を一つにして、いかようにも上の思う様になり、生死をもひとつにして、しかも其の心剛にして、物を畏れ危ぶむことなき様にあらしむる、是を道と云うなり。この道を箇条の一つにして、この箇条にて云わば、敵が箇様にあるか、味方が箇様にあるかと、たくらべはかるべしと云う意なり。
　この道と云うに付きて、是は王道なりと云う説もあり、又覇道なりと云う説もあり、王覇を兼たると見たる説もあり。是みな後人の憶説にて、(1)何れ孫子が意にかないたりとも云いがたし。孫子は王道とも、覇道とも、又王覇を兼ねたるとも云わぬ也。ただ令民与上同意、可与之死、可与之生、而不畏危也と云いたるなれば、孫子が意は、王道にてもあれ、又覇道にてもあれ、又何の道にてもそれには構わず、ただ士卒をかようにあらしむるを、道とは云いたるなり。孫子が意は一の令と云う字の上にあり。士卒にかようにあらしむることは、上のせしむる所にありて、別にむつかしく、なりにくきことにてはなし。如何様にも、せしめばせしめらるることなりと云う意なり。誠に兵家者流の(2)奥意は、上に天もなく、下に地もなし、天地人ともに我一本の(3)団扇に握りて、我心のままに自在なる妙所、この一字に露顕するなり。味わうべきことなり。

(1) 何れ：どれが　(2) 奥意：奥義　(3) 団扇：軍配団扇の略。軍配団扇は大将が采配に用いた武具。

> 兵家の奥義は「令」の一字にあらわれていると徂徠は言う。民も味方も敵も自分の思うように動かしむることが兵法の奥義なのである。これは「人を致して人に致されず」とも説かれる。孫子の兵法は一言で言えば令なのである。

但しかようにばかり云わば、初心の人は、如何様にして民をかようにあらしめんと惑うべきによりて、孫子が意にもかなうべからん様なる説を、ここに挙げるなり。張預が説に、恩信使民（ēn xìn shǐ mín 恩信民を使う）とあり。恩は恩沢なり、信はもののたがわぬことなり。賞罰は勿論、大将たる人は、何にてももののたがわぬ様にすべし、是信なり。恩あれば民上にしたしみなつく、信あれば民上を疑い(1)けすむことなし。故に恩信の二にて、上と下との心ひとつになりて、(2)へたへたにならぬゆえ、民を此の本文の如くあらしむることなるべきなり。又黄献臣か説に、通上下之情（tōng shàng xià zhī qíng 上下の情に通ず）と云えり。是又(3)神妙なる説なり。上下の情に通ずとは、上たる人、下の情をとくとよく知ることなり。位高く身富み、(4)境界もかわるによりて、聡明才智の人も、下の情は知りがたきものなり。下の情を知らざれば、慈悲と思いてすることも、下の為にならず、物のたがわぬ様にすべきと思いても、することに(5)つかゆること出来て、たがえねばならぬ様になりゆくなり。故に上下の情に通ぜねば、恩信もたたぬなり。古の名将は、(6)身を高上に持ちなさず、下を親しみ近づけて、よく下の情を知りたるゆえ、恩信もよく恩信の用をなし、民を此の本文の如くあらしめたること、(7)書典に(8)歴々たれば、かように心をつけて見ば、孫子が心にも遠るまじく思わる。尤も時に臨みて、急に民を此の本文の如くあらしむることも、名将の作用にあることなれども、此の篇の文勢は、軍の前に、敵味方をはかりくらぶる上のことを云いたれば、まず(9)平日の上のことと心得べきなり。

(1) けすむ：躊躇する、しりごみする
(2) へたへた：まとまりのないさま。現代でも「帯は洗えば洗うほどへたへたになる」というように使う。この本では「へだへだ」濁点をつけてあるものも見られる。
(3) 神妙：甚だ巧妙で人力が及ばない
(4) 境界：場所。「境涯」に「境界」の字を使うことがあったのかもしれない。境遇ぐらいの意味だろう。
(5) つかゆる：つかえる
(6) 身を高上に持ちなさず：「高上」は「高い位」の意味。「持ちなす」は「取り扱う」の意味。全体として「自分の身を高い位のものとして取り扱わず」の意味。
(7) 書典：書物　(8) 歴々：明らかなさま　(9) 平日：ふだん

> 下の情を知らなければ下が何をしてほしいかがわからない。それでは恩の施しようがない。だから上下の情に通ずることが大事になる。現代ではもう一つ「通内外之情」を付け加えるべきだろう。古と比べると交通機関がはるかに発達し、人の行き来が激しくなり、自分の配下にいろんな宗教、風習の人がいるようになっている。自分の育った環境しか知らないと、異なる宗教、風習で育った人の情が読めない。だから自分の育った内だけでなく、外の情も知ることが必要になる。通上下之情、通内外之情を心がけるべきである。

5　天者、陰陽寒暑時制也、

tiān zhě、yīn yáng hán shǔ shí zhì yě、

天は陰陽、寒暑の時を制するなり、

　此の段は、前に云いたる五事の内の、二曰天とあるは、如何様のことぞと其のわけを説けり。天とは天の時なり。時とは、天のはこびなり。細かに云わば、古より今とはこびゆく上も時なり、一年十二月のはこびも時なり、一月三十日のはこびも時なり、(1)一日十二時のはこびも時なり。天は古より今に至るまで、日夜朝暮はこびめぐるものゆえ、総じて天にかかりたることをば、皆天の時と云うにてこもることなり。其の天の時のことを、陰陽寒暑時制なりと云うは、大綱を挙げて云いたるものなり。まず陰陽と云うは、(2)日取、(3)時取、方角の吉凶、年月の吉凶、(4)十干、(5)十二支、(6)五運、(7)七曜、(8)九曜のくり様、(9)雲気(10)煙気の見様、総じて(11)軍配の家に云い習わす類は、皆陰陽五行の相生相剋をもとにして、くみ立てたることゆえ、是を陰陽と云うなり。

(1) 一日十二時：昔は一昼夜を12等分したため、一日が十二時になる。
(2) 日取：大安はよい日取、仏滅は悪い日取という日取である。
(3) 時取：「ときどり」と読むと思うが、日取と同じく、よい時、悪い時があるのだろう。
(4) 十干：甲（こう jiǎ）、乙（おつ yǐ）、丙（へい bǐng）、丁（てい dīng）、戊（ぼ wù）、己（き jǐ）、庚（こう gēng）、辛（しん xīn）、壬（じん rén）、癸（き guǐ）の10種類からなる。干は木の幹が語源である。
(5) 十二支：子（し zǐ）、丑（ちゅう chǒu）、寅（いん yín）、卯（ぼう mǎo）、辰（しん chén）、巳（し sì）、午（ご wǔ）、未（び wèi）、申（しん shēn）、酉（ゆう yǒu）、戌（じゅつ xū）、亥（がい hài）の12種類からなる。日本では、（ね、うし、とら、う、たつ、み、うま、ひつじ、さる、とり、いぬ、い）と読んでいる。支は木の枝をあらわす。
(6) 五運：五行の運行。五行は木、火、土、金、水からなる。
(7) 七曜：木星、火星、土星、金星、水星、太陽、月を合わせた7つの天体のことである。
(8) 九曜：七曜に計都星、羅睺星を加えたもの。　(9) 雲気：雲霧の移動する様子
(10) 煙気：山水に立ちこめる雲霧などの気　(11) 軍配の家：軍陣の配置、進退などの指揮をする家

　智の明らかなる人は、吾心吾身より、家、国、天下の上までも、明かに其の道理事勢に通達して、(1)豪髪も疑いなきゆえ、事を執り行う上に於ても、其の疑いなき心より執り行うによりて、迷い惑わず、危ぶみ畏れずして、よく其の事を成就すれども、愚かなる人は、道理事勢に暗くして、事々の上に迷い惑い、危ぶみ畏るる心ありて、(2)決定して其の事を執り行い、成就することあたわぬゆえ、古の聖人この陰陽の術を教えて、(3)吉日、(3)吉方、(4)吉相を以て、其の志をいさませ、危ぶまず畏れず心を決定して、其の事を成就せしむ。是愚民の心を決定さすべき為の教えにて、実には其の用なきゆえ、智者の用いる所に非ず。故に古より賢王名将の、此の陰陽の術を用いたまえることさらになし。されども古より愚かなる人の用い習わしたることにて、人皆信ずる者も多ければ、兵家には(5)直に是を取り用いて、愚を使うの術とするゆえ、孫子もここに挙げたるなり。是に泥むをよしとするには非ず。

(1) 豪髪：[細い毛の意味から] ほんの少し　(2) 決定：決め定めること　(3) 吉方：縁起のよい方角
(4) 吉相：よいことのある前兆　(5) 直に：直接に　占い師などを経由するのでなく、直接という意味だろう。

徂徠は「古より賢王名将の、此の陰陽の術を用いたまえることさらになし。」と言いきっている。昔から賢王、名将が陰陽の術のような占いを用いたことは全くないと言うのである。私たちも事業を占いで決めたり、将来の進路を占いで決めるような愚かなことは決してしてはならない。

　古の呉越の戦の時、呉王夫差越国を攻めんとせし時、歳星と云う星、越の分野を守れり。分野と云うは天の二十八宿を、大唐(1)四百余州に配当して、此の星は何と云う国に感通すると云う習いなり。歳星は五星の内の一つにて、徳を司る星なり。守ると云うは常の行動に(2)はずれて、久しく其の分野にとどまることなり。歳星は徳を司る星ゆえ、徳ある国の分野を守るわけなれば、越の国は攻むまじきことなるに、(3)呉王夫差是を攻めてほろびたるとなり。又十六国の時分に、歳星と鎮星と、燕の国を守れり。歳星は徳を司り、鎮星を福を司りて、福徳備わるわけなるに、秦の国より是を伐ちて、却って燕の国にほろぼされたるなり。是みな天の時を考えずして、軍に負をとりしめしなり。

(1) 四百余州：中国全土のこと　(2) はずれて：外れて　「それる」の意味
(3) 呉王夫差是を攻めてほろびたる：「呉王夫差が越を攻めて呉が滅んだ」という意味である。

　又周の武王の紂王を伐ちたまう時、(1)うらかた悪しかりければ、太公望亀を焚きすて、(2)蓍をおりすて、枯れたる草、朽ちたる骨に、何の生霊ありて吉凶を知らんとて、遂に紂を亡ぼしたまえり。(3)宋の高祖劉裕の慕容超を征伐ありし時、往亡日にあたれり。往て亡びる日なれば、今日の出陣とどまりたまへと、諸将諫ければ、高祖の仰せに、我往て彼亡びるなりとて、構わず攻めて、遂に是を退治す。是みな天の時にかまわずして、勝利を得たるためしなり。用いるも破るも、皆愚を使うの術と知るべし。

(1) うらかた：占いにあらわれた形
(2) 蓍：筮竹　易占いに用いる竹を削ってつくった細い棒
(3) 宋の高祖劉裕の：「宋の高祖である劉裕が」の意味。高祖は国を開いた多くの帝を指して使われている。一番有名なのは、前漢を開いた劉邦だが、ここは宋を開いた劉裕に対して使われているので、「宋の高祖」と書いている。

　占いを徂徠がどう思っていたかがわかり興味深い。占いは愚を使う術であって、智者の用いるものでないと言うのである。太公望も占いで凶と出た時、枯れた草、朽ちた骨に吉凶がわかるはずがないと言い、亀を焼き捨て筮竹を折って捨てたと言う。徂徠も太公望も自分の頭でよく考えて納得することしか信じていないのである。

　又寒暑と云うは、冬の寒気、夏の暑気なり。是は天の時の内にて、実に其の用あることを云わんため、此の二つを挙げて、其の外をも知るするなり。春夏秋冬、日夜朝暮、飢饉豊年、旱洪水、大風大雨、大雷大雪、潮の干満の類、みな天の時の内にて、実に其の用あることなり。たとえば農作の時軍をおこせば、民の害となり、終に米穀少なくなりて、国の弱みとなる類。又極寒極暑の時は、士卒寒暑に疲れて、働き(1)はかばかしからず、病気を生ずる類。

⑴　はかばかし：効果のあがるさまである

　又冬は北国を征伐せず、夏は南国を征伐せずと云うことあり。漢の高祖この誡めを知らず。雪中に匈奴と云う北国の夷を伐ちたまえり。匈奴は北国の極寒になれたる者ゆえ、さらにひるむことなし。味方の軍兵は雪になやみて、指のもげたる者、十人の内には二三人ほどずつありければ、遂に白登城と云う城にかこまれて、⑴いたく攻められ、難儀に及びたまえり。漢の世の⑵元祖たる人に、手痛きめを見せたるゆえ、漢の世四百年が間は、匈奴の勢強くして、代々この患い絶えざりしも、高祖の冬不征北（dōng bù zhēng beǐ　冬は北を征せず）と云うことを知りたまわぬより起これり。

　⑴　いたく：ひどく　⑵　元祖：創始者

　又後漢の世の名将に、⑴伏波将軍馬援と云う人も、此の理に暗くして、極暑の時嶺南と云う所の夷を攻めたり。嶺南の地は、四季共に雷鳴きて、雪と云うもの降らず。常に⑵四五月の時分の様にて、殊に瘴気と云いて湿熱の気盛んなる国なれば、中国の人、この国にゆけば、必ずかの瘴気にあたり⑶煩うなり。馬援が軍兵も、十に八九は⑷疫癘を煩いて、軍に利なかりしとなり。但し日本の内は、かようの熱国なければ、夏不征南（xià bù zhēng nán　夏は南を征せず）と云うことは、日本にはいらぬことなり。

　⑴　伏波将軍：漢の武帝の時の武官名。水軍を率いる。
　⑵　四五月：徂徠の頃は当然陰暦だから、現代の暦では、5〜7月になる。
　⑶　煩う：病気になる　⑷　疫癘：流行性の病気

　人間の体にはほとんど毛がない。それでもし衣服がなければ人間は寒い所で住むことができない。人間はもともとは非常に暑い所で生活していた動物なのである。人間には知恵があるから、衣服をつくり、寒い所でも生活することができるようになった。だから人間は寒さに弱く、寒さそのもので死ぬ。しかし暑さには強く、暑さそのもので死ぬことは少ない。熱国で死ぬのは、伝染病や害虫で死ぬのである。暑い所は細菌や害虫の働きも活発であるから、これらにあてられて死ぬのである。寒い所は細菌や害虫が少なく、寒さそのものが人間への脅威になる。

　元は二度日本に攻めて来た。これが元寇である。最初のを文永の役、2回目を弘安の役と言っている。文永の役は元、高麗連合軍が1274年10月3日（新暦：11月2日）に朝鮮を出港し、1274年10月20日（新暦：11月19日）に撤退した。弘安の役は元、漢、高麗連合軍が1281年5月3日（新暦：5月22日）に朝鮮半島を出港し、1281年7月7日（新暦：7月23日）に終結した。1281年6月30日（新暦：7月17日）に台風があったとされる。文永の役の元の敗因が台風であるというのは疑わしいが、弘安の役の敗因の一つが台風であったことは確実である。7月の時期であれば、当然台風のことも考えなければならなかった。モンゴルには台風がないから、台風のことに疎かったのだろうか。天の利を考えなかった元のミスに日本は救われたのである。

　又突厥と云う夷は弓を上手に射て、是をせむるに便りを得ざりしに、唐の太宗は長雨の時分、弓の膠とけ、矢の羽ぬれて、弓に利のなき時節を伺い、是を攻めて勝利を得たまえり。

始計　第一

又大風大雨には敵多く油断するものなり。風上より火を放ち、雷の威に乗り、日月を背に負いて剣戟の光を添え、飢饉洪水の弊にのり、夜臥したる所を伺い、又は節句歳の暮れなど、⁽¹⁾人界のつとめずしてかなわぬ用事を務めるとて士卒のうち散る時節など、細に考えば、いくらもあるべきことなり。此の様なる類をば、孫子は寒暑の二字にこめて云いたるなり。

　(1) 人界：この世

> 　長篠の合戦で武田勝頼の軍勢は織田信長の鉄砲隊に敗れたように言われる。鉄砲は確かに強力な武器であるが、鉄砲には鉄砲の弱みがある。夜では射撃する相手が見えないし、雨では火縄がしめり鉄砲を発射することができない。これを考えずに攻めたのが敗因であると吉田松陰は言っている。昼夜、晴雨という天の時を考えていない。武田勝頼もまた孫子を知らないがために敗れたのである。

　時制と云うは、時とは上の文の陰陽寒暑の時なり、制とはそれを取りはからうことなり。陰陽寒暑のとりはからい様のよしあしは、たとえば吉日吉方を用いて、士卒のいさむことあり、破りて士卒の勇むことあり。飢饉の弊にのらんとすとも、其の手当をよくしたる国をば、飢饉なればとて侮るべからず。風雨にも油断せざる敵あり。寒暑にもひるまぬ敵あり。此の様なる類は、みな時のとりはからいのよきとあしきとなり。故にこの陰陽寒暑の時制を以て、敵味方をはかり⁽¹⁾たくらぶることを、五事の内の天とは云うなり。

　(1) たくらぶ：比べる

　此の陰陽と云うを、張預が説には、陰陽の道理と見たり。それは⁽¹⁾三才に通ずる陰陽にて、天の時に限らぬわけなれば、誤の説なり。又陰と陽と、寒と暑と、時と制と、六につけて説きたる説あり、是又⁽²⁾くだくだしき説なり。用うべからず。

　(1) 三才：宇宙間の万物　(2) くだくだし：事繁くして煩わし

6　地者、遠近、険易、広狭、死生也、

dì zhě、yuǎn jìn、xiǎn yì、guǎng xiá、sǐ shēng yě、

地は遠近、険易、広狭、死生なり、

　此の段は五事の内にて、三日地とある、地と云うはいかなることぞと、其のわけを説けり。地とは地の利なり。如何様なる地形にても、皆それぞれの勝利備わりてあるものゆえ、地の利と云うなり。遠近は遠きと近きとなり。険とは難所なり。易は平地なり。広はひろき地なり。狭はせばき地なり。死は死地とて引く所もなく、逃ぐる所もなく、残らず敵に打ちころさるべき地なり。生地とは命を全うするに⁽¹⁾便りある地を云うなり。⁽²⁾近方を先にして、遠方をばゆるやかにすべし。難所は⁽³⁾歩立に宜しく、平地は騎馬に宜し。広地は大軍に宜しく、狭地は小勢に宜し。死地は戦うに宜しく、生地は守るに宜し。是皆一定したる地の利の大概なり。神功皇后は近き⁽⁴⁾熊襲をさし置きて、遠き朝鮮を征伐したまい、⁽⁵⁾義経は馬にて鵯越を落としたり。或いは広地も小勢を用うべからざるに非ず。狭地も大軍を用いまじきには限るまじ。死地を守り、生地に戦うも、時の変によりて必ず

しもせざることには非ず。其の上、地の利のことは、此の本文の八品にも限るべからず。尚又九地篇など考え合わすべし。⁽⁶⁾とかく本文の意は、敵が地の利を得たるか、失いたるかと云うことを、たくらべ考うべき為に、かく云えるなり。

(1) 便り：手段
(2) 近方：遠方が「遠い所」だから近方は「近い所」なのだろう。「近傍」と書くのが一般的である。
(3) 歩立：徒歩であること。「徒立」と書くのが一般的である。
(4) 熊襲：上古に、日向、薩摩、大隅、肥後地方に住んでいた一種の民族
(5) 義経は馬にて鵯越を落としたり：これは「難所は歩立に宜しく、平地は騎馬に宜し」があてはまらない場合になる。
(6) とかく：とにかく

7　将者、智、信、仁、勇、厳也、

jiāng zhě、zhì、xìn、rén、yǒng、yán yě、

将は智、信、仁、勇、厳なり、

　此の段は、五事の内にて、四曰将とある、其の将と云うは如何様なることぞと、其のわけを云えり。将は大将なり。大将たる人は、此の五つの徳を備うべきことなりと云う意なり。

　智は智慧なり。智慧と云うは世間に云う、⁽¹⁾利口発明なることにも非ず。又学問博くして、様々のことを知りたるにも非ず。又弓馬剣術、槍長刀等の、種々の芸能の奥義を究めたるにも非ず。又⁽²⁾悟道⁽³⁾発明して、⁽⁴⁾三世に通達したる智慧にもあらず。唯よく人情にぬけとおりて、上たる者下たる者、敵となり味方となる様々の人の心あんばいをよく知り、かようなることを喜び、かようなることをいやがり、⁽⁵⁾一旦はかようなることを悦べども、⁽⁶⁾奥意はかようなることに安堵し、かようなることを気遣わしく思うなどと云う様なる、人の心ゆきをよく知り、事の大きくならぬ前に、此の事は末にかようになると云うことを、早く見付けて、如何様なる詐りにてもだまされず、如何様なる讒言にても惑わされず。又事の変の来る時、其の変に応じてそれぞれに取り扱うこと、定まりたることなく、よく其の宜しきにかない、禍の来るをよく取り扱いて福となす。是等を将たる者の智と云うなり。

(1) 利口発明：才知があって頭の回転が速いこと。　(2) 悟道：悟りの道　(3) 発明：ひらき明らかにすること
(4) 三世：過去、現在、未来　(5) 一旦：ひとまず　(6) 奥意：表に出さない心の中

　信はまことなり。まこととは平生人の⁽¹⁾うろんなるを嫌い、物の真実なるを好み、我も少しの約束をも違えぬ様にし、⁽²⁾前方かように云いたる詞あるに、今かようにせば、⁽³⁾誰か心に恥ずかしきなどと云う様なるを、世間にては信と覚ゆれども、それは児女子の信にて、将たる人の信に非ず。心至りてせばく、⁽⁴⁾たよわく⁽⁵⁾せまりたる人のすることなり。将たる人の信と云うは、賞罰の定めの上にて付きて、かようなるをば賞すべきと、号令を出したらば、たとい吾がにくき人なりとも、約束の如く賞し、吾が贔負なる人なりとても、軽き功を重く賞せず。又かようなるをば罰すべきと号令を出したらば、貴人をも避けず、親類をも贔負せず、気に合いたる人をも、過あれば是を罰す。⁽⁶⁾下知⁽⁷⁾法度を変じかゆることなく、我身の⁽⁸⁾大儀なることにても、先だちて出したる法度なれば、少しもかゆることなく、とかく賞罰号令などの様なる、万民へわたることを、約束の違はぬ様

始計　第一 17

にすれば、将の誠、民士卒の心にぬけとおりて、民士卒深く心服し、少しも上を疑(1)うろんに思うことなし。是を将たる人の信と云う也。

　(1) うろん：いいかげんであること　(2) 前方：以前に　(3) 誰か：人に　(4) たよわし：弱い
　(5) せまる：狭くなる　(6) 下知：「げじ」とも読む。下の者に指図をすること。　(7) 法度：おきて
　(8) 大儀：骨の折れること

> 「戦勢は奇正に過ぎず」と孫子は言う。奇兵で撃つために敵を欺くばかりか、味方さえも欺くことがしばしばなされる。少しの約束も違えぬ信義の人では、味方を欺くことができず、むしろ将としての能力に欠けると言うべきである。

　仁と云うは慈悲なり。慈悲と云えばとて、かおつき(1)愛敬らしくもの云いやさしくて人をだまし、或いは金銀(2)絹帛を与へて人をだまし、或いは慈悲(3)善根とて(4)非人乞食に物をとらせ(5)僧法師を供養する類は、婦人の仁にして、大将の仁に非ず。(6)利勘細かにして、少しずつの規模立身をさせて人をいさますш方便をしかけ、(7)手をよく物やわらかにして人をだます類は皆真実の仁に非ず。大将たる人の仁はただ人の飢寒をよく知り、士卒と辛苦を同じくし、万民を安堵なさしむることなり。士卒の病気を尋ねては顔色を(8)しわめ、手疵をこうぶり、(9)打死したると聞きては、涕をながし、功ある人の子孫を棄てず、ふるきなじみを忘れず、民士卒の妻子を養い、朝夕安堵の思いをなす様にするを将たるひとの仁とは云うなり。

　(1) 愛敬：かわいらしく魅力的なこと　(2) 絹帛：絹織物　(3) 善根：よい報いを受ける原因となるおこない
　(4) 非人：非常に貧しい人　(5) 僧法師：同意の僧と法師を重ねたもので、僧の意味。
　(6) 利勘：利得を考えること　(7) 手をよく：主尾よく　(8) しわむ：しわをよせる
　(9) 打死：現代語では「討死」と書く

　勇は武勇なり。是も武勇を鼻にかけ、高慢甚だしく、陽気を専らにし、喧嘩口論をこのみ、或いは力つよきを武と思い、或いは武芸はやわざを武と心得たぐいは、将たる人の勇には非ず。将の勇と云うは、大軍を畏れず、猛勢をも物の数ともせず、小勢にても戦うべき図をはずさず、敗軍しての後にも勇気くじけず、敵に逢いては必ず戦い、(1)後詰めをするには、大敵の内へも飛び入り、又大敵に囲まれては打ち破りて必ず出で、危き場にもひるまぬを、将たる人の勇と云うなり。

　(1) 後詰め：味方を攻める敵軍をその背後より取り巻きて攻めること

　厳はきびしきと読みて、威の強きことなり。されども威を強くすればとて、頷にて人を使い、目にて人を使い、かおつきを(1)けうとくして、人のよりつかぬ様にすることにも非ず。又(2)あらけなく人をしかり、少しのことをとがめ、瑣細なる(3)法度を立て、諫言の舌を箝ましむることを云うにも非ず。将たる人の厳と云うは、軍中の法令千万人を使うも、一人を使う如く、人馬の足音ばかり聞こえて、物云う音はせず。(4)陣取、(5)備立、(6)役分、行列、金太鼓の作法、旗の進めよう、懸かるも引くも、合うも分かるるも、変化自在にして手間どることなく、軍兵将を畏れて敵を畏れず。将の下知を守りて君の下知をも用いず。かようなる将は、忍び入りて殺すことはなるべけれども、其の備を敗ることは曾てかなわぬなり。皆将たる人の一心の威より起こりて、一人をも殺さねども、

よく三軍の心を畏れしむ。是将たる人の厳なり。

(1) けうとし：恐ろしい　(2) あらけなし：あらあらしい　(3) 法度(はっと)：禁令　(4) 陣取(じんどり)：陣所を設けること
(5) 備立(そなえたて)：軍勢を整え、隊列をつらねること。陣立。
(6) 役分：「やくわけ」と読むのだろう。役には仕事の意味がある。役分で仕事を分担すること。

大凡(おおよそ)智ある人は勇たらず、勇なる人は智たらず、仁なれば厳ならず、厳なれば仁ならず、四の徳備わりても、信また備わり難し。凡そこの五徳を備えざれば、大将の任にかない難し。敵の将と味方の将とを、此の五徳を以てたくらべはかりて、其の優劣を以て、軍の勝負を知ることを云うなり。近頃の学者に、この五徳を仁義礼智信の五常に引き合わせて、曲説を云うものあり。五常は人の心に具わる理なり。此の五徳は将の器量を云いて、(1)各別のことなり。用うべからず。

(1) 各別：それぞれが別であること

　この所は徂徠のリーダー論として圧巻である。リーダーに必要なものも孫子が将に必要なものとしてあげた智、信、仁、勇、厳である。
　徂徠は将に必要な智（それはリーダーに必要な智でもあるのだが）とは利口発明のことでないと言う。利口発明とは英語が堪能であるとか、計算が速く正確であるとか、機知とユーモアに富む会話をするというようなことである。また学識がありいろんなことを知っていることでもないと言う。剣道や柔道の奥義を極めたことでもないと言う。仏教の悟りに達していることでもないと言う。リーダーの智は人の心に通じていることと事の理に通じていることだと言う。人の心に通じているとは、人がどういうことを喜び、どういうことを嫌がり、どういうことを恐れ、いったんはこういうことを喜んでも心の底では嫌がっているというようなことを知り尽くしている。また部下の悪口を言う者がいても、それが本当のことかどうかをよく見抜き、人を讒言する者にだまされない。計略に落とそうと近づいてくる者がいても、よくその心を見抜き、その計略に落ちることがない。
　人間関係のトラブルというのは、ほとんどが人の心を読めないことから起こる。相手の心が読めていないから、こちらが言ったことに予想外の怒り、反発を招くことがある。害された相手はまたこちらを害してくる。それに対してまた相手を害そうとする。こういうことが繰り返されると大きな対立となり、ついには戦争状態になる。人の心をよく知っておれば、最初からこういうトラブルは起きない。人間が生きる上で人の心を知るというのは極めて大事な能力なのである。
　それでは人の心を知るにはどうしたらよいのだろうか。自分の心を分析すればいいのである。人間は似たものだから、自分の心から推察することで人の心が読めるのである。日常生活ではいろんな人に接することになるが、相手が言ったことで内心怒ることも少なくない。この場合なぜ自分が怒ったのかを深く分析し、このような場合にこのように言ったから自分が怒ったのだとわかれば、他の人も同じようなことをすれば内心怒るとわかる。自分の言動でそのようなことをしないようにすれば、人を怒らすことが少なくなる。
　私たちは学校教育で英語や数学を学ぶ。外国で暮すならいざ知らず、一生日本で生活するな

ら、英語を知らなくとも大きな支障はない。微分積分がわからなくても、小学生レベルの計算ができれば日常生活に不便はない。ところが人の心を知らないとその言動でたびたび人を怒らすことになり、人間関係がぎくしゃくしたものになる。これは日常生活での大きな支障となる。たくさんの訴訟や裁判がなされるが、訴訟や裁判の原因となる人間関係のトラブルは多くは人の心を知らない、人の心を読み間違っていることから起こる。訴訟や裁判に勝つための学問である法学を教えるのに、訴訟や裁判の原因となる人の心を知らないことを改めようとしない。これでは訴訟や裁判が減少することは決してない。

　現在はテレビドラマ、映画、小説のような仮想現実があふれている。こういう仮想現実では人と人とのいろんなやりとりがなされている。こういうやりとりが実際現実で起こるかというとそれは少ない。仮想現実は話をおもしろくするために現実ではありえないことも平気でなされる。また俳優は自分の心の中の動きをそれとなく表情やしぐさに出すように演じているが、実際現実では顔色ひとつ変えず、その心の動きがまったく読めないことも多い。こういう仮想現実にひたると実際にはありえないことを実際現実のように思ってしまう。それでますます人の心を読み間違うことになる。

　信とは賞罰として定めたことを公言すれば、それをきちんと実行することだと言う。人を使うには賞罰をはっきりとし、どういう場合に賞し、どういう場合に罰するということを部下に周知徹底しなければならない。その基準にあたれば、言った通りに賞し罰しなければならない。リーダーがその賞罰の基準を明言せず、自分の好きな人を賞し、自分の嫌いな人を罰することがよく見られる。これでは自分と好みを同じくする仲良しクラブができるだけで、真に能力のある人は離れてしまう。

　仁は部下と苦楽をともにすることである。リーダーが単に命令を出すだけでは、部下がリーダーに親しむことがない。親しみのないリーダーのために部下が懸命に動くことはない。リーダーが部下とも懇ろに話をし、いつも部下のことに気を配る。部下と酒食を楽しむこともあるが、部下が苦しんでいる時は、リーダーだけが免れるようなことはしない。そうすると部下も恩義に感じ、リーダーのために懸命に働いてくれる。

　将は特に勇が必要だが、平時のリーダーはそれほど勇は必要でないように見える。しかし虎穴に入らずんば虎子を得ずと言うように、大きな成果を得ようとすれば、大きなリスクが伴うのは平時も同じである。平時のリーダーも大きな困難をものともせず敢然と実行する胆力が必要とされる。

　厳はリーダーの命じたことを部下がその通りに実行することである。リーダーの言うことを部下が聞かないとその組織はまとまった動きができない。各自がバラバラに動けば必敗の形になる。部下がリーダーの命令をきかないようなことがあれば、叱り飛ばし厳しく罰する必要がある。そうでないと厳が保てない。

8　法者、曲制官道、主用也、

　　fǎ zhě, qū zhì guān dào, zhǔ yòng yě,

　　法は、曲制官道の主用なり、

　是は五事の内の五日法とある、其の法と云うは、如何様のことを云うぞと、其わけを説けり。法は法令なり、軍中の⁽¹⁾法度、掟を云うなり。人の生まれの一様ならざること、面の異なるが如し。⁽²⁾けなげなる人あり、臆病なる人あり、⁽³⁾目のはやき人あり、手⁽⁴⁾はしかき人あり、手⁽⁵⁾ぬるき人あり、足はやき人あり、おそき人あり、其の外気だて⁽⁶⁾かたぎ一様ならず。大将一人一人を直にひきまわさば、大将の心の如くになるべけれども、是又ならぬことなり。士大将の心々、又⁽⁷⁾格別なれば、たとえば連碁を打つが如し。一人よき手をすれば、次の人あしき手をうちて、前うちたる石は無になるは、心の一致せざる故なり。心一致すれば、千万人の力ひとつに合いて、一人の力となるゆえ、千万人がけの力なり。心一致せざれば、千万人⁽⁸⁾われわれになりて、一人ずつの力なり。故に軍には法度、掟を定めて、千万人の力を一人の力となすことなり。世間にきやりと云うことあり、木やりを云いておんどを取り、えい音をそろえて、是をあぐれば、十人しても挙らぬ重き物も、五人してもあがるなり。十人の力よわきに非ず、五人の力つよきに非ず。力の一致すると、一致せぬとの違いなり。きやりと云う法に非れば、多くの人の力一致せざる如く、軍にも法と云うもの有りて、百万の軍兵も我が身を使うが如し。

(1) 法度(はっと)：法令　(2) けなげ：勇ましい　(3) 目のはやし：すばやく気がついて見る　(4) はしかし：すばやい
(5) ぬるし：のろい　(6) かたぎ：気性や習慣　(7) 格別：それぞれが別であること
(8) われわれ：それぞれ一人一人

　「えい」の音頭で5人が同時にあげると5人の力が同時に加わったことになる。1人の力の5倍の力が出る。たとえ10人いても、100人いても音頭で同時に力を加えるのでないと、各自がばらばらに力を加えることになる。これではいつも1人の力しか加わらない。「えい」の音頭で力を一致させる5人のほうが、ばらばらにあげている10人、100人よりもずっと大きな力が出るのである。

　時代劇で、1人の強い侍が5人、10人、20人の相手と剣で戦い、みな打ち倒してしまうシーンがよくある。この戦い方を見ると、多勢の相手は1人ずつその強い侍にかかっていっている。これでは1対1の戦いになり、強い侍が勝つのは当然である。多勢の相手の1人が号令を出し、その強い侍に同時に四方、八方から切りかかるなら、1人の侍は5～20の剣を同時に受けることはできず、必ず打ち倒されることになる。法で力を合わせれば1人の力の5～20倍の力が出る。それでその1人の強い侍は必ず倒されるのである。

　されば道、天、地、将、法の五は、何れも一つとしてかけてかなわぬことなれども、道将法の三を又を肝要とするなり。士卒の⁽¹⁾思いつかざる大将の、士卒の一致したる大将と戦いて勝つと云うこと、古今其のためしなければ、道の肝要なること勿論なれども、それは平生のことにて、軍に臨んでは、将法の二にきわまる。将に五徳備われば、天の時、地の利をあやまつことは、決してなき

ことなり。又法も、五徳備わりたる将の、法度、掟のあしきことはあるまじき様なれども、何ほど五徳備わるとも、いまだ聖人の地に至らずんば法の微妙を尽くすことあたうまじ。よく名将の法を伝授して、つねづねも心をつけて吟味して、士卒につねづね是をならわしめ、よく練熟せざれば、たとい五徳備わる将とても、士卒吾が手足を使う如にならぬゆえ、法と云うものにてはなきなり。されば五事の内にても、尤も法を肝要の至極とやすべき。古より名将のよく法を立て置きたる跡は、二代目の大将(2)つぎにても、兵威先代におとらぬことなりとぞ。

- (1) 思いつく：「思いが着く」の意味から「心を寄せる」
- (2) つぎにても：つぎ＋にても。「つぎ」は動詞「継ぐ」の連用形が名詞化したもので、この場合は二代目の大将が継ぐこと。「にても」は格助詞「にて」に係助詞「も」のついたもので、「〜でも」の意味。格助詞「にて」は助詞「に」「て」の間に動詞を書略してある格助詞で、「にありて」「になして」「において」等の意味になる。現代語の「で」になる。

> 　ここの徂徠の論理は納得しかねるものである。
> 　「道は平生のことにて、軍に臨んでは、将法の二にきわまる。」と言うが、軍に臨んで急に法が立つものでない。法も平生より立てておく必要がある。徂徠も「士卒につねづね是をならわしめ、よく練熟せざれば、たとい五徳備わる将とても、士卒吾が手足を使う如にならぬゆえ、法と云うものにてはなきなり。」と言っており、平生から法に熟練することの必要性を説いている。道は平生のことだが、法は平生のことでないとは言えないのである。
> 　「将に五徳備われば、天の時、地の利をあやまつことは、決してなきことなり。」と言うのも首をかしげることである。徂徠の考える将の智は人情に抜け通っていることである。地の利に抜け通っていることでない。孫子には九地篇があり、地の利を細かに説いている。たとえ五徳備わる将であっても、九地の地の利に尽く通じているだろうか。「いまだ聖人の地に至らずんば地の微妙を尽くすことあたうまじ。」と言うべきだろう。

さてこの曲制、官道、主用と云うに、古来様々の説あり。梅堯臣、茅元儀(ぼうげんぎ)が説は、曲制と、官道と、主用と、三にわけて説けり。
まず曲制とは、(1)備分陣取の法制なり。(2)備立(そなえたて)の根本は、人の家に東西南北の四の隣ありて、合わせて五を五人組と定むるより、五人を一伍と云う。是備の元なり。十伍を一隊と云う、五十人なり、二隊を一曲と云う、百人なり。何万人なりとも是より段々に組立てるゆえ、曲と云う時は、備のことは皆こもるなり。備分の法制とは、如何様なることぞと云うに、旗、(3)馬印(ばいん)、(4)笠印(かさじるし)、(5)袖印(そでじるし)、金太鼓、(6)坐作進退(ざさしんたい)の合図なり。是にて何万の人数にても、分合自在の変を、一人を使う如くならしむ。

- (1) 備分：「そなえわけ」と読むと思われる。備は隊列のこと。備分は隊列を分けることだろう。
- (2) 備立(そなえたて)：軍勢を配置すること。またはその配置。陣立とも言う。
- (3) 馬印(ばいん)：将軍の馬のそばに立てて標識とした武具
- (4) 笠印(かさじるし)：戦場で敵、味方の区別にかぶとの前または後につけた標識
- (5) 袖印：軍陣などで敵、味方を見分けるためによろいの左右の袖につけた小旗の類
- (6) 坐作進退(ざさしんたい)：作は「立つ」の意味がある。全体で「坐る、立つ、進む、退く」の意味。

官道とは官の道なり。官と云うは、軍中には、(1)組頭、(2)小組頭、(3)旗奉行、(4)鉄砲大将、(5)弓大

将、⁽⁶⁾長柄頭、⁽⁷⁾目付、⁽⁸⁾使番などとて、それぞれの⁽⁹⁾役儀あり。是官なり。官の道と云うは、各其の役儀役儀にて、士卒をすべくくりて、それぞれのすじ道あり。是は士大将の⁽¹⁰⁾いろうこと、⁽¹¹⁾物頭のいろうこと、目付のいろうこと、いろわぬことと云う筋みちあるなり。それゆえ曲制にて分かちて、官道にてつらぬくなり。

(1) 組頭：徒組、弓組、鉄砲組などの隊の長。　(2) 小組頭：五伍二十五人を一組として、小組頭がある。
(3) 旗奉行：主将の旗を守る職名　(4) 鉄砲大将：鉄砲組を統率する者
(5) 弓大将：弓頭とも言う。弓足軽の部隊を統率する者。
(6) 長柄頭：柄の長い槍を持って出陣した騎馬、あるいは徒歩の隊を統率する者
(7) 目付：違法を探索、報告する職名。　(8) 使番：伝令や巡視の役　(9) 役儀：役目　(10) いろう：扱う
(11) 物頭：弓組、鉄砲組などの足軽の頭。組頭。足軽頭。

主用と云うは、用度をば主る人ありと云う意なり。用度とは、兵糧、⁽¹⁾小荷駄、金銀米穀等、陣取の具、城攻の具、或いは賓客のもてなし、褒美に与うる物などなり。是皆主る役人別に有りて、合戦を司る人はかまわぬことなるゆえ、官道の外に、主用と云うなり。

(1) 小荷駄：兵糧、武具などを戦場に運ぶ荷馬隊の荷馬

軍中の法度掟は、右の三の上に立つことなるゆえ、法者曲制、官道、主用也と云うなり。
劉寅が説には、曲制官道を皆備分のことなりと云えり。其の時は十伍を隊とし、二隊を曲とす、前に見えたり。二曲を官と云う。二百人なり。然れば曲も官も皆⁽¹⁾備組のことにて、曲制は備の法制なり、前の説と同じ。官道は備立陣取には往来の道を明け、又は⁽²⁾備押の⁽³⁾次第、兵粮の運送など皆道なり。さて主用と云うは、主として用いると云うことなり。曲制官道の仕形、いかようの陣法を主とし用いると云うこと有りて、是にて軍の勝負分かるるゆえ、敵は何を主とし用いる、味方は何を主とし用いると云うことを、たくらべはかりて、勝負を察すると云うことなりと云えり。此の説も文勢の上にて云えば、宜しく聞こゆるなり、前の説と合わせ見れば、事たらぬ様なれども、⁽⁴⁾役分も用度も、備に付きたるものなれば、右の二の説をよきとやすべき。又杜牧張預が説も、大抵右の二説の意に出ず。

(1) 備組：隊列の組
(2) 備押：備は陣と同じように使われる。備押は陣押のことと思われる。陣押は進軍のことである。
(3) 次第：順序を追ってすること
(4) 役分：役には仕事の意味がある。役分で職分、役目ぐらいの意味だろう。

9　凡此五者、将莫不聞、知之者勝、不知者不勝、

　　　fán cǐ wǔ zhě, jiāng mò bù wén, zhī zhī zhě shèng, bù zhī zhě bù shèng,
　　　凡そ此の五の者は、将聞かざる莫し、之を知る者は勝ち、知らざる者は勝たず、

此の段は、右の五事の⁽¹⁾変極の理に通達すべきことを云えり。凡とは、総じてと云うことなり。此の五者とは、右の五事を云う。将は主将なり。聞と云うも知ることなり。知れども変極の理に通達せぬを、孫子は聞くと云う。変極の理に通達するを知と云うなり、変極の理に通達すとは、右の五事の上に於て、千変万化する所を、一々に其の⁽²⁾至極にぬけとおりて、我物とすることなり。総

じて右の五事をば、主将たる程の人は、誰も皆知りたることにて、珍しきことには非ず。されども人々われも知りたるとは思えども、其の変極の理に通達する人はまれなり。通達する人は軍に勝ち、通達せぬ人は負く。通達せずしてかなわぬことなりとぞ。

(1) 変極：変わり極まる　(2) 至極：至り極まる

> 孫子は知ることを「聞」と「知」に分けている。単に聞いただけでその理を深く考えなければ千変万化の現実に対応できない。これは知らないのと同じことである。古来将軍になるほどの人で孫子を読まない人はいないはずだ。それでいて戦いに負けることが頻発する。これは孫子を読んでもその深理を会得していないからである。荀子に「小人之学也、入乎耳、出乎口、口耳之間、財四寸耳、曷足以美七尺之軀哉。　xiǎo rén zhī xué yě, rù hū ěr, chū hū kǒu, koǔ ěr zhī jiàn, caí sì cùn ěr, hé zú yǐ měi qī chǐ zhī qū zāi　小人の学や耳に入りて口に出る、口耳の間、財に四寸のみ、曷ぞ七尺の軀を美するに足らんや」とある。マスコミが発達した現在、理に通達せずにすぐに口から出る人が一層多くなったのでなかろうか。ものの理がわかっていないのだから、ことごとく失敗することになる。

> 記誦の学問が役に立たないのは、単に字句を覚えているだけでは、いろんな変化にそれを応用できないからである。字句の中に潜む理に通達して始めてそれを応用できる。相手との優劣を考える時、相手がどれだけ知っているか、自分がどれだけ知っているかと考えると知るの中に単なる知識も含まれてしまう。単なる知識で理に通達していないなら、いくらたくさんの知識があっても恐れるに足らない。だから相手はどれだけ聞いているか、どれだけ知っているか、自分はどれだけ聞いているか、どれだけ知っているかと単なる知識と理に通達していることを分けて比較すべきである。

10　故校之以計而索其情、

　　　gù xiào zhī yǐ jì ér suǒ qí qíng,
　　　故に之を校るに計を以てし其の情を索む、

　故とは、上の文をうけて、かようあるゆえにと云う意なり。上文にある如く、五事の至極に通達する人は勝ち、通達せぬ人はまくるゆえに、此の五事を目録にして、是にて敵味方をくらべはかり、目算して、その軍情をもとむると云う意なり。

11　曰、主孰有道、

　　　yuē, zhǔ shú yoǔ dào,
　　　曰く、主孰れか道有る、

　この曰くと云うより下は、上文に校之以計と云える、其の(1)たくらべ様を説けり。此の品七つあるゆえ、曹操王晢が注より、是を七計と云い習わせども、五事の外に、別に七計なしと知るべし。

主は主将なり。孰有道とは、敵の主将が道あるか、味方の主将が道あるかと、敵味方をたくらべはかることなり。有道と云うは、則ち前の五事の内に、道者、令民与上同意、可与之死、可与之生、而不畏危也とある所にかなうを、道あると云うなり。

　(1) たくらぶ：くらべる。「た」は動詞、形容詞などについて語調を整える接頭辞である。

　むかし韓信、項羽を背きて、高祖に帰したりし時、項羽は諸侯の権を取りて、威天下に振いたれども、(1)生得(2)あらけなき大将にて、人を殺すことを好み、さし当たりは礼儀ありて(3)愛敬らしけれども、人に国郡を与うることを惜しみ、又人の(4)異見を用いぬ人なれば、智謀ある人、みな項羽に従わず。又高祖はわずかに漢中の王にして、(5)小身なれども、器量(6)大ようにして、民を苦しめず、細かなる法度を立てず。面にむかいて人を悪口し、又人をうやまわぬ過あれども、人に国郡を与うることを惜しまず。又よく人の諌めを用いる人なれば、始終の勝利は、高祖の方にあらんとはかりしが、後其のはかりたりし如くなりしも、此の本文の意なり。

　(1) 生得：生まれつき　(2) あらけなし：ひどく荒々しい　(3) 愛敬：いつくしみ敬うこと
　(4) 異見：思うことを述べて人を諌めること　(5) 小身：禄が少ないこと
　(6) 大よう：目先の小事にこだわらない

　項羽は人を殺すことを好むが、高祖は民を苦しめていない。五事の内で、道は高祖が上である。項羽は人に国郡を与えることを惜しみ、人の意見を用いないが、高祖は国郡を与えることを惜しまず、よく人の諌めを用いる。五事の内の将の智、仁、信は高祖が上である。勇、厳で大きな差がないなら、将も高祖が上である。五事の「道、天、地、将、法」の中で少なくとも、道、将は高祖が上である。天、地、法で大差がなければ高祖が勝つことは前もってわかる。

12　将孰有能、

　　jiāng shú yǒu néng、
　　将孰れか能有る、

　将とは士大将を云うなり。能とは才能にて、器量のことなり。即ち上の文にある、智、信、仁、勇、厳の五徳備わりたるを、有能と云うなり。此の本文の意は、敵の士大将共と、味方の士大将どもとは、何れか器量まさりたると、くらべはかることなり。

　むかし漢の高祖の時、魏王魏豹が謀叛を起こしたると聞きたまいて、外のことをば尋ねたまわで、魏豹が方の総大将は誰ぞと尋ねたまえり。柏直と云う人なりと申しければ、いまだ口わきの黄なる若者なり。何として此の方の韓信に及ぶべき。心安しとあり。又騎馬の大将は誰ぞと尋ねたまう。憑敬なりと答う。是はよき(1)弓取なれども、此の方の灌嬰には及ばずとあり。又歩卒の大将は誰と尋ねたまう。項它と答えれば、此の方の曹参に(2)かけ合うべきに非ず。さては心安しとて、外のことを尋ねたまはず、軍をはじめ、一(3)かけ合いにて魏豹を生け取りにしたまうも、此の意なり。

　(1) 弓取：武士　(2) かけ合う：つりあう　(3) かけ合い：両軍の兵力が正面からぶつかること

13　天地孰得、

　　　　tiān dì shú deǐ、
　　　　天地孰れか得る、

　天とは天の時、地とは地の利なり。前の五事の内にては、天と地を二箇条にしてあり。ここには一箇条につづめて云えり。天の時地の利をば、敵の方に得たるか、味方に得たるかくらべはかることなり。天の時も、地の利も、主を定めぬものにて、味方に得れば味方の利となり、敵方に得れば敵方の利となるゆえ、天地孰得たると云えり。敵味方孰れか得たると云う意なり。五事の次第には、道天地将法と次第して、此の所には道将天地と次第したるとは、天地に逆らいて軍をすることはならねば、尤も重きことなるゆえ、五事の時は、道天地将法と次第するなり。されども同じき天の時、同じき地の利なるに、将のとりはからい様にて、敵の利にもなり、又味方の利にもなるゆえ、天地を得ると得ぬとは、将の(1)功不功にあるゆえ、ここには道将天地と次第を立たり。

　　(1) 功：たくみ

> 「天の時も、地の利も、主を定めぬものであり、それを得ると得ぬとは将の巧みさにある。」と書かれている。天の時、地の利をチャンスに置き換えると、「チャンスは主を定めぬものであり、それを得ると得ぬは人の巧みさにある。」となる。チャンスは結構あるものである。けれど人はそれを知り、それを使うことができない。チャンスがないのでなく、チャンスを見つける目がないのである。チャンスを人より先に見つけると、その人がそのチャンスの主となる。

14　法令孰行、

　　　　fǎ lǐng shú xíng、
　　　　法令孰れか行わるる、

　法は法度なり。令は下知なり。されば法はかねて定めるを云う。令は当座の下知なり。行わるるとは、下知法度のきくことなり。上より下知法度をたてても、下たる者是を守らず、或いは表向きばかり守る様にして、実は是を守らざるは、行わるると云うものにてはなき也。是は人の守り難き法度をたて、又賞罰に依怙贔屓ある時は、法令行われぬなり。総じて下知法度は事多きを嫌うなり。法度の箇条すくなくして、法を犯す時はたとえ貴人高位にてもゆるさず法におこなう時は、下知法度のきかぬと云うことはなきなり。魏の曹操、此の段を注して、設而不犯、犯而必誅（shè ér bù fàn、fàn ér bì zhū　設けて犯さず、犯せば必ず誅す）と云えり。誠に名言なり。設とは法を立てることなり。上より法度を立てるに、下たる者是を犯すなれば、法度と云うものにてはなきなり。法は下たる人の犯さざるを以て法と云うなり、故に設而不犯と云うなり。法度を犯す時は、誰人によらず必ず誅するなれば、法を立てる(1)程にて、犯す者はなきなり。故に犯而必誅と云うなり。古の名将皆かくの如し。

　　(1) 程：限り

道路交通法第22条には、「車両は、道路標識等によりその最高速度が指定されている道路においてはその最高速度を、その他の道路においては政令で定める最高速度をこえる速度で進行してはならない。」と定められている。これの違反がスピード違反である。自動車を運転する人で、一生の内に一度もスピード違反をしなかった人が何人いるだろうか。それほど頻回に破られている法律である。制限速度が60km/時の一般道路でも実勢速度は70km/時〜80km/時で流れていたり、制限速度が70km/時の高速道路でも実勢速度は100km/時で流れていたりすることがよくある。スピード違反をしてつかまった時の罰は一般道路でも高速道路でも15km未満の違反なら、9千円の罰金で、一般道路で30km以上、高速道路で40km以上の違反なら赤切符になり、前科がつき、最高10万円の罰金になる。

　この法律が人の守り難き法度のよい例である。実勢速度が70km/時〜80km/時で流れているのに、制限速度を60km/時としても人は守ろうとしないのである。また犯した時の罰が軽すぎる。9千円の罰金では、時給800円で働いても2日も働けば払える額である。最高額の10万円にしても、2015年の平均年収は440万円だから、平均的な収入の人なら十分に払える額である。スピード違反を法度として立てるなら次のようにする。「一般道路で時速150km/時以上、高速道路で時速200km/時以上をスピード違反とする。これに違反した時は罰金2千万円、払うことができないなら、収監して懲役とする。」人が守ることのできる法律にすること、それを犯した時は厳しく罰すること、これが法の立て方である。

　孫子始めて呉王闔廬にまみえたる時、闔廬女にも軍法をならわすべしやと問う。孫子答えて、女なればとて、(1)教えらるまじきに非ずと云う。闔廬則ち、宮女百八十人を(2)出さる。孫子其の内にて、闔廬の寵愛の美人二人を組頭と定め、百八十人に(3)戟をもたせ、二組にわけて備を立て、(4)下知して曰く、汝何れもむねと、左右の手と、せなかとを知るやと問う。宮女何れも(5)なるほど(6)存知たりと云う。孫子が曰く、前は胸を見よ、左は左の手を見よ、右は右の手を見よ、後は背を見よと云う。何れも(7)畏まると云う。孫子則ち合図の太鼓を打てば、宮女(8)大きに笑う。孫子が曰く、合図の示し合わせ調わざるは、士卒の罪に非ず、将の罪なりとて、又右の如く委細に云い含め、再び合図の太鼓を打つ時、宮女又大きに笑う。孫子が曰く、合図の示し合わせをもとくとしたるに、法を守らざるは士卒の罪なりとて、組頭と定めたる両人の宮女を斬らんとす。闔廬大きに驚き赦すべき(9)よしを仰せけれども、将たるもの、軍に在りては君命をも受けざる所ありとて、遂に是を誅し、二番目の宮女を組の頭と定め、再び合図の太鼓を打ちしかば、(10)坐作進退みな法の如くにして、一人として法に背くものなかりきなり。

(1) 教えらるまじきに：教え＋らる＋まじき＋に　下二段活用の動詞「教う」の未然形＋可能の助動詞「らる」の終止形＋打消推量の助動詞「まじ」の連体形＋断定の助動詞「なり」の連用形
(2) 出さる：出さ＋る　四段活用の動詞「出す」の未然形＋尊敬の助動詞「る」の終止形
(3) 戟：両刃の剣に長い柄をつけた武器　(4) 下知：下の者に指図をすること　(5) なるほど：たしかに
(6) 存知たり：存知＋たり　サ行変格活用の動詞「存ず」の連用形＋助動詞「たり」の終止形。「存ず」は「知る」の謙譲語。この場合は「存じ」の「じ」に漢字の「知」を使っている。「たり」は動作、作用がすでに終わってその結果が存続していることを表す。
(7) 畏まる：つつしんで命を承る　(8) 大きに：大いに　(9) よし：事柄の内容
(10) 坐作進退：作は「立つ」の意味がある。全体で「坐る、立つ、進む、退く」の意味。

> 王の寵愛の美人二人を殺せば王の不興を買い、王に遠ざけられ、最悪の場合自分も殺される可能性がある。こういうことを考えるから、いくら法を犯したと言っても、王の助命の指示を無視して寵愛の美人二人誅することはなかなかできない。しかしここで誅さないと法が守られない。法はこのように自分の身を危険にさらしても厳格に守られなければならないのである。

又呉子魏の国の軍兵を率いて、秦の国と⁽¹⁾取り合いける時、一人の勇士ありて、下知なきに敵陣にかけ入り、首取りて帰る。軍法に⁽²⁾違いぬれば、功あればとて赦すべきに非ずとて、呉子是を誅したり。

(1) 取り合う：争う　(2) 違う：はずれる

> たとえ功を立てたとしても、法を破って功を立てたのであれば、厳しく罰さなければならない。戦争は個人の力で勝つものでなく、集団の力で勝つものだからである。

又斉の景公の時、燕晋両国より斉の国を攻めて、味方軍に利を失うこと有りし時、晏平仲と云う賢臣、司馬穰苴を薦む。景公則ち穰苴を将軍の官になし、燕晋両国の敵を禦しむ。穰苴申して曰く、臣賎しき者にて、今にわかに将軍の官となれば、士卒重んぜず、願わくは君の寵臣を一人軍⁽¹⁾奉行になしたまえと云う。景公則ち荘賈と云う寵臣を添えらる。穰苴、荘賈と約束するよう、⁽²⁾日中に軍門に来たりたまえと云う。荘賈君の寵臣なれば、もとより穰苴が下知を用いず、漸く暮時になりて軍門に来たる。穰苴なに故遅く来るやと問う。荘賈答えて曰く、親類の者共なごりを惜しみ、⁽³⁾餞するに⁽⁴⁾隙をとりて遅かりしと答う。穰苴が曰く、将たる者は、家をも身をも、親類をも忘るるを以て忠とす、今敵深く我国に攻め入り、国中騒動し、君の憂い甚だし、汝かような重き任を受けながら、何として親類のなごりを惜しみて、出陣の刻限を違いたるやと、軍正を呼びて問うて曰く、軍の法には、合図の⁽⁵⁾日限⁽⁶⁾刻限を⁽⁷⁾遅れなはりたる人をば、如何様の罪科に処するやと問う。軍正が曰く、斬罪なりと答う。穰苴則ち荘賈を誅して其の由を軍中に⁽⁸⁾相触る。士卒大きに恐れて、穰苴が法を違えず。遂に燕晋の敵を逐い払いて取られたる郡を取り返したるなり。

(1) 奉行：上の者の命によって事を執行する人　(2) 日中：正午　(3) 餞する：酒宴を開いて行く人を見送る
(4) 隙：時間　(5) 日限：指定した特定の日　(6) 刻限：指定した時刻
(7) 遅れなはる：「なはる」は尊敬の意味を表す
(8) 相触る：「相」は、動詞について語調を整え、また意味を強める。「触る」は、広く知らせる

> その軍の総大将の外に君の寵臣の権威強きものを奉行に加えることを監軍と言う。孫子は謀攻篇で「三軍の事を知らずして三軍の政を同じくする者あらば則ち軍士惑う」と書き、監軍では戦いに敗れるとする。指揮系統が二つに分かれるから軍にまとまりがなくなるからである。司馬穰苴がこのことを知らないはずがない。司馬穰苴はその時の状況から、監軍として来る者は必ず法を守らないから誅することができると前もってわかっていたのだろう。それで王に監軍を頼み、監軍に来た人を誅することで自分の権威を高め、士卒が法に違うことがないようにさせようとしたのだろう。

又孔明が下の士大将に、馬謖と云いしもの、孔明が下知を守らずして敗軍に及びしかば、孔明涙を流して是を誅す。
　呉の呂蒙も、我が同郷の人の、幼少よりなじみたるもの軍中にて笠を盗みたれば、涙を流して是を斬る。
　又魏の曹操は、士卒に田畠を踏み作物をそこなうべからず、⑴背くものは斬罪に処せんと、法令を出せしに、曹操の馬はなれて、麦畑を踏み損じたり。我が出したる法令を、自身破るべきに非ずとて、⑵既に自害せんとす。群臣⑶様々と諫ければ、さらば是なりとも我が頸の代りにすべきとて、⑷自身我が髪を切りたり。

　　⑴ 背く：命令に反する　⑵ 既に：今にも　⑶ 様々と：いろいろと　⑷ 自身：みずから

　是等は皆古今にすぐれたる名将の、一たび法を出しては、かりそめにも破ることをせざりしためしなり。かようなる程なれば、法令よく行わるるなり。敵味方をたくらべはかるに、何れかかように法令の行わるるなりと考えることを、本文に、法令孰行と云いたるなり。

15　兵衆孰強、

　　bīng zhòng shú qiáng、
　　兵衆孰か強し、

　兵は軍兵なり。衆は人衆なり。強と云うは、士卒武勇に、馬つよく、兵具もよく、士卒太鼓を聞きては喜び、金を聞きては怒るを云うなり。敵と味方とは、⑴何れかかようなると、くらべはかることなり。

　　⑴ 何れ：いずれ

> 　徂徠は「兵は軍兵なり。衆は人衆なり」とする。「人衆」は人のことである。こう取ると兵と衆がほぼ同じ意味になってしまう。兵は兵器に取るべきだと思う。「兵衆孰か強し」は、兵器と人はどちらが強いかということである。人が強いというのは、軍兵の体力、武術が優れることを言う。現代の戦争では、昔以上に武器の優劣が勝敗に大きくかかわる。それで特に現代の戦争の勝敗を考える時は、兵を武器の意味に取らなければ勝敗の正確な予想ができない。

16　士卒孰練、

　　shì zú shú liàn、
　　士卒孰か練す、

　練とは、熟することなり。熟するとは、法に熟するを云う。旗⑴合符しをよく覚え、金太鼓の合図をよくわきまえ、備を分け、備を合わせ、懸かるも引くも起つも坐るも、よく合図を違えず、手間とらず。馳引達者にて、武芸に訓練したることなり。敵味方何れかかようなると、たくらべはかることを、本文にかく云えり。

(1) 合符し：戦場で敵と区別するために兜や鎧の袖、馬具などにつけるそろいのしるし

> 「兵衆孰強」と、「士卒孰練」は、特に兵衆の兵を軍兵の意味に取ると同じことのようにも見える。どこが違うのだろうか。「兵衆孰強」は軍兵個人の体力、武術、能力を言っている。「士卒孰練」は上の命令により集団行動が的確にできるかどうかを言っている。個々の軍兵が強くても集団行動ができなければ負けるし、集団行動ができても個々の軍兵が弱ければ負ける。

17　賞罰孰明、

shǎng fá shú míng、

賞罰孰か明かなる、

賞みだりなれば、費多けれども士卒恩と思わず。罰みだりなれば、殺せども士卒恐れず。故に功あれば、⑴意趣ある人をも賞し、罪あれば、親子にても赦さず。かようなるを賞罰明らかなりと云う。敵と味方とは、何れか賞罰明らかなりと、たくらべはかることを、本文にかく云えり。

(1) 意趣：うらみ

右の七計の内、兵衆孰強と云うより、末の三は皆法のよく立ちたる上のことを、委細に挙げたるものにて、七計を五事に合わせ見れば、末の四は皆五事の内の法なり。五事の内にては、法と云うもの尤も肝要なることゆえ、孫子が念を入れて、細かに分けて云いたる也。諸葛孔明も、名ある将の備にても、法なき軍は破りやすし、名なき将の備なりとても、法ある備は破り難しと云えり。

18　吾以此知勝負矣、

wú yǐ cǐ zhī shèng fù yǐ、

吾此れを以て勝負を知る、

吾とは孫子がみずから云いたるなり。此とは右の七計を云う。孫子は此の七計にて、敵味方をくらべはかりて、敵味方いずれか勝ち、何れか負けると、明らかに知るとなり。

> 七計はすべて五事に含まれるから五事の外に七計はないというのが徂徠の考え方である。しかし近代戦では特に武器の優劣が勝敗を決す。いくら法が厳格に施行されていても、武器が大きく劣るなら負けることになる。空軍を持たない軍隊が強力な空軍を持つ軍隊に勝てるはずがないのである。「兵衆孰か強し」で武器の優劣を考えるべきである。

> 五事は道、天、地、将、法の5つである。七計は、主孰有道、将孰有能、天地孰得、法令孰行、兵衆孰強、士卒孰練、賞罰孰明の7つである。勝敗を計算するのは、七計のほうでする。七計で考えて、例えば4つで勝ち、3つで負けるなら、かろうじて勝つと考える。七計では、天地は軽んぜられており、天地を合わせて一つの得点としている。徂徠によると、法令執行、

兵衆孰強、士卒孰練、賞罰孰明はすべて法になるから、法は４つであり、４得点になる。五事の内、道、天、地、将で優れていても、法で劣っており、法令孰行、兵衆孰強、士卒孰練、賞罰孰明のすべてで敵に負けるなら、五事で考えると４対１で勝つのに、七計で考えると３対４で負けてしまうのである。法が非常に重んぜられていることがわかる。

　徂徠は「五事の外に、別に七計なし」と言い、七計はすべて五事に含まれるとする。七計の中で、「主孰有道」、「将孰有能」、「天地孰得」、「法令孰行」は五事の道、将、天、地、法という言葉を使っているから、確かに五事と同じものだろう。しかし「兵衆孰強」、「士卒孰練」、「賞罰孰明」の３つは五事では使っていない言葉である。これらは五事の一つの範疇に含まれるものでなく、五事のいくらかが組み合わさってできるものと考えるべきである。兵衆が強くなるのは、法が行われているだけでは駄目である。道が行われていないと人は戦おうとしないから弱くなるし、天の利、地の利を失っても弱くなるし、将が愚将でも弱くなる。兵衆孰強は道、将、天、地、法がみな関係することである。士卒孰練も道、将、天、地、法がみなからむことである。賞罰孰明は法だけでなく、将も関係する。法が行われていても将がしきりに法を変えれば賞罰が明らかとは言えない。

　軍形篇に「勝は知るべく爲すべからず」とある。これを徂徠は次のように説明している。「一説に此の方をよく調りて居て、敵にすきまある時是を打ちさえすれば味方勝つゆえ、味方の勝つと云うこと先立ちて知らるるなり。されども敵に伐つべきすきまの出来ることもあり、出来ぬこともあるなれば、必ず味方の勝つ様にすることはならぬと云う意に見たるもあり。是にても通ずるなり。」ここの「勝負を知る」というのも、「味方が勝つ」と知ることができても、これは「必ず味方が勝つ」という意味でない。「敵に負けることはない。敵に勝つべきすきまができたら勝つことができる」という意味である。敵に勝つべきすきまをつくるために次の勢をなすのである。

19　将聴吾計用之必勝、留之、将不聴吾計用之必敗、去之、

　jiāng tīng wú jì yòng zhī bì shèng, liú zhī, jiāng bù tīng wú jì yòng zhī bì bài, qù zhī,
　将た吾が計を聴き之を用いれば必ず勝つ、之に留まる、将た吾が計を聴きて之を用いざれば、必ず敗る、之を去る、

　此の段は、勝負の道は、右の五事七計にて明かに分かるることを、丁寧に云えり。将とは[1]辞なり。もしと云う意なり。吾計とは、即ち孫子が勝負のつもりなり。右の七計を云うなり。もし呉王闔廬、孫子が右の如く五事七計にてはかりつもりて、此の戦は勝なり、負なりと定めたるを、尤もと聴き入れて用いたまわば、必ず勝利あるべし。尤もと思わず、聴き入れず用いたまわずば、必ず敗北に及ぶべし。されば右の七計を尤もと思召さば、留まりて仕え奉るべし。用いたまわずば、留まり仕えても[2]せんなきことなるゆえ、立ち去るべしと云うことなり。然れば孫子が心は、合戦の勝負は此の五事七計にて、戦わぬ前に定まると云う[3]わけを、第一とするなり。

(1) 辞：概念過程を経ることなく事柄に対する言語主体の立場を直接に表現する語を言う。助詞、助動詞のほか、感動詞、接続詞、陳述副詞も含む。
　(2) せん：かい　(3) わけ：物事の道理

　将の字をはたと読むこと、王晢、張預が説なり。陳皞、梅堯臣は将の字を主将と見る。一段の意は王晢、張預と同じけれども、総じて始計篇の内にて、主将を将とは云わず、文例相違せり。はたとよむ説宜しからん。又孟氏が説は、脾将と見る。是は大将の下の士大将のことなり。施子美が説には、はたと読むと、諸将と見ると、両説をあげたり。黄献臣は、君より見れば総大将を指し、総大将より見れは士大将を指すと云えり。将の字を総大将士大将と見る時は、下の文を、これを留めん、これを去らんとよむべし。吾計を用いぬ士大将をば、除き去るべし、用いる士大将をば、留め置て召仕うべしと云う意なり。一段の義理は、何れにても通ずるなり。されども此の段の吾計と云うは、即ち上文の七計のことなれば、聴き用いると聴き用いざるをば主将へかけ、留まると去をば孫子へかけて見ねば、始計一篇の文勢通貫せぬなり。(1)さるにても将の字をはたとよまずして、主将と見ることは、文例に合わぬゆへ、今王晢張預が説に従うなり。

　(1) さるにても：それにしても

　尤も吾申すことを用いたまわずば立ち去るべしと云うこと、忠臣の道にはずれたる様なれども、戦国七雄の時は、いまだ君臣の約束をなさねども、客卿客将などとて、他国の人来りて其の国に居るもの多し。孫子も斉の国人にて、この時呉国へ来り、呉王闔廬といまだ君臣の分定まらざる前に、此の書を作りて献じたりと見えたり。故に史記の孫子が伝にも、孫子初めて呉王にまみえたる時、呉王の詞に、子之十三篇吾悉観之矣（zǐ zhī shí sān piān wú xī guàn zhī yǐ　子の十三篇吾れ悉く之を観る）とあるなり。
　又本文の用之とある字を、兵を用いると見る説あり、其の時は、はた吾計を聴かずこれを用いばとよむなり、字法穏ならず。従うべからず。

20　計利以聴、乃為之勢、以佐其外、

jì lì yǐ tīng, nǎi wéi zhī shì, yǐ zuǒ qí wài,

計利ありて以て聴く、乃ち之が勢を為して、以て其の外を佐（たす）く、

　此の段より下、不可先伝也とあるまでは、勢いのことを云えり。右の五事七計のつもりにて、勝負は分かるることなれども、軍には不意の変動と云うものあり。天地の気も、日々夜々に生々して止まらず。人また活物なれば、両軍相対する上にて、無尽の変動起こること、先だちてはかるべからず。故に五事七計何れも宜しくて、味方の勝にきわまりたる軍にても、何事なくして勝つべきに非ざれば、兵の勢と云うことをなして、軍の勝を助くることを云いたるなり。計利以聴とは、右の七計にてつもり計りて、味方の勝利と知り、軍の手当をせんに、主将尤も聴き入れたまい、上下一致していよいよ勝利に究まりたれども、猶又兵の勢と云うことをなして、其の助けとするとなり。佐其外とは、右の五事七計にてはかりつもりて設けたる手当は、出陣前にきわまることにて、是を内謀と云うなり。内謀にて及ばず、届かぬ所あるを、兵の勢いにて助け手つだいて、全き勝利をな

すゆえ外を佐くとは云うなり。

21 勢者、因利而制其権也、

shì zhě, yīn lì ér zhì qí quán yě

勢は利に因りて其の権を制するなり、

　是は上の文に勢と云いたるによりて、其の勢と云うは、如何様のことぞと、其のわけを云えり。利と云うは、上の文にある五事七計にてはかりて、此の軍はかようにして勝利ありと、つもり定めたる所を云う。因とは何事にても、それを⁽¹⁾もとたて、土台にして、其の上へちなみてすることを云うなり。権とはもと秤のおもりなり、秤のおもりは、左へ移し、右へ移し、様々に変じ易えて、宜しきにかなうものなり。それゆえ何にても変じ換え、転じ移してよきぐあいにあたることを、権と云うなり。制すとは制作の義にて、此の方より作り出し、しかくることなり。兵の勢は、天より降りるにも非ず、地より湧き出るにも非ず、此の方より作り出して、将の掌に握り、全き勝をなすものゆえ、制と云うなり。本文の心は、上文に勢と云うものをなして、内謀の助けとすると云う、其の勢と云うは、如何様のことなれば、其の五事七計にて、かねてつもりはかりて、是にて勝利あると定めたる所を、土台とし、元として、戦場に臨みては、それにちなみて、時に取りての変化、よき図にあたることを、此の方よりしかくる、是を勢と云うとなり。

　(1) もとたて：本立　文字どおり「本を立てる」ことだろう。

　尤も五事七計にてつもりては、勝利なき軍なりとも、時に取りてせでかなわぬこともあるべきなれば、左様なる軍には、勢を取りて勝利を得ること、名将の作略にあるべし。されども孫子が心は、兵の正道を云うなり。兵の正道にて云う時は、名将の作略にて、何ほどよく勢をとりて軍に勝つとも、前方五事七計にてつもりはかりて、利なきはずの軍を、無理にして、今勢の作略ばかりにて勝利を得るは、皆あぶなき戦にて、まぐれあたりとも云うべし。兵家の全き勝には非ずと云う意にて、因利と云いたるなり。此の篇は始計篇にて、出陣前の始計こそ勝利の根元にてあれと、只是を大切に云いたるなり。さて軍の上手の勝利を得るは、皆この勢にて禍を転じて福となし、まくべき軍に勝ち、さても奇策妙計かなと世にも云い伝え、書にもしるして、後世にももてはやし、又孫子が妙所も此の勢にあることなるを、かように云える孫子が深意、よくよく味わうべし。あり難きことなり。

　又此の因利と云うを、敵の利、又時にとりての利と見る説もあり。尤も兵家の作略神妙なる所、みな敵の利に因りちなんで、味方の勝をなし、時に取りて、天地人の上にて、何によらず其の事々の利にちなんで、兵の勢をなすことなれば、此の説は孫子が妙意を得たる様なれども、一篇の文勢に疎くして、孫子が手厚き所をしらぬなり、深く思うべし。

> 　この所の徂徠の解釈は異和感を持つ。私は徂徠が「一篇の文勢に疎い」と言う「利を敵の利」と見る解釈がよいと思う。五事七計より得る利は戦争を始める前のことである。ところが戦争は敵の動きにより千変万化するものである。戦争を始める前の五事七計の利に固執したのでは、変に応じた動きができない。変化する敵、その敵の利に因りて動いて始めて千変万化の変

化に対応できる。五事七計で出る利は戦争前に決まる利だから、固定したものであり、それを土台としてもいろんな変化ができるはずがない。固定した利をもとにして、固定した動きしかできないのでは、兵法が死物になってしまう。

　五事七計でつもるのが兵の正道であり、これを大事にすべきということは、「計利ありて以て聴く、乃ち之が勢を為して、以て其の外を佐く」で尽されている。五事七計で利があって始めて勢をなすのだから、五事七計が大事で、基本であることは明白である。勢まで五事七計の利に基づかなければならないというものではない。

　ただこの解釈を取ると、「計利ありて」の利と「利に因る」の利の意味が異なることになる。少しの間に意味を変えるのは、少し無理があるように思う。しかし後の利を敵の利と見なければ兵法が死物になり、役に立たなくなる。

　徂徠は「尤も五事七計にてつもりては、勝利なき軍なりとも、時に取りてせでかなわぬこともあるべきなれば、左様なる軍には、勢を取りて勝利を得ること、名将の作略にあるべし。」と言い、五事七計で負けても、勢で勝つことがあることを認めている。利を五事七計での利と考えるなら、五事七計で負けているのに、勢で勝つと言うその勢はどういう利によっているのだろうか。少なくとも五事七計の利とは考えることができないのである。

22　兵者詭道也、

　　bīng zhě guǐ dào yě、
　　兵は詭道なり、

　是は上の文に、因利而制其権と云えるをうけて、此の権と云うものを、合戦の上にて大切にするわけを云えり。総じて合戦の道は詭道なり。詭道と云うは、詭はいつわりとも、あやしとも、たがうともよむ。是は唐の文字に倭国のことばを付けて、文字の訓を定むるに、一言にてとくと、其の字の意を云い取られぬことあるによりて、一字に二つも三つも字訓あるなり。よのつね詭道と云えば、いつわりと云う訓ばかりに泥みて、合戦と云えば、とかく(1)表裏、(2)たばかりを、軍の本意と定むるは(3)僻事なり。あやしとは敵よりあやしみ、何とも合点のゆかぬことなり。たがうとよむ時は、詩経の詭随、孟子の詭遇などの、詭の字の意にて、正しき定格を守らぬことなり。故に兵は詭道なりと云うは、軍の道は、とかく手前を敵にはかり知られず、見すかされぬ様にして、千変万化定まりたることのなきを、軍の道とするなり。されば、敵よりは是をたばかると思うゆえ、いつわりとも訓ずるなり。易の師の卦に、聖人の兵法を明かしたまえり。(4)師の卦は外坤の卦にて、内坎の卦なり。坤は至静をあらわし、坎は至険をあらわす。至りて静にして動かず、声もなく臭もなき中に、はかり知られず、犯しさわられぬ物ある、是軍の本体にして、八陣の根元なり。孫子が兵者詭道也と云うをも、ここに本づきて是を伺わば、其の妙所に至るべし。

(1) 表裏：表と内心との一致せぬこと　(2) たばかり：だますこと　(3) 僻事：間違ったこと
(4) 陽を表す長い横棒（―）（陽爻と言う）と陰を表す真ん中が途切れた短い横棒（― ―）（陰爻と言う）を上下に3つ組み合わせると2の3乗で8種類の卦ができる。これが八卦である。八卦は☰乾、☱兌、☲離、☳震、☴巽、☵坎、☶艮、☷坤の八つである。この八卦を二つ組み合わせて上下に配置す

ると、8×8＝64で64種類の卦ができる。これが六十四卦である。師は六十四卦の一つで䷆になる。上に坤、下に坎を組み合わせたものである。上の卦を外卦、下の卦を内卦と言う。師は上が坤で、下が坎だから、「師の卦は外坤の卦にて、内坎の卦なり」となる。坤は陰爻（− −）を上下に３つ組み合わせたもので、坎は上が陰爻（− −）、中央が陽爻（—）、下が陰爻（− −）の組み合わせになっている。陰爻（− −）は陰であるから、静を表す。師は陰爻（− −）の中に一つだけ、陽爻（—）を含む卦である。だから、「至りて静にして動かず、声もなく臭もなき中に、はかり知られず、犯しさわられぬ物ある」という像になる。これが聖人の兵法だと言うのである。

> 「兵は詭道なり」と言うのは、一語で兵法というものを表した名言である。その兵がどこにいるのか、その兵がどう動くのか、その兵が何を求めているのかが相手からまったくわからない。それが兵法である。また師の卦が聖人の兵法だと言うのも名言である。兵法というものがどういうものであるのか、その具体的なイメージを卦で示している。

23　故能而示之不能、用示之不用、

gù néng ér shì zhī bù néng, yòng shì zhī bù yòng,

故に能にして之に不能を示し、用にして之に不用を示す、

　故とは上の文を承る詞なり。上の文にある如く、兵は詭道なるゆえ、かようかようと詭道の作略を、是より下十四句に説けり。是皆上に云える兵の勢なり。

　能するとは、吾力にかない、吾[(1)]手ぎわになることなり。不能とは、力にかなわず、手にあまることなり。示すとは[(2)]見せかくることなり、用いるとは取り用いることなり。たとえば、戦いて勝つことがなれども、ならぬ様に思わせ、城を攻め落とすことがやすやすとなれども、ならぬ様にして見せかくるは、能而示之不能なり。又ここにてはかようのてだてをせんなど、敵の気づかう所なれば、左様なる手だてをばせぬ様に見せかけ、何々の[(3)]兵具を用いて利ある所あれば、それをば用いぬ様に思わせ、我臣の内にも、敵の[(4)]手を置くものをば用いれども、用いぬ様に見せかくるなど、みな用而示之不用なり。皆敵に油断をさせ、[(5)]度に迷わする道なり。

(1) 手ぎわになる：「手ぎわ」は「できる範囲」だから「手ぎわになる」で「できる範囲になる、できる」
(2) 見せかくる：下二段活用の動詞「見せかく」の連体形　あるものを別のものように思わせる
(3) 兵具：兵器　(4) 手を置く：処置に窮する　(5) 度：物事の適当な程合い

24　近而示之遠、遠而示之近、

jìn ér shì zhī yuǎn, yuǎn ér shì zhī jìn,

近くして之に遠きを示し、遠くして之に近きを示す、

　近国を攻むべきと思わば、遠国を攻めるふりに[(1)]もてなし、遠国に働くべきとする時は、近所に働くふりをすることなり。

(1) もてなす：そうであるかのようにみせかくる

> 　徂徠は遠国と近国のことだけを言っているが、これは勿論一例と考えるべきである。同じ国を攻めるにしても、近い所を攻めると思わせて遠い所を攻めたり、遠い所を攻めると思わせて近い所を攻めたりする。時間的遠近もこれに含まれる。近い時に攻めると思わせて遠い時に攻めたり、遠い時に攻めると思わせて近い時に攻めたりする。

25　利而誘之、乱而取之、

lì ér yoù zhī、luàn ér qǔ zhī、
利して之を誘く、乱して之を取る、

　利とは、敵の好むことを云うなり。或いは財宝、米粮を取らせ、或いは国郡を与え、或いは一旦の勝利を与えなどすることなり。誘くとは、だまし引き出すことなり。是は城に引きこもり或いは要害を固めて出ざる敵、或いは戦うまじき図を守りて戦わざる敵などを、彼が好むことにて惑わして、是を引き出すことなり。乱而取之とは、てだてを以て敵の乱れぬ備をみだして、是を打ち取るなり。

　むかし秦の苻堅と晋の謝玄、淝水と云う川を夾んで陣を取る。謝玄使を遣わして、少し備をあとへくりたまわば淝水を済りて合戦を仕らん、かように川を夾んで対陣しては、(1)せんもなきこと也と云う。苻堅尤もとて備をあとへくる。其の意謝玄が軍勢の川を半ば済る所を、討たんと思いてなり。半渡を撃つと云うは、古の兵法なれども、苻堅の軍兵二十万にあまる大軍を、あとへくらんとせしかば、備忽ち乱れたり。謝玄兼て苻堅が半渡を撃つの計を用んとて、備の乱るるをば思いつくまじと察して、右の如く申し遣したるに、案の如くてだてにのりたるゆえ、一戦にてこれを敗る。これ乱而取之のはかりごと也。

　(1) せん：詮　かい（甲斐）

　或いは火をかけ、馬を切りてはなしなどして、敵陣を乱す計は、其の品いくらもあるべし。
　また手前を乱して敵をかからせ、是を打取ると云う説あり。是は上の利而誘之と云う意なり。乱而取之と云うとは、少しとおき説なり。
　又本文を、みだれてこれを取るとよみて、敵国の政道乱れて、埒もなきと知らば、速にこれを攻め取り、或いは城中陣中の法の乱れたるを、乱れに乗じて攻め落とし、或いは備の乱れ、足並みの定まらぬを討ち取る類も、乱れて取之なり。みだれて、みだして、両(1)点何れも用うべきなり。

　(1) 点：漢文訓読のための補助記号から転じて注釈のこと

　或説に、みだしてと読む時は、此の方より計を以て乱すことゆえ、詭道なり。みだれてと読む時は、彼が(1)自分と乱れたるを攻め取るゆえ、正道にて、詭道に非ず。此の段は、兵の詭道を説きたる所なれば、みだしてとよむ説、然るべしと云うものもあれども、(2)最前にことわる如く、詭道と云うは、強ちにいつわりたばかるばかりに非ず、千変万化して、一定の格を守らぬことなれば、両説ともに用うべし。

(1) 自分と：ひどりでに　(2) 最前：さきほど

26　実而備之、強而避之、

shí ér bèi zhī、qiáng ér bì zhī、

実して之に備え、強くして之を避く、

　実するとはみちたることなり。敵の備、法制整りて、すきまなく油断なく、打つべき図の見えぬことなり。かようなる敵ならば、味方も備を設けて、時の変を待つべしとなり。備を設くるとは、敵の虚を討たんとばかり思わず、味方にうたるべき虚のなき様に、油断なく守りて、変を待つことなり。強と云うは勢いの強きことなり。或いは猛将の勝ちに乗りたる勢、或いは勇将の会稽の恥を雪がんとする勢、或いは陣を列する上にても、将、勇猛にして、(1)兵馬(2)精げたる備をば、是をよけさけて鋒を争わず。其の勢のぬけたる図を打つべしと云うことなり。

(1) 兵馬：軍隊
(2) 精げたる：「精製した」の意味から「すぐれてするどいこと」。現代語でも「精兵」と使う「精」である。

　一説に、此の二句を、実してこれに備え、強くしてこれを避くと読む時は、詭道に非ず、正道なり。実してこれを備えしめ、強くしてこれを避けしめとよむべし。其の意は、味方の備もと実せざるを実したる様に見せかけて、用もなき所まで敵に用心させ、敵にちぢみを付けて、(1)聊爾にかからせぬ様にし、味方の勢弱けれども、強き様にもてなして、敵によけさする様にする、是詭道なりと云う説あり。(2)尤も面白き説なれども、前段に断る如く、詭道と云うは、強ちにいつわりだますことばかりに非ず、千変万化して、敵にはからせぬことを云うなれば、正道の戦も、千変万化の一つなり。或いは正道を用い、或いは(3)表裡を用るこそ、真の詭道なれ。然れば古来の説の如く、実してこれに備え、強くしてこれを避くとよみて、(4)なるほど孫子が本意に違うべからず。

(1) 聊爾：軽はずみなこと　(2) 尤も：いかにも　(3) 表裡：表裏と同じ。表と内心との一致せぬこと
(4) なるほど：まことに　いかにも

　戦争を力比べの競技のように思っている人は、一番強い所と対戦して自分の力をためしたがる。相手の実にこちらの実をあて、その優劣を競いたがる。戦争は勝つためにするものであり、こちらの武力や武術の優れていることを誇示するためにするものでない。相手の実にこちらの実をあてれば、たとえ勝ってもこちらの被害が大きくなる。相手の虚を見つけてこちらの実をあてる。相手が実で虚が見あたらないなら、こちらを備え固めて攻めない。相手が実で強いならそこを攻めることを避ける。これは卑怯でもなく、臆病でもない。これが兵法である。

27 怒而撓之、

nù ér nǎo zhī、
怒らして之を撓す、

　敵武功の将にして、輙く勝利を得がたき時、其の将短慮なりと知らば、計を以て是を怒らすべし。易にも、身を修むるみちを説きて、⁽¹⁾懲忿窒慾（chéng fèn zhì yù ⁽²⁾忿を⁽³⁾懲め、欲を窒ぐ）と云える、二つばかりを挙げたまえり。⁽⁴⁾さばかりの人も、制し難きは怒なり。怒る時は、かねての計略をもかきみだされて、必ず敵を侮り、すまじき合戦をもするものなれば、是又⁽⁵⁾方略の一つなり。

(1) 懲忿窒慾：易経の損（䷨）に「象曰、山下有沢損、君子懲忿窒慾、 xiàng yuē、shān xià yǒu zé sǔn、jūn zǐ chéng fèn zhì yù、 山の下に沢あるは損なり、君子忿を懲め、欲を窒ぐ、」とある。
(2) 忿：いかる　(3) 懲め：懲は止の意味　(4) さばかり：さほど　(5) 方略：はかりごと

> 　怒りを止め、欲をふさぐ二つだけを易経は身を修める道にあげていると言う。怒りに任せて道理を考えずに言ったりしたりしたことから大きな災いが来るし、多欲でいろいろと外のものをほしがり言ったりしたりしたことからも大きな災いが来る。怒りを止め、欲をふさぐだけでたくさんの災いが消失する。

> 　易経が怒と欲をなくすことを身を修めることにあげたということは、人間は怒と欲で失敗することが多いということである。人と争う時、自分は怒と欲をなくし、相手を怒らし、多欲にするようにすればまず勝てるのである。

> 　資本主義社会は利益をあげることを原動力として社会が動いている。利益をあげるには、自分のつくったものを人が買い消費してくれなければならない。それで資本主義社会はあらゆる手段を用いて人を多欲にしようとする。それで資本主義社会の人々は他の社会の人々に比べてはるかに多欲になっている。実際我々の社会では多欲が幸福をもたらすように思っている人が多い。多欲が不幸の源泉であることを知らない。

　されども尉繚子に、寛不可激而怒（kuān bù kě jī ér nù　寛なれば激し怒らすべからず）と云えり。生まれつき寛大なる人には、怒るべき様なることをすれども、曾て動ぜぬ人あり。諸葛孔明、司馬仲達と対陣せし時、仲達戦えば必ず孔明に破らるることを知りて、様々にすれども、塁を堅くして兵を出さず。其の時孔明、⁽¹⁾巾幗と云うものを贈れり。女のかぶりものなり。臆病なること女の如し、⁽²⁾おのこごの気概はなきとて、仲達をあざけりたる意なり。されども仲達動ぜざりしかば、孔明も⁽³⁾せんかたなかりき。是又尉繚子の心なり。

(1) 巾幗：婦人の頭の飾り　(2) おのこご：男子　(3) せんかたなし：なすべき方法がない

> 　怒ると理性の抑えがきかず戦争を始めることが多い。2001年9月11日の同時多発テロ事件でアメリカは多数の死傷者を出した。それにアメリカ国民は激怒した。怒りに任せて、冷静な判

断を失い、アフガニスタン、イラクに対し戦争を始めた。これもこの類である。民主制は国民の選挙によって指導者を選ぶ制度だから、その時の世論が政府の意思決定に大きな影響力を持つ。国民は群集心理で一時の怒りに任せた行動を取りやすい。ドイツ国民がナチスを強く支持したのも、第一次世界大戦の敗戦で高額な賠償金を課せられた怒りが源になっている。民主制は安易に戦争を始めることが多い制度である。

28 卑而驕之、

bēi ér jiāo zhī、
卑(ひく)くして之を驕らす、

智勇ともにすぐれたる人も、慢心はあるものなれば、手前をひきさげて、殊の外にあがめ尊べば、必ず驕り生じて、油断するものなり。是を卑而驕之と云うなり。卑くすとは、吾を卑くひきさげ、⑴向かいを敬い尊ぶことなり。越王勾踐(こうせん)の、呉王夫差を敬い、唐の高祖の李密を敬いたまえるなど、皆敵の心を驕らせて、油断させ、終にこれを退治せるなり。

⑴ 向かい：むこう

29 佚而労之、

yì ér láo zhī、
佚にして之を労す、

佚するとは安逸なり。敵の上下安逸なれば、兵の力全くして、破れがたき国なり。然らば方便を以て是を⑴つからかすべし。

⑴ つからかす：疲れるようにする

昔呉の公子光と云う大将、楚国を伐つべき謀を、⑴伍員(ごうん)に尋ねたりければ、伍員が謀にて、軍兵を三手に作り、二手をばかくしおき、一手の軍兵を以て、楚国の境へ働き入り、楚より是を打払わんとて、人数を出せば引き、敵引きたりとて、楚の軍兵引けば、又打ちて出て、楚又出れば其のまま引き、一年の内に七度まで⑵懸け合いたり。終りに楚国の疲れたるを見て、三手の軍兵一度に起こりて、是を破りしことなども、此の本文の意なり。

⑴ 伍員(ごうん)：伍子胥(ごししょ)のことである。
⑵ 懸け合う：「懸く」は「進んで攻める」こと。「懸け合う」で「進んで攻め合う」。

30 親而離之、

qìng ér lí zhī、
親しみて之を離す、

親しむとは、君臣の間したしきをも、又隣国と親しきをも云うなり。皆てだてを以て、君臣の間

をはなし、隣国の交わりをへだて、孤立の⁽¹⁾勢として是を破ることなり。

(1) 勢：軍勢

31　攻其無備、出其不意、

gōng qí wú bèi, chū qí bù yì,

其の備え無きを攻め、其の不意に出ず、

　此の二句は、上の十二句の様々の方略は、皆この二句の意に帰するなり。本文の二つの其と云う字は、皆敵を指して云うなり。無備とは、用心なく油断したる所を云うなり。不意はおもわずと読みて、敵の思いかけぬ所を云うなり。敵の油断したる所をせむれば、敵これを禦ぐことあたわず、敵の思いかけぬ所より出れば、敵仰天して度を失うゆえ、戦わぬ前に勇気⁽¹⁾折くるなり。総じて両人相戦わんに、或いは臥したる所を打ち、或いは後より切らば、何程の勇士なりとも、輒く弱兵に打たるべし。是愚かなる者も知ることにて、別に奥ふかき道理に非ず。百千万の兵を聚めて、敵味方と分かれ、備を張り、陣を設け、国を争い城を抜くこと、両人相戦うと大小多寡の異あれども、其の道理⁽²⁾一般なり。故に太公望の詞にも、動莫神於不意、謀莫善于不識（dòng mò shén yú bù yì, móu mò shàn yú bù shí　動は不意より神なるは莫し、謀は不識より善きは莫し）と云えり。

(1) 折くるなり：折くる＋なり　下二段活用の動詞「折く」の連体形＋助動詞「なり」の終止形。「折く」は「弱る」の意味。助動詞「なり」は動作、状態などについて説明し断定する。

(2) 一般：同一

　太公望の「動は不意より神なるは莫し、謀は不識より善きは莫し」は味わい深い言葉である。このことは企業活動にも言えることである。その会社がどう動くか、その会社が何をしようとしているかはライバル会社に決して読まれてはならない。その会社のすることは、ライバル会社の考えもしない、度肝を抜くことでなければならない。会議の多い会社がある。多くの部署で頻回に会議を開き、多数意見に従って企業活動をする。多数の人が考えそうなことは、ライバル会社も読みやすい。人は似たものだから、大勢の意見はライバル会社も多くの人が考えることだからである。会社が多数意見で動くようになると、ライバル会社にとっての不意である動きができなくなる。その謀もライバル会社の知る所となる。会社は少数意見だが理に合ったものに従って動かなければならない。会社が会議の多数意見で動くようになると、その会社は早晩つぶれる。

32　此兵家之勝、不可先伝也、

cǐ bīng jiā zhī shèng, bù kě xiān chuán yě,

此れ兵家の勝、先に伝うべからざるなり、

　これは上を結ぶ詞なり。兵家之勝とは兵家軍に勝つの妙用と云うことなり。先伝と云う伝の字は、⁽¹⁾伝示⁽²⁾伝泄と註して、云い述べることなり。

(1) 伝示：伝え示す　(2) 伝泄（でんせつ）：伝えつげる

　此の一段は、上の計利以聴、乃為之勢、以佐其外と云うより、下の文を承けて、此の二句にて結ぶなり。始計一篇の文勢、前に五事七計にて、戦わぬさきに勝負を知ることを云いて、其の次に其の五事七計のつもりにて、勝利あるべきと目算せんに、主将も尤もと聴き入れたまいて、出陣に及ばば兵の勢と云うことをなして、かねて定めたる手当ての助けとして、全き勝を取るべきなり。然れども、其の兵の勢と云うは、そのかねて勝利あるべきと定めたる手あての上にちなんで、時に当（あた）りて、千変万化の妙用をなし出すことなり。其のゆえは、兵はもと詭道なるによりて、其の仕形一定することなし。或いは能しても能わざる様に見せかけ、用いることをも用いぬ様に思わせ、遠国へ働くをば、近国と(1)云い習わし、近国へ働くをば、遠国と云いふらし、或いは利欲を以て引き出し、乱れぬ備をば、方便を以て是を乱し、実したる敵をば、油断せずして時節を見、ほこさき強き敵をば暫くさけて衰えるを待ち、或いは辱めて怒らせ、或いは敬いて驕りをつけ、ゆたかなるをば疲らかし、或いは一和するをば(2)へだへだになし、畢竟は敵の備なき油断の所より計を出してこれを挫くこと、是兵家の軍に勝つ妙術なれども、皆軍に臨んで変に応ずる上のことなれば、今出陣の前戦わぬ先に、云い述ぶべきに非ず。それゆえに軍に先だちて勝負を知るは、五時七計を以て定むることなりと云う意なり。この本文の伝と云うを、伝授の意に見る説もあり、これにても通ずるなり。

(1) 云い習わす：言って慣れさせる
(2) へだへだ：まとまりのないさま。この本では「へたへた」濁点のないものも見られる。

　「吾此を以て勝負を知る」と言い、「兵家の勝先に伝うべからず」と言う。一方で「これで勝負がわかる」と言い、一方で「勝は先にわからない」と言う。これは矛盾に見える。「先に伝うべからず」と言うのは、この戦いはこうして、ああして勝つと前もって具体的に戦術を言うことができないと言っているのである。なぜ具体的に戦術を言うことができないかと言うと、戦術は敵が利とすること、敵の動きに因りて立てるからである。敵が何を利とするか、敵がどう動くかは、相手がすることだから前もってわからない。それではなぜ勝敗がわかるかと言うと道、天、地、将、法を比べているからである。その将がどんな戦術を出すかは、相手に因るものだから前もってわからない。しかし将と将を比べてどちらの将が優れるかは、前の実戦歴を見ればいいからわかる。道、天、地、法も相手とこちらを比べることができる。つまり孫子はどちらが勝つかは前もってわかるが、どんな戦術で勝つかは前もってわからないと言っているのである。

33 夫未戦而廟算、勝者得算多也、未戦而廟算不勝者得算少也、多算勝、少算不勝、而況於無算乎、吾以此観之勝負見矣、

fú wèi zhàn ér miaò suàn、shèng zhě deǐ suàn duō yě、wèi zhàn ér miaò suàn bù shèng zhě deǐ suàn shǎo yě、duō suàn shèng、shǎo suàn bù shèng、ér kuàng yú wú suàn hū、wú yǐ cǐ guàn zhī shèng fù jiàn yǐ、

夫れ未だ戦わずして廟算するに、勝つ者は算を得ること多きなり、未だ戦わずして廟算するに、勝たざる者は算を得ること少きなり、算多きは勝ち、算少なきは勝たず、況んや算無きに於てをや、吾れ此を以て之を観て勝負見ゆ、

　此の段は、一篇の結語なり。夫は発語の詞にて、詞の端を更むる時置く詞なり。前に戦に臨み、兵の勢をなすことを云いたるによりて、爰に至りて一篇の主意に反り、語の端を更めて、又五事七計を説きて、一篇を結びたるなり。廟算と云うは、廟は墓のことには非ず、宗廟とて先祖を祭る所なり。国王の宮殿の東の方にあり。総じて、軍は国の大事にて、其の国の存亡のかかるわけゆえ、軍を起こさんとする時は、国の老臣を宗廟へ集め、先祖の(1)神主の前にて、右の五事七計にて軍の勝負を目算するなり。是を廟算と云う。得算多少と云うは、右の五事七計にてめやすを立てて、(2)算木を以て数をとり、敵にいくつ、味方にいくつと、目算するなり。其の時その算木の数を多く得たる方勝ち、少なく得たる方負くるなり。少なきさえ負くるを、まして況や五事七計の内に、一つもかなわずして、算木を一つも置くべき様なきをや。是を算なしと云う。滅亡すべきこと決定せりとなり。吾れ孫子この廟算を以て、合戦の勝負を観るに、其の勝負のさかい、明らかに見ゆるとなり。

(1) 神主：死者の官位、氏名を記し祠堂に安置する霊牌
(2) 算木：易で占いに使う長さ約9センチメートルの正方柱体の木

作戦 第二

作はおこすと読みて、奮い作すことなり。戦は交兵也と註して、⁽¹⁾剣戟を交えて合戦することなり。軍をせんと思うには、まず勝負を目算して、勝つべき計を定めて、其の後に合戦に及ぶゆえ、始計篇を第一として、作戦篇を第二とす。奮い作すと云うこころは軍兵を⁽²⁾押し出し、敵の境へ入らんに、日数を久しく経る程、その費莫大にして、而も兵気次第にたるむものなるゆえ、士卒の勇気を奮い作して、合戦を速にすべしと云う意にて、作戦篇と名付けたり。是施子美が説にて、黄献臣もこれを用いたり。王晢、張預が説には、作の字を、軍の支度をすることに云えり。此説にても通ずべけれども、一篇の主意、合戦の道、勇気のたるまぬ様にすべきことを云えるゆえ、前の説に従うなり。

(1) 剣戟：つるぎとほこ　(2) 押し出す：軍勢を進め、出す。

34 孫子曰、凡用兵之法、馳車千駟、革車千乗、帯甲十万、千里餽糧、則内外之費、賓客之用、膠漆之材、車甲之奉、日費千金、然後十万之師挙矣、

sūn zǐ yuē, fán yòng bīng zhī fǎ, chí chē qiān sì, gé chē qiān shèng, dài jiǎ shí wàn, qiān lǐ kuì liáng, zé neì waì zhī fèi, bīn kè zhī yòng, jiāo qī zhī caí, chē jiǎ zhī fèng, rì fèi qiān jīn, rán hòu shí wàn zhī shī jǔ yǐ,

孫子曰く、凡そ兵を用いる法、馳車千駟、革車千乗、帯甲十万、千里に糧を餽る、則ち内外の費、賓客の用、膠漆の材、車甲の奉、日に千金を費す、然る後十万の師挙ぐ。

則の字なき本もあり。此の段は長陣の害を云わん為、軍をするは費多きことを云えり。
凡用兵之法とは、総じて軍をする作法と云うことなり。馳車千駟とは、馳車は、曹操、梅堯臣、施子美が注に、軽車也と云い、李筌は戦車也と注し、張預は攻車也と注す。合戦をする車なり。車を小さく軽くこしらえ、⁽¹⁾馳引自在なる様にするゆえ、様々の名あり。千駟とは、駟は馬四匹なり。車一つに馬四匹かくるなり、両服両驂とて、⁽²⁾轅の内に二匹、これを両服と云い、轅の外に二匹、是を両驂と云う。それゆえ合戦をする車千と云うことを、馳車千駟と云うなり。革車千乗とは、革車は曹操、梅堯臣、施子美いずれも重車也と注す。杜牧は輜車重車也と注し、張預は守車也と注す。⁽³⁾兵具⁽⁴⁾兵糧衣服等、諸道具をのする車なり。⁽⁵⁾小荷駄のことを輜重と云う。重き荷物をのせて馳引自由ならず、革にてつつみて丈夫にこしらえ、守りて動かざるゆえ、あまたの名あり。牛十二匹にて引かする也。馳車をば千駟と云い、革車をば千乗と云う。何れも車千のことなれども、馳車は馬にかけ、はせ引きを第一にするゆえ馬へかけて詞を立てて、幾駟と云うなり。革車は荷物をのする為、幾乗と云うなり。

(1) 馳引：おもむくこととしりぞくこと
(2) 轅：牛車、馬車などの前に長く並行に出した二本の棒。その前端にくびきを渡して牛馬に引かせる。
(3) 兵具：甲冑、刀剣、弓矢など戦いに用いる道具。武具。
(4) 兵糧：戦時における将兵の食糧
(5) 小荷駄：兵糧、武具などを戦場に運ぶ荷馬隊。またその荷や馬。ただしこの場合は牛に引かせている。

総じて古は車戦と云うことありて、軍には又車を用ゆ。それゆえ軍の字も車に従うなり。異国は大国にて、平地多きゆえ、車を用いたると見えたり。⁽¹⁾押前には馳車を先へ立て、革車を後にす。

陣を取る時は馳車をまわりに置き、革車を中におく。戦に臨みては車をならべて備を立て、是にて矢鉄砲をも防ぎ、又休息をもするなり。懸かれども妄に懸からず、崩るる時も、大崩れすることなし。故に三代戦国の間、専ら是を用いたるなり。

(1) 押前：進軍

後代に及んで騎兵を専らにして合戦をするゆえ、自ら車戦の法すたれ、⑴御者の法も、車の制度も、皆絶えて伝わらず。⑵節制の軍に心ある名将、車戦の法をとり起こさんとすれどもかなわず。代々北狄の禍中国にたえざるも、此の法すたれたる故なりと云えり。実に北狄の夷は、馬の名人なれば、馬入れを止むこと、車戦に非ずんばかない難かるべし。

(1) 御者：馬車に乗って馬を操る人　(2) 節制：節度制法のあること。規律厳正なこと。

帯甲十万とは、帯甲は甲を帯すとよむ、武者のことなり。⑴武者十万とは、馳車には甲士三人、歩卒七十二人、合わせて七十五人なり。甲士は大将にて車の上にあり。前拒、左角、右角とて、二十四人づつ前と左と右とに備を三つに分けて立てるなり。革車には炊子とて、食事を拵る者十人、守装とて、衣類兵具を司る者五人、廐養とて、馬牛を飼う者五人、樵汲とて、薪を取り水を汲むもの五人にて、合わせて二十五人。然れば馳車一つ、革車一つにて、人数百人づつ、馳車千駟、革車千乗にては、⑵都合十万人なり。然れども帯甲とある時は、合戦をする武者ばかりのことなれば、馳車の方ばかりを数えて、七十五人づつ、都合七万五千なるを、孫子大数を挙げて十万と云えるなり。梅堯臣が説には、馳車の方に、甲士歩卒合わせて二十五人、革車の方に、甲士歩卒合わせて七十五人にて、都合十万人と云えり。尤も時の⑶手配りによりて、箇様にもあるべけれど、曹操の新書の説より、代々諸家の説前に述べる如し。大数を挙ぐと云う説に従うべし。扨十万と云う詞も、大抵百里四方の国を領する、千乗の諸侯の上にて云えるなり。

(1) ここの説明によると次のようになる。
　　馳車には、甲士3人、歩兵が前拒24人、左角24人、右角24人で、3＋24×3＝3＋72＝75人
　　革車には、炊子10人、守装5人、廐養5人、樵汲5人で、10＋5＋5＋5＝10＋15＝25人
　　馳車と革車を合わせると、75＋25＝100で100人である。ただし合戦をする武者は馳車の75人である。
(2) 都合：合計
(3) 手配り：必要な部署に人を配置したり、分担を決めたりして備えること。

千里饋糧とは、⑴右の人数十万、馬四千匹、牛一万二千匹の総数を以て、千里の外へ押し出さんに、其の⑵兵糧米、馬の豆⑶芻等を運ぶことを云うなり。但し異国の千里と云うは、古は周尺八尺を一歩とす。周の一尺は日本今の⑷曲尺の七寸二分弱なり。これを知ることは、唐書に開元通宝径八分とあり。今世に残り伝わる開元銭を、曲尺にてはかるに、又八分あり。是唐の尺は⑸即今の曲尺と同じきなり。さて周尺は隋書に、後周の玉尺は、晋前尺に比するに、一尺一寸五分八厘と云い、通典に、玉尺を論じて、大尺の六之五に当ると云えり。晋前尺は即ち周尺なり。大尺は唐尺にて、即今の曲尺なり。因てこれを算して、周尺は今の七寸一分九厘六毫三絲に当ると知る。故に七寸二分弱と云いたるなり。然れば周の一歩は今の五尺七寸六分なり。一里を三百歩とする時は、曲尺の百七十二丈八尺にて、四町四十八間、千里は四千八百町なれば、百三十三里余なり。周の末には、或いは六尺を一歩とし、或いは六尺四寸を一歩として、其の制諸国同じからず。秦に至りて一統し

て、六尺一歩に定めたり。六尺を一歩とする時は、一里三百歩は、今の三町三十六間にて、千里は三千六百町即ち百里なり。されば本文に千里饋糧と云うは、大抵日本の里数にて、百里より百二三十里ほどの道なれば、平生の道にして、十日路程を兵粮をはこぶことなり。[6]

(1) 右の人数十万、馬四千匹、牛一万二千匹の総数を以て
   これは馳車が1000、革車が1000の場合である。1つの馳車に人は75人、1つの革車に人は25人乗っているため、1000の馳車、1000の革車だと、1000×(75+25)=1000×100=100000で、10万人の人数になる。1つの馳車を馬4匹で引かすため、1000の馳車には、馬4000匹である。1つの革車を牛12匹で引かすため、1000の革車には、牛12000匹である。
(2) 兵糧米：兵糧とする米
(3) 芻：牛、馬などの飼料とする草
(4) 曲尺：大工、建具職人などが使う直角に曲がった金属製の物差しであるが、それに用いられている尺の単位も言う。単に尺と同じ意味。
(5) 即今：今
(6) ここの計算は次のようになる。
   今の曲尺＝唐尺＝大尺
   前尺＝周尺
   玉尺／前尺＝1.158／1（後周の玉尺は、晋前尺に比するに、一尺一寸五分八厘）
   玉尺＝大尺×5／6（玉尺を論して、大尺の六之五に当る）
   これから、
   前尺／玉尺＝1／1.158
   前尺＝玉尺／1.158
   前尺＝（大尺×5／6）／1.158
   前尺＝大尺×5／(1.158×6)
   周尺＝今の曲尺×5／(1.158×6)
   周尺＝今の曲尺×0.71963
   周尺／今の曲尺＝0.71963／1（周の一尺は日本今の曲尺の七寸二分弱なり。周尺は今の七寸一分九厘六毫三絲に当ると知る。）
   1歩＝8周尺（古は周尺八尺を一歩とす）
   1歩＝8×今の曲尺×0.71963
   1歩＝今の曲尺×5.76
   1歩／今の曲尺＝5.76（然れば周の一歩は今の五尺七寸六分なり）
   1里＝300歩＝300×5.76尺＝1728尺＝172丈8尺　（1丈＝10尺）（一里を三百歩とする時は、曲尺の百七十二丈八尺にて）
   1728尺＝1728尺÷6＝288間（1間＝6尺）
   だから1里＝288間
   288間＝（4×60+48）間＝4町48間（1町＝60間）（一里を三百歩とする時は、曲尺の百七十二丈八尺にて、四町四十八間）
   1000里＝1000×288間＝288000間＝（288000÷60）町＝4800町
   4800町＝（4800÷36）里＝133.33里（日本では1里＝36町）（千里は四千八百町なれば、百三十三里余なり）
   6尺を1歩とすると、
   1歩＝6周尺（秦に至りて一統して、六尺一歩に定めたり）
   1歩＝6×今の曲尺×0.71963
   1歩＝今の曲尺×4.31778
   1里＝300歩＝300×4.31778尺＝1295尺＝129丈5尺（1丈＝10尺）

1295尺＝1295尺÷6＝216間（1間＝6尺）
216間＝（3×60+36）間＝3町36間（1町＝60間）（六尺を一歩とする時は、一里三百歩は、今の三町三十六間にて）
1000里＝1000×216間＝216000間＝（216000÷60）町＝3600町
3600町＝（3600÷36）里＝100里（日本では1里＝36町）（千里は三千六百町即ち百里なり）
　1里＝3.927kmだから、100里＝133里は、393km～522kmになる。つまり千里は現在の距離感覚で言えば400km～500kmである。徂徠はこれを十日路程と言っているから、一日に40km～50km進むのである。東京、大阪の距離が約500kmである。千里とはほぼ東京、大阪間の距離と考えてよい。

　内外之費とは、内は領内なり、外は(1)軍所なり。賓客之用とは、客人の(2)まかないなり。軍あれば隣国より使者の往来もあり。又反間遊説の士にも(3)入用を考え、金銀を与えて、諸国へ打ち散じ、計策をなさしむ。漢の高祖の千金を陳平に与え、反間をなさしむる類。又は軍中にて士卒へ(4)饗応を賜わるも、軍用の外なれば、この賓客之用と云う内にこもると、王晢、施子美が注にあり。膠漆之材とは、弓其の外諸の兵具に用いるにかわうるしなり。材と云うは、材木の材にて、にかわうるしは、其の領内より出るものなれば、是を買い取るに及ばず。材木を山より伐り取りて使う(5)如く、其の国より出るものを直に用いるを云うなり。

　(1) 軍所：兵営、戦場　(2) まかない：食事などをととのえて供すること　(3) 入用：費用
　(4) 饗応：酒食をふるまい、もてなすこと　(5) 如し：物事の例をあげて言うに用いる

　車甲之奉とは、車は軍車なり、甲は甲冑なり、奉は奉養の意にて、車は軍を乗せ、甲冑は軍士にきすれば、皆軍士を奉養するものゆえ、奉と云うなり。右の膠漆之材は、細かなる費をあげ、車甲之奉は、大きなる費をあげたり。

　日費千金とは、右の如く十万の軍兵に、四千匹の馬、万二千匹の牛を、十日路の外へ出す時は、領内軍所の(1)入目、賓客のもてなし、細かにしては膠漆の類、大きにして車甲冑の類、(2)押し合わせて云わば、一日に千金の入目を入れずんば、(3)軍用調うべからずとなり。

　(1) 入目：費用　(2) 押し合わす：「押し」は接頭語で意味を強める。「合わす」の意味。　(3) 軍用：軍の費用

　然後十万之師挙矣とは、さように日々千金づつ入目を入れて、其の後(1)ようように、十万の人数はおし出さるると云う意なり。挙るとは、地にあるものをあげ動かす意なり。さようの費をいといては、大軍をやすやすと、十日路の遠方へ運び出すことはならぬとなり。千金と云うは、公羊伝の注には、(2)百万の銭を百金と云うとあれば、千金は千万の銭なるゆえ、銭一万貫のことなり。又漢の食貨志には、黄金四方一寸にて重さ(3)一斤を一金と云うとあれば、(4)千金は黄金百六十(5)貫目のことなり。然れども、(6)沈存中が(7)筆談に、古今秤目の不同を論じて、一斤は四十三匁三分なりと云い、明の(8)王元美が宛委余編に、黄金の重さ四十三(9)銭三分は、銭十貫か二十貫にあたると云えり。(10)然れば、公羊伝の注と、大抵符合せり。されども皆大概を云いたるものなれば、強ちに千金の数に泥むべからず。まして今日本の物価とは、はるかに違いあるべしと思わる。されども(11)後来の考の為、里数(12)斤目のことをもあらましを記すなり。

　(1) ようよう：やっと
　(2) 100金＝1000000銭

1000金＝10000000銭
　　1貫＝1000銭だから
　　1000金＝10000000÷1000＝10000貫（千金は千万の銭なるゆえ、銭一万貫のことなり）
(3) 一斤：600ｇになる。
(4) 1斤＝160匁
　　1金＝1斤（重さ一斤を一金と云うとあれば）
　　1000金＝1000斤＝160000匁
　　1貫目＝1000匁だから
　　1000金＝160貫目（千金は黄金百六十貫目のことなり）
　　1匁＝3.75ｇだから
　　1000金＝160000匁＝160000×3.75ｇ＝600000ｇ＝600kg
　　2016年4月6日の金先物相場は1ｇ＝4360円である。これで計算すると、
　　1000金＝600kg＝600×1000×4360＝2616000000円＝26億1600万円
　　千金は26億1600万円にもなる。
　　沈存中の「一斤は四十三匁三分なり」で計算すると、
　　1斤＝43.3匁
　　1000金＝1000斤＝1000×43.3匁＝43300匁
　　1匁＝3.75ｇだから
　　1000金＝43300匁＝43300×3.75ｇ＝162375ｇ＝162.375kg
　　2016年4月6日の金先物相場は1ｇ＝4360円である。これで計算すると、
　　1000金＝162.375kg＝162.375×1000×4360＝707955000円＝7億795万5千円
(5) 貫目：重さの単位。1貫目＝1000匁
(6) 沈存中：北宋の沈括のこと。存中は字である。
(7) 筆談：沈存中の著書である。正式には、「夢渓筆談」。沈存中は夢渓丈人と号したため、夢渓がついている。
(8) 王元美：明の王世貞。元美は字
(9) 銭：1銭＝1匁
(10) 1分＝0.1匁
　　1金＝1斤＝43匁3分（一斤は四十三匁三分なり）
　　1金＝43匁3分＝43銭3分＝10貫 or 20貫（黄金の重さ四十三銭三分は、銭十貫か二十貫にあたると云えり）
　　よって
　　1000金＝10000貫 or 20000貫
　　だから漢の食貨志により黄金から計算したのと、公羊伝の注により、銭から計算したのは、だいたい符合するのである。
(11) 後来：この後将来　(12) 斤目：斤を単位としてはかった物の重さ

　日露戦争は1904年2月8日から1905年9月5日までなされた。日数は575日である。この時の費用が18億2629万円と言われている。1826290000÷575＝3176156円であり、1日あたり317万円である。あまり多くないように見える。しかし当時とは物価が違う。日銀の消費者物価によると、1904年は0.531、1982年は1474.1である。これで今の貨幣価値に換算すると、(3176156×1474.1)÷0.531＝8817273688、つまり1日に約88億円になる。多いと思った26億円1600万円をはるかに越える額である。日露戦争はまだ勝ち戦であった。それでもこれだけの戦費を使っている。負け戦でしかも規模がはるかに大きかった太平洋戦争では天文学的数字の国富を費

> した。

35 其用戦也、勝久則鈍兵挫鋭、攻城則力屈、久暴師則国用不足、

qí yòng zhàn yě, shèng jiǔ zé dùn bīng cuò ruì, gōng chéng zé lì qū, jiǔ bào shī zé guó yòng bù zú,

其の戦を用いる、勝つも久しければ則ち兵を鈍らし鋭を⁽¹⁾挫く、城を攻めれば則ち力屈く、久しく師を暴せば則ち国用足らず

(1) 挫く：下二段活用の動詞。「折れて傷つく」意味。

　上の段には、まず軍に物入の夥しきことを云いて、此の段には長陣の害を云えり。其用戦也、勝久則鈍兵挫鋭とは、上の段をうけて、箇様に十万の人数にて、千里の外に働くは費多きことなるが、其の人数にて戦をなさば、とかく手間を取らず、日数を⁽¹⁾くらぬ様にすべきなり。たとい戦に勝つとも、久しく日数をくり、長陣をすれば、勇気たゆみ、将も卒も皆惰る気になりて、思わぬ不覚を取るものなり。兵を鈍らすとは、兵は⁽²⁾兵具なり、鈍らすとは、わざのよき切れものの刃こぼれ、鈍刀になるに喩えて、勇気のぬくることを云うなり。鋭を挫くは、鋭はするどなりとよみて、矛の先、剣の先のとがりたることを云うなり。剣戦のきっさきのくじけ折れたる如く、武勇の⁽³⁾鋒なまるとなり。

(1) くる：辞書的には、「順に数える」。ここは「費す」の意味で使っている。　(2) 兵具：武器　(3) 鋒：ほさき

　むかし楽毅と云う名将、燕の昭王の命を⁽¹⁾銜み、斉の国へ攻め入り、⁽²⁾暫時の間に、斉の国の七十余城を落としたりしかども、莒と即墨との二城をおとしかねて、三年まで平げ得ず。遂に田単に破られたるも、久しきの失なり。

(1) 銜み：うけて　(2) 暫時：しばらく

　攻城則力屈とは、これも上下の句の勢いにて、久しくと云う字を言外にこめたり、久攻城と見るべし。落ちかぬる城を、久しく日数を費して攻めれば、将も士卒も力くたびれ屈するなり。其の間に必ずさまざまの変出で来て、縦い城を攻め落したりとも、其の益なきことなり。

　むかし玄宗の時、安禄山が乱起こりしに、張巡、許遠と云う大将、睢陽城にこもりたりしを、敵の大将、尹子奇、令狐潮これを攻む。張巡、許遠天に誓い、命をすてて城を守りしかば、年月を経て⁽¹⁾漸くに攻め落としたり。城は落ちたれども、敵の勢いもこれより衰えたること、唐書に見えたり。

(1) 漸くに：やっと

　故に漢の韓信百万の兵をひきいて三秦を落とし、趙魏を平げ、向かう所敵なく、破竹の勢いの如く攻め⁽¹⁾なびけ、其の勢に乗りて燕の国を攻めんとせしかば、広武君諫めて、将軍倦み疲れたる兵を挙げて、堅城の下に頓しめば、恐らくは城を抜くこと能わじと云いけるも、此の段の意なり。

(1) なびく：従わせる

　久暴師則国用不足とは、師とは大軍を云い、暴すとはもと日にてらるることを云うにより、人数を敵国へ押し出しては、野にふし、山にふし、雨にうたれ、日にてらるると云う意にて、暴師と云うなり。大軍を遠国へ押し出しては、兵糧の運送、金銀の入目夥しく、国家の(1)用度必ず不足して、君も臣も民も皆貧困に及ぶなり。

(1) 用度：銭

　漢の世に文帝景帝二代倹約を専らにして、民を撫で養いたまいしかば、国豊に民富みける。武帝に至りて、天下(1)富饒なる力に乗じて、大軍を催し、匈奴と云いける北の夷を攻め、其の外朝鮮を平げ、(2)南越交趾を退治し、西域を従えらる。武帝もとより英雄の主にして、賢臣名将朝廷にみちみちたれども、数十年の間四方を征伐したまうゆえ、遂には上も下も悉く貧困して、盗賊盛んに起こり、(3)已に騒動に及ばんとせしも、孫子が此の誡めを犯せるゆえなり。

(1) 富饒：富んで豊かなこと
(2) 南越交趾：南越は国名である。交趾は地名である。前漢の武帝が南越を滅ぼして設置した9郡の一つに交趾の名が初見される。全体で「南越のあった交趾」の意味。
(3) 已に：今にも

　戦争には莫大な費用がかかる。安易に戦争を繰り返せば、たとえ勝ってもその莫大な費用のために国が困窮することになる。これは孫子の戒めにもかかわらず繰り返されている。戦後日本やドイツが経済的に繁栄したのは、二国が戦争をしなかったことが大きい。戦争を繰り返したアメリカはその莫大な費用のために衰退してきている。

36　夫鈍兵挫鋭、屈力殫貨、則諸侯乗其弊而起、雖有智者、不能善其後矣、

fú dùn bīng cuò ruì, qū lì dān huò, zé zhū hóu shèng qí bì ér qǐ, suī yoǔ zhì zhě, bù néng shàn qí hòu yǐ,

夫れ兵を鈍らし鋭を挫き、力を屈し貨を殫す、則ち諸侯其の弊に乗じて起こる、智者有りと雖も其の後を善くすること能わず、

37　故兵聞拙速、未覩巧之久也、

gù bīng wén zhuō sù, wèi dǔ qiǎo zhī jiǔ yě,

故に兵拙速を聞きて、未だ巧の久しきを覩ざる也、

　夫は発語の詞なり。詞の端を更め、発端の語を置くことは、上に軍に費多きことと、久しく陣を張れば、力疲れ勇たゆみ、費いよいよ甚だしきことを云うをうけて、ここにて改めて端をおこして、

合戦の速なるをよしとすることを云えり。
　鈍兵挫鋭とは、上文の其用戦也、勝久則鈍兵挫鋭とある句を、下の句ばかりくりかえして云いたるなり。屈力とあるは、是も上の文の、攻城則力屈とある句を、下ばかりくりかえして云うなり。殫貨とあるは、是も上の句の久暴師則国用不足とあるを受けて、その国用不足と云う意ばかり用いて、詞をかえたるなり。諸侯とは隣国の諸侯なり。乗其弊而起とは、平生は力弱ければ、吾に畏れ従いて居りたる諸侯が、今吾が鈍兵挫鋭、力屈貨殫たる弊にのりて、よき時節と思い、軍を起こして攻め来ると云うことなり。善其後とは、後末々まで、何事なき様によくととのえて、治ることを云うなり。拙速とは、拙はつたなし、速はすみやかなり。合戦には謀もつたなく下手なれども、速に火急なるを以て勝利を得ることなり。巧とは合戦のてだてに上手なることなり。一段の意は久しく戦いて、勢いたゆみ、勇気もぬけ、力もつき、財宝もつくる時は、士卒は外に苦しみ、百姓は国に(1)怨むる弊あり。平生は力かなわず、我に従う隣国の諸侯、この弊をよき時節と、軍を起こし、間に乗りて攻め来たり、遂に味方の滅亡に及ぶべし。たとい味方に智謀深き者ありとも、かくの如く軍を遠方へ押し出して久しく戦いたる国の後々末々まで何事なくよくととのおり、全くさかうる様にすることはなるまじきとなり。故に合戦の道はたとい計に拙く、軍に下手なりとも、疾雷不及掩耳、卒電不及瞬目（jí léi bù jí yǎn ěr, zú diàn bù jí shùn mù　(2)疾雷耳を掩うに及ばず、(3)卒電目を瞬くに及ばず）ごとく、(4)火急に勝負を決して利を得ることは、古より多く其のほまれ聞こえたれども、たとい計に巧に合戦に上手にても、年月久しく、陣を張りて益あることをば、孫子はいまだ覩ずとなり。上には聞くと云い、下には覩ずと云いたるは、(5)文を互にしたるものにて、みるもきくも同じことなり。強ち泥むことなかれ。

(1) 怨むる：上二段活用の動詞「怨む」の連体形　(2) 疾雷：はやい雷
(3) 卒電：卒は「急な」、電は「いなづま」の意味。全体で「急ないなづま」の意味。
(4) 火急：火のつくように急なこと。極めて急なこと。
(5) 文を互にしたるもの：互文のことである。互文とは二つの文又は句にて一方に説くことが他方にも通じ、相補いて意を完くする書き方である。例えば「天は長く、地は久し」と言う場合、「天は長くて久しく、地は長くて久しい」と言う意味で「天は長いが久しくなく、地は久しいが長くない」という意味でない。一方で言うことが他方にも通じているのである。この例の場合は「天地は長久である」と言っているのと同じである。本文の場合は「拙速を聞きて、未だ巧の久しきを覩ざる也」の「聞く」と「覩る」が「拙速」と「巧の久しき」の両方にかかるのである。つまり「拙速を聞きて覩て、未だ巧の久しきを聞かず、覩ざる也」と言っているのである。

　呂氏春秋に、兵は欲急捷所以一決取勝、不可久而用（yù jí jié suǒ yǐ yī jué qǔ shèng, bù kě jiǔ ér yòng　急捷を欲するは一決に勝を取る所以なり、久しく用いるべからず）と云えり。急捷は(1)急疾(2)捷先とて、火急にしてはやわざに先をすることなり。軍は火急なるをよしとするゆえ、手ぬるく後になることなき様に、(3)手ばしかき働きをこのむなり。その故は一時に勝負を決して、勝利を取るゆえなり。年月久しく戦うべからずと云う意なり。

(1) 急疾：はやいこと　(2) 捷先：速やかに先んずる　(3) 手ばしかし：事をなすのが敏速である

　よく盛んに人の悪口を言って自分が勝ったかのように思っている人がいる。相手の悪口を言

うだけでは、相手に決して致命傷を与えていない。悪口を言われた相手はその非難で自分を反省し、その人に負けないようにしようと努力するから、さらに能力をつけることになる。相手の悪口を言ったがためにかえって相手を強大にしたのである。これは兵法を知る人の決してしないことである。兵法を知る人は一決にして相手に致命傷を与える攻撃をする。

又呉明徹と云う名将は、兵貴在速（bīng guì zài sù 兵は速に在るを貴ぶ）と云い、杜佑は兵者凶器、久則生変（bīng zhě xiōng qì、jiǔ zé shēng biàn 兵は凶器なり、久しきは変を生ず）と云えり。凶器は(1)いまいましき物と云うことなり。軍は多くの人を殺すわざなれば、元来いまいましきことにて、人たるものの嫌うべきわざなれども、悪人を退治し、乱逆を鎮めるには、せでかなわぬわけにて、軍をするなり。此の道理を知らず。是を好んで久しく戦をなせば、必ず下の怨みより、様々の変を生ずると云う意なり。

(1) いまいまし：忌み嫌うべきことである

長く時間が経つと想定していないことがいろいろと起こる。十年先、二十年先までことごとく読むことは人間にはできないからである。だから長い戦いをすれば想定外のことが起こり負ける可能性が高くなる。もちろんその想定外のことがこちらに有利に働き勝つこともあるが、これはまぐれ当たりであり、まぐれ当たりを頼むような戦いは決してすべきでない。

企業の投資は確かに十年先、二十年先のことも考えなければならない。しかし勝つか、負けるかの戦いをする時は、短期戦でなければならない。十年先、二十年先に勝つことを読んで戦いをすると、長い年月の間に想定外のことが起こり、最初の意図のようにいかなくなるからである。

又李衛公は、兵機事、以速為神（bīng jī shì、yǐ sù wéi shén 兵は機事、速以て神と為す）と云えり。機事とは、たとえば(1)禅機の如し。一機相投ずるところ、間に髪を容れず。此の図をはずさず戦いて、大敵をも挫くわざなるゆえ、速なるを以て神妙とするなり。

(1) 禅機：修行者の指導にあたって、師が説明や対話などでなく、短句や動作などを用いること。

故に施子美は、此の段を注して、得機失機毫釐間耳（deǐ jī shī jī haó lí jiàn ěr 機を得る、機を失うは毫釐の間のみ）云えり。図にあたると図にはずるると、(1)一毫一釐の間わずかのまなるを、(2)ひたものに戦うべき図をはずし、退くべき(3)ぐわいを失い、おのずからに長陣をすること、誠に愚将のすることなり。

(1) 一毫一釐：分の十分の一が釐であり、釐の十分の一が毫である。　(2) ひたもの：ひたすら
(3) ぐわい：ぐあい。漢字では具合。「都合」の意味。

長く戦う、それだけでその国が破れ、衰退することがわかる。逆に言えば、その国を衰退させたければ長く戦わしめるといいのである。

> 人間は失敗するものである。企業を経営しても、いつも成功するものではない。手痛い失敗をすることがある。経営者の真価はその失敗した時にわかる。真の経営者は失敗した時に見切りが早く、すみやかに退く。愚かな経営者は撤退した時の損失を嫌がり、いつまでもその事業を継続しようとする。それでますます損失が大きくなる。徂徠の言うように、「退くべきぐわいを失い、おのずからに長陣をすること、誠に愚将のすることなり」である。

38　夫兵久而国利者、未之有也、

　　fú bīng jiǔ ér guó lì zhě, wèi zhī yǒu yě,
　　夫れ兵久しく国の利なるは未だ之有らざるなり。

　上の段にも夫と云いて、ここにも又夫と云うことは、久しく戦うことを孫子深く誡めて、くりかえして云うゆえ、又語の端を更めて云うなり。軍久しくやまずして、其の国の利となることはなきことなりと云う意なり。

> 孫子は兵の達人である。この書物に勝る兵書はその後二千年以上の間出て来ていない。それほどの達人なら戦いをすれば必ず勝つかと思うのに、長く戦うことを厳しく戒めているのである。長く戦う、頻回に戦うは害が大きく決してすべきことでないのである。アメリカはベトナム戦争で長く戦い国力を損した。一時の怒りに任せアフガニスタン戦争、イラク戦争をしかけ、なかなか終息せずまた国力を損した。長く戦うことの害である。

39　故不尽知用兵之害者、則不能尽知用兵之利也、

　　gù bù jìn zhī yòng bīng zhī hài zhě, zé bù néng jìn zhī yòng bīng zhī lì yě,
　　故に用兵の害を尽く知らざる者は、則ち用兵の利を尽く知ること能わず、

　是又久戦の害を、上の文に云えるを承けて、利害の道理を説けり。用兵之害とは、軍をして害のあることを云えり。用兵之利とは、軍をして益のあることを云えり。尽知とは、(1)入りくますみずみまでのこる所なく、二重三重の先までをも知りつくすことなり。凡そ利害は付いて離れぬものにて、天地の間に於て一切のこと、何事によらず、利あれば害あり、害あれば利あり、利ありて害なきことなく、害ありて利なきことなし。施子美が説に、蘇先生曰、見其敗而後見其成、見其害而後見其利、心閑無事、是以若此明也（sū xiān shēng yuē, jiàn qí bài ér hòu jiàn qí chéng, jiàn qí hài ér hòu jiàn qí lì, xīn xián wú shì, shì yǐ ruò cǐ míng yě　蘇先生曰く、其の敗を見て後其の成を見る、其の害を見て後其の利を見る、心閑かに事無し、是を以て此の若く明らかなり）と云うを引けり。まことに平心にて見る時は、上智の人ならずとも、利害明らかに尽して、くらきことはあるまじけれども、総じて軍をすることは、或いは貪欲の心より、国郡を取らんとし、或いは驕慢の心より、威権をふるわんとするゆえ起こることなれば、おおかたは軍をして利のあることをのみ思いて、害のある所へは心つかず。是利に惑う所より、其の心蔽い昧まされて、其の害甚だしけれども覚えぬなり。故に孫子の文にも、軍に費多く害多く、殊に長陣の害甚だしきことを、反

覆丁寧に説いて、ここに至て利害の道理を一言に説き尽して云えらく、かくある故に、軍を起こして害のあることどもを、根葉を尽して知るべきことなり。かように戦い、かように計を運らして、ここに勝利あり、ここに得ありと、何ほど明らかに知りたる様なりとも、それはまだ(2)前方なることなり。勝利に目を付けては見るところ必ず明らかならず。害のある所を、底を尽して知りてこそ、利のある所をも、底を尽して知らるべけれ。害のある所を底を尽して知らざるものは、何としても利のある所を、底を尽して知ることはなるまじきとなり。

(1) 入りくま：曲がり入り、隠れて見えぬ所　(2) 前方：未熟であること

> ここは徒然草第110段の「勝たんと打つべからず、負けじと打つべきなり」と同じことを言っている。「用兵の害を尽く知らざる者は、則ち用兵の利を尽く知ること能わず」という孫子の言葉、「其の敗を見て後其の成を見る、其の害を見て後其の利を見る」という蘇先生の言葉はまさに人間社会全体にわたる至言と言うべきである。人が失敗するのはほとんどが利だけを考えて動くから、見落としていた害にあてられ失敗するのである。まずどこに害があるのかを徹底的に知ろうとする、まずどのように動けば敗れるのかを徹底的に知ろうとする。害、敗を熟知し、それを避けるように動けば自ずと利、勝がやって来るのである。

40　善用兵者、役不再籍、糧不三載、取用於国、因糧於敵、故軍食可足也、

shàn yòng bīng zhě, yì bù zài jí, liáng bù sān zài, qǔ yòng yú guó, yīn liáng yú dí, gù jūn shí kě zú yě,

善く兵を用いる者は、役再籍せず、糧三載せず、用を国に取り、糧を敵に因る、故に軍食足るべきなり。

善用兵者とは、軍を上手にするものと云うことなり。但し孫子が意は、上の段を承て、よく軍の害ある所をつくして知りたる人を指して、善用兵者と云いたることなり。何ほど軍の勝利を得る所をよく知り、合戦を上手にしても、軍の害を知らぬ人は、必ず不覚をとり、滅亡を招くゆえ、孫子が心には、軍をよくするとは云わぬなり。

役不再籍とは、役とは民を役にあてて軍中へ召し連れ、軍兵として使うことなり。古は兵農いまだ分かれずして、農民を以て軍兵とせしなり。日本にても古はかくの如し。故に(1)当代武家の官職を役と云うは、もと民兵より起こりし詞なり。籍とは伍籍のことなり。伍は五人組にて、備立の本は、五人を一組とするより組みはじむるなり。籍は(2)着到の帳なり。着到の帳には、組備を分けてしるすゆえ、伍籍と云う。然れば籍するとは着到の帳に付けて、軍兵の列に入ることなり。再籍すると云うは、最初いくさを起こして(3)打出る時、民をえらびて伍籍にしるし、他国に赴けども、軍利あらずして多くうたれ、或いは歳を経る戦いなれば、去年選びし軍兵は、かわりて故郷に帰るゆえ、再び別人を着到に付けて本国より軍兵を呼びよするを、再籍すると云うなり。役不再籍と云う時は、速やかに戦て勝利を得、長陣をせず、又打死もなければ、最初召し連れたる軍兵のままにて、再び軍兵を(4)調むことなきを云うなり。一説に籍の字をかるとよむ。民を役にあてて軍兵とな

すにも、年番ありて勤めることなり。当年の戦に当年の年番のもの打たるれば、兵卒不足なるによりて、来年の年番のものをくりこして召しよするは、借る意なるゆえ、借ると云うと見たる説もあり。是にても通ずれども、少しまわり遠き説なり。

(1) 当代：今の時代　(2) 着到：至り着くこと　(3) 打出る：出る。「打」は強める接頭辞。　(4) 調む：選ぶ

糧不三載とは、糧は兵糧なり。載するとは車に載すると云うことにて、兵糧をはこぶことなり。三たびのせずと云うは、出陣の時に、国境まで兵糧を車に載せはこびて送り、帰陣の時、又国境まで兵糧をのせ運びて迎えるばかりにて、兵糧をはこぶこと(1)都合両度なり。敵地へ兵糧をはこび送ることなきゆえ、三たび載せずと云うなり。是又速に戦いて、長陣をせざる利を云うなり。通典の注には、船と車と人夫と三段に送るを、三たび載すると云うと云えり。海川をば舟にて送り、平地をば車にて送り、険阻をば人夫にて送るなれば、平地、険山、海川と三重につぎて、兵糧を送るは、誠になんぎなることなれば、是を戒めて、糧不三載とも云うべけれども、三つを重ねたりとも、近くて速やかならば、苦しかるまじきことなり。海ばかり、或いは山ばかり、或いは平地ばかりにても、遠境へ糧を送らば、其の費甚だしかるべければ、誤れる説なるべし。

(1) 都合：合計

取用於国とは、用は器用とて(1)うつわものなり。総じて兵具そのほか(2)入用の道具を云うべし。国とは本国なり。(3)本陣の時兵具其の他の諸道具をば、本国より持ち行くべしと云うことなり。

(1) うつわもの：道具　(2) 入用：用事のために必要なこと
(3) 本陣：一軍の大将がいる陣所。大将が城におらずに、陣の中にいるのだから、自国から離れて戦っている時である。

因糧於敵とは、兵糧をば敵国にて取りて使うと云うことなり。因とは新しく支度せず、もとよりある物を直に取りて使うことなり。敵国に於て敵の朝夕を養うとて、積み置きたる兵糧を奪い取りて、味方の用に立てよと云うことなり。

> 敵の食糧を武力で取るのは泥棒のように思え、不義理なことに思える。しかし戦争とは言ってみれば人を殺して土地を盗むことである。もとより非常に不義理なことをしているのである。この不義理なことに比べれば敵の民を武力でおどして食糧を奪うことはそれほど不義理でない。少なくとも人を殺してはいない。

> 人間は生きていく上にいろんなものがいる。食糧はもちろんだけれど、衣服もいるし、家もいる。またいろんな家財道具がいる。家財道具がなければ生きていく上に非常に不便である。こういうすべてのものを自分でつくるのは大変である。そればかりしている専門家に依頼したり、専門家のつくったものを買うほうが自分でするよりもよいものが手に入る。それで人間は必要なもののごく一部の生産を自分の仕事とし、他は他の人がつくったものを購入して利用する社会生活を営む。たとえ自分に敵対する人であっても、自分より優れる所はあるのだから、それに関してはその人に依頼し、自分の負担を少なくし、そのあいた時間で自分の仕事に集中

すべきである。孫子が糧は敵に因ると説き、自国民の負担をできるだけ少なくしようとしたのと同じ心である。

　故軍食可足也とは、よく軍をする大将は、かくの如くするゆえ、兵糧を本国より運ばずして、軍中の食物不足なくあるべしと云うことなり。(1)畢竟長陣をして、敵国へ本国より糧を運ぶは、人民の大いなる疲れとなることをつよく云うべき為に、かく云いたるなり。取用於国と云う句も、下の因糧於敵と云う句を云わん為に、本国より持ち行かずしてかなわぬ物を云いたるなり。太刀、(2)刀鎗、弓矢などは、人々の(3)得道具、長短大小の寸法、それぞれの手に合いたる程あり。其の外の攻具等も、兼て出陣の(4)砌り、廟算の上にて、此の度は如何様の働きをすべきかと、方略を(5)きわめて打ち出ることなれば、持ち出でずしてかなわぬなり。其の外入らでかなわぬ物を持ちゆかず、事に臨みて(6)手をつくは、思慮の浅きが致す所なれば、取用於国とは云いたるなり。されども、竹木は何くにもあるものを、(7)陣具を持ち行くべきに非ず。敵地に川あらんに、それを渡らんとて舟を陸地を持ち行くべきに非ず。又(8)兵具のるいも、損失多き時は、敵の兵具を奪い取りて時の用をたすも、戦場の通法なり。(9)況や此の篇の末にも、敵の車を奪い取りて用いることを云いたれば、強ちに本国の(10)器用ならでは(11)用いざれと云うことには非ず。唯兵糧を本国よりはこぶこと、費多きことを云わん為に、云いたる句なりと軽く見るべきことなり。

(1) 畢竟：結局
(2) 刀鎗：大漢和に「刀槍」という項目があり、「かたなとやり」と記している。しかしこの場合は「太刀、刀鎗」と書いてある。「刀鎗」を「かたなとやり」と考えると前に「太刀」と書いてあり、これは「刀」だから、刀が重複してしまう。大漢和の「鎗」の所に「俗誤以鎗為刀槍字、俗誤りて鎗以て刀槍の字と為す」という正字通の記述を引いている。俗人が「刀槍」の字を誤って「鎗」と書いたと言うのである。大漢和の「槍」の項目を見ると「竹木の端をとがらせたやり、刀刃を柄の端につけたやり」の2種類のやりのことを書いてある。単に「槍」と言えば、竹木の先をとがらせた竹槍のようなものと、刀刃を先につけた槍の両方の意味があったのである。それで刀刃を先につけた槍を明確にするために刀槍と言ったと思われる。現代の感覚からすれば、刀刃をつけてあるものが槍であり、つけていないものは竹槍とか言って区別する。ここは「刀鎗」になっているが、「刀槍」のことを「刀鎗」とも書いたのだろう。現代では「やり」に当たる漢字は、「槍」も「鎗」も使う。「だから、徂徠のここの「太刀、刀鎗」というのは、現代語では、「太刀、鎗」という意味である。
(3) 得道具：得意とする道具　(4) 砌り：時　(5) きわむ：定める　(6) 手をつく：手をつける。やり始める。
(7) 陣具：陣中の道具　(8) 兵具：甲冑、刀剣、弓矢など、戦いに用いる道具。武器。　(9) 況や：その上
(10) 器用：役に立つ道具類。武具、馬具等の類。
(11) 用いざれ：歴史的仮名遣では、「用ひざれ」になる。用ひ＋ざれ。上二段活用の動詞「用ふ」の連用形＋助動詞「ず」の命令形。

　古来多く此の句に泥みて、様々の説あり。国と云うは敵国なりと云う説あり。是所々の文例に違い、そのうえ下の句には敵と云い、此の句には国と云う。間もなき内にかように詞をかえて、紛らわしく書くべき様なければ、誤りの説なり。又器用損したらば、本国より取りよせて用ゆべし、兵糧は敵国にあるを用ゆべしと云う説あれども、是又泥みたる説なり。敵の兵具は、(1)決定して味方の用にたたぬと云う道理なければ、必ず本国より取りよすべき様なし。又器用は軽く兵糧は重きゆえ、器用をば本国より持ち行くと云う説あれども、(2)雲梯(3)望楼のるい、軽きものにはなけれども、持ち行かずしてかなわぬなり。唯器用るいは、尤も損失はあるべけれども、兵糧の如くそのまま

食いへらすものにてなければ、本国より持ち行きて用をたさるるものなり。兵糧は長陣をするほど夥しくいるものにて、⑷跡よりはなくなるものなれば、敵の糧を奪いて食するを以て第一の計とする意にて、取用於国の一句は、⑸けりょうに云いたると心得べし。それゆえに下の句に、故軍食可足也とて、食物のことばかり云いて、器用のことをば云わぬなり。されども因糧と云うこと⑹大切のことなり、敵も用心をするものなれば、敵の兵糧も輙く⑺とらるべきに非ず。又古より士卒の乱妨をするとて、郷村へうちちり、営陣を空しくして敵に襲われ、不覚を取りたるためし少なきに非ず。故に孫子上に善用兵者と云いたり。軍の上手にあらざれば、因糧ことも又なり難きことと知るべし。

⑴ 決定：必ず ⑵ 雲梯：城攻めに用いる長いはしご ⑶ 望楼：ものみやぐら ⑷ 跡：後
⑸ けりょう：かりそめ ⑹ 大切：念入りに扱うこと
⑺ とらるべき：とら＋る＋べき　四段活用の動詞「とる」の未然形＋可能の助動詞「る」の終止形＋推量の助動詞「べし」の連体形

41　国之貧於師者遠輸、遠輸則百姓貧、

guó zhī pín yú shī zhě yuǎn shū, yuǎn shū zé bǎi xìng pín,
国の師に貧しきは遠輸なり、遠輸すれば則ち百姓貧し、

これより下、十去其六と云うまでは、又前の意を反覆して、遠境へ軍を出すこと、上下共に費多きことを云いて、十去其七と云うまでは、其の内にて⑴取りわきて下の疲れを云う。

⑴ 取りわきて：とりわけ

この一段は、下の費の内にて、領内の疲れを云うなり。国とは⑴領分の民を云う。貧於師とは、軍陣あるゆえに、⑵勝手あしくなることなり。遠輸とは遠国へ兵糧をはこぶことなり。領分の民の軍陣ゆえに勝手あしくなり貧乏すると云うは、遠国へ兵糧を運ぶ故なりと云う意なり。尤も近境にて戦うも、事なきにはしかざれども、遠国へ兵糧を運ぶこと、民の大きなる愁なる故、かく云えり。遠輸則百姓貧とは、遠国へ兵糧を運ぶ時は、領分の民百姓、かならず貧困するなり。

⑴ 領分：領有している土地　⑵ 勝手：生計。暮らし向き。

42　近於師者貴売、貴売則百姓財竭、財竭則急於丘役、

jìn yú shī zhě guì mài, guì mài zé bǎi xìng cái jié, cái jié zé jí yú qiū yì,
師に近きは貴く売る、貴く売れば則ち百姓財竭く、財竭くれば則ち丘役に急なり、

この一段は、下の費の内にて、戦場にての費を云うなり。近於師者とは、師とは吾が陣所なり。わが陣所の近辺に居る敵方の⑴在家を云うなり。近於師者貴売とは、大軍の陣を取りたる近辺は、其の所のものども利を貪りて、必ず⑵諸色のもの、何によらず高値になるものなるを云えり。貴売則百姓財竭とは、百姓は味方の百姓なり。吾国の民の軍兵に⑶調まれて、敵国に在陣するものを指して云うなり。士卒のことなりと見るべし。吾陣所の近辺にて、売物の⑷価、高値なる時は、手前の軍兵の財宝竭ると云うことを、百姓財竭と云うなり。財竭則急於丘役とは、丘役とは、十六井を

丘と云い、役は軍役なり。周の司馬の法に民の家一軒に就て百畝の田を耕し、九軒にて田九百畝を一井と名づけ、其の一井を四つ合わせて、民の家数四九、三十六軒、田地高も四九、三千六百畝を一邑と名づけ、其の一邑を又四つ合わせて、民の家数三四の十二に、又四六、二十四合わせて百四十四軒、田地の高も同じ算用にて一万四千四百畝を一丘と名づく。是十六井を一丘と云うなり。其の一丘を又四つ合わせて一四の四に四々十六を二つ重ねて、民の家数五百七十六軒、田地の高も同じ算用にて、五万七千六百畝を一甸と云いて、此の一甸よりの軍役、馬四匹、牛十二匹、軍車一両、武者七十五人を仕立てて出す也。是を丘甸の役とも云い、丘役とも云うなり(5)。張預が注に七十万家の力を以て、(6)餉を十万の師に供すると云いたるも、右の算用にて、(7)八分の一のつもりに合うなり。財竭則急於丘役とは、財竭ると云うは、上の句の百姓財竭と云うをうけたる詞にて、軍兵に調まれたる百姓の、敵国に陣取て居るものどもの財宝を、陣場にて物の価高値なる故に、悉く使い竭したることを云うなり。かく陣所にて財宝竭れば、国本の吾が(8)組合い、一丘の民百四十四軒、一甸の民五百七十六軒へ、金銀を取りに(9)さしこすゆえ、右のなかまにて、(10)もやいで出す金銀の高増して、勝手ことの外に(11)せわしくなることを、急於丘役と云うなり。

(1) 在家：村家、村落　(2) 諸色：もろもろの種類　(3) 調まれて：「えらむ」は「選ぶ」のこと　(4) 価：値段
(5) ここの計算は次のようになる。

　　1家：田100畝
　　1井＝9家：田900畝
　　1邑＝4井＝4×9家：田4×900畝＝36家：田3600畝
　　1丘＝4邑＝16井＝4×36家：田4×3600畝＝144家：田14400畝
　　1甸＝4丘＝16邑＝64井＝4×144家：田4×14400畝＝576家：田57600畝
　　1甸すなわち、家576軒から、馬4匹、牛12匹、軍車1台、武者75人を出すのが、丘甸の役である。

(6) 餉：兵糧
(7) 八分の一のつもり：つもりは計算のこと。576軒で75人の武者を出すのだから、武者1人を出すのは、576÷75＝7.68で約8軒である。8分の1の計算である。70万家で10万人の軍隊を出すのは、70万÷10万＝7で7軒である。ほぼ7.68に合っている。
(8) 組合い：二人以上が仲間となってたすけ合うこと　(9) さしこす：よこす　(10) もやいで：共同で
(11) せわしい：余裕がない

　近代の戦争では兵隊が敵国の民からものを購入することは考えられない。敵国とは使っている通貨が違う。自国の通貨は敵国では使えない。敵国の民も外貨を受け取っても使いようがない。ところが孫子はここで敵国の民から高価でものを買うため兵隊が困窮すると言っている。昔は通貨の発行を国家が完全に把握していなかったのか、自国内で使っている通貨が敵国内でも通じたのである。

　36×4の計算をする時、私は小学校で、「まず6と4をかけて24、だから1の位は4、2を10の位に繰り上げて、3と4をかけた12とたして14になるから、答えは144になる」と教えてもらったからそのように計算している。徂徠のこの計算法を見ると、江戸時代の計算は10の位からするのである。3と4をかけて12、6と4をかけて24、この12と24をたす、12の2は10の位だから120と24をたすと考え、144と答えを出す。この計算法のほうが、頭に数字をイメージ

しやすいから、優れているかもしれない。

43　力屈財殫中原、内虚於家、百姓之費十去其七、

lì qū cái dān zhōng yuán, nèi xū yú jiā, bǎi xìng zhī fèi shí qù qí qī,

力屈し財中原に殫く、内家に虚し、百姓の費十に其の七を去る。

　一本に、財殫と云う二字なくして、力屈中原とあり。上の二段に、領内と陣所にての費多きことを云いたるを、此の段に結びて云えり。皆下の費なり。上の費のことは下の段にあり。力屈財殫中原と云う句は、上の近於師者貴売、貴売則百姓財竭、財竭則急於丘役と云う三句を結びて、陣所にての費を云えり。力屈するとは精力屈し(1)くたびるることなり。中原は中国を云う。中国と云うは中華の(2)総名をも云えども、ここにては呉国より云いたる詞にて、斉魯晋宋の国々は、諸国の中にて原野うちつづきたる国(3)共なるゆえ、中原と云う。呉の国、越の国、楚国などの様なる辺国の君、弓矢を取りて軍をするには、中国の方へ打ちて出る時は、威名を天下にふるい、覇王の業を成就するゆえ、是を専ら途とすること、日本にても戦国の時分は、京都の方へと働くを(4)弓取の一つの(5)かせぎとするが如し。此の書は孫子が呉王に説きたる書にて、呉国より遠境へ軍を出すと云えば、皆中原へ働くことなるゆえ、遠国の陣所にて民の精力屈し財宝竭ると云うことを、力屈して財中原に竭くと云いたるなり。古来の注には、中原を只野原のことと見て、大軍の陣所は大形野原なる意に(6)心得て、陣所と云うことを、中原と云いたると説けり。尤も中原は只野原のことに用いること、詩経などにはあれども、此の書などにては、(7)親切ならぬなり。内虚於家とは、上の国之貧於師者遠輸、遠輸則百姓貧と云う二句を結びて、領内の費を云えり。内とは領内なり。家とは士卒の(8)面々の家々なり。虚しとは財宝悉く竭きて、(9)家内には何もなきことなり。遠境へ兵糧を運ぶ時は、領内の民家は皆空虚になると云う意なり。百姓之費十去其七とは、中原の陣所も力屈し、財宝竭き、領内の民家も皆空虚なる様にある時は、下たる百姓の費は、十の物にして、七つほどなくなりたる積りなりと云う意なり。十に七つと云うは、只過半と云うことと心得べし。施子美が一説に、七十万家を以て、十万人を養うと云う算用にて注したれども、それは十に七を失うとは云い難し。用ゆべからず。

(1) くたびるる：下二段活用の動詞「くたびる」の連体形。「疲れる」の意味。　(2) 総名：総称
(3) 共：名詞にそえて複数をあらわす。　(4) 弓取：武士　(5) かせぎ：はたらき
(6) 心得て：心得＋て。下二段活用の動詞「心得」の連用形＋接続助詞「て」。「心得」は「ある物事について、こうであると理解する」の意味。接続助詞「て」は連用形につく。
(7) 親切：よく適合して念入りなこと　(8) 面々：めいめい　(9) 家内：一家の内

　日本の戦前戦中の徴兵制では、衣食は支給されていた。給料もあり、兵士は残された家族の生活を心配し、給料の一部を家族に送金していた。約8軒で1人の兵士を養う制度と比べると兵士、家族の経済的負担はどちらが少なかったのだろうか。

44　公家之費、破車罷馬、甲冑矢弩、戟楯蔽櫓、丘牛大車、十去其六、

gōng jiā zhī fèi, pò chē bà mǎ, jiǎ zhòu shǐ nǔ, jǐ dùn bì lú, qiū niú dà chē, shí qù qí liù,

公家之費、車を破り馬を罷らし、甲冑矢弩、戟楯蔽櫓、丘牛大車、十に其の六を去る。

　上三段には下の費を云いて、此の段には上の費のことを云えり。公家とは、公はおおやけとよむ、家は国家の意にて、上の費のことを公家之費と云うなり。甲はよろい、冑はかぶとなり。倭訓には取り違えて、甲をかぶと冑をよろいとよめり。矢弩は、矢はやなり、弩は弩弓なり。弩弓を云えば常の弓もこもるなり。異朝には多く弩弓を用ゆ。(1)材官蹶張とて、大力の男をえらび、脚にてふませて弓をはらするなり。(2)万鈞の弩、千鈞の弩とて、弓の至極強きは、此の弩弓にこえたることなし。一放しに矢の二三百も出る様にしかけたるものあり。弩弓ならでは弓の大わざはなきことなり。日本にても、古は大宰府などには、弩師とて弩弓を教える役人ありて、習わしめたること、古書に見えたり。講義本には、矢弩を矢弓に作り、開宗、説約、大全などには、弓矢に作る。今集注本に従うなり。戟楯とは戟は(3)ほこなり、(4)かぎの二つあるほこなり。(5)十文字のるいなり。楯はたてなり。蔽櫓は車の上に立てる大盾なり。一本には矛櫓とあり。矛は(6)長刀の如くにて、かぎのあるほこなり(7)。丘牛大車とは、兵糧をはこぶ大車を云う。丘牛とは、丘は大なり、大きなる牛と云うことなり。その牛をかけて引かする大車のことなり。一説には、前に注せる丘甸の法にて、五百七十六家より、牛十二匹を出すにより、民より軍役にて出す牛を丘牛と云うとも云えり。然れば牛をば民より出し、車をば上より申し付けると見えたり。十去其六と云うは、是も過半の損亡と云うことなり。前の百姓の費には、十去其七と云い、ここの公家の費には、十去其六と云いたるは、両方文を互にして、十に六七を失うと云うことなり。(8)かたかたには七と云い、かたかたには六と云いたるに(9)拘るべからず。集注本の注に、一本作十去其七とあり。然れば両方共に、七の字にかきたる本もありと見えたり。此の段の意は、上の段にある如く、民百姓の費夥しく、それのみならず、上の費は戦車を打ち破り、馬もつかれ煩い、甲冑弓矢、戟(10)もちだて、大盾(11)小荷駄車まで、十のもの六七は損失するとなり。

(1) 材官蹶張：材官は「弩を持った兵士」。蹶張は「弩を放つ兵士」。合わせて「弩を持ち弩を放つ兵士」の意味。
(2) 万鈞：1鈞＝30斤　1斤＝300gだから、1鈞＝9000g＝9kg　万鈞なら90トン、千鈞なら9トンの重さになる。
(3) ほこ：両刃の剣に長い柄をつけた武器　(4) かぎ：枝分かれしている刀
(5) 十文字：十文字槍の略。十文字槍は穂先の下部に左右の枝があって十文字の形をした槍。
(6) 長刀：幅広で反りの強い刀身に長い柄をつけた武器
(7) 矛は俎徠の言うような枝分かれしている刀のあるほこを言う場合と単にほこ（両刃の剣に長い柄をつけた武器）を言う場合がある。ほこの漢字は通常矛が使われる。
(8) かたかた：二つの中の一方　(9) 拘る：なずむ
(10) もちだて：手に持ちて捧げ行くに便利なるように作りたる小楯
(11) 小荷駄：兵糧、武具などを戦場に運ぶ荷馬隊の荷

　現代戦では、戦車、飛行機、大陸弾道弾などの高度な兵器を使う。馬、刀、矢、甲冑で戦争をしていた昔に比べるとはるかに戦費がかさむ。この高額の戦費は税金という形で国民の負担

> になる。あるいは国債を大量に発行して資金を調達する。大量に発行された国債は超インフレをもたらし、国民の持っている資金が紙くず同然になることで国民の負担となる。

45　故智将務食於敵、食敵一鍾当吾二十鍾、萁秆一石当吾二十石、

gù zhì jiāng wù shí yú dí, shí dí yī zhōng dāng wú èr shí zhōng, zhì gǎn yī shí dāng wú èr shí shí,

故に智将は敵に食するを務む、敵の一鍾を食すれば、吾二十鍾に当る、萁秆（きかん）一石は吾二十石に当る。

この段は上に千里に糧を饋（おく）る費（ついえ）を説きたるをうけて、又因糧於敵わけを云えり。智将は智の深き大将なり。務食於敵とは、敵の兵糧を食することを務むると云うことなり。務むるとは是を専一のこととして、精を出してかようにすることなり。前の段に云う如く、本国より兵糧を運ぶ費莫大なるゆえ、智深き大将は、[1]さしあたる合戦の勝負に心を用いるばかりに非ず、合戦に勝ちても、末々国のよわりになることを慮りて、敵の兵糧を食することを専一とするとなり。されども敵の兵糧を食すること、是又智将に非ざれば能わざることなり。一鍾とは六石四斗を一鍾とす、日本の六[2]斗ばかりなり。当吾二十鍾と云うは、敵の兵糧を一鍾食すれば、[3]手前の兵糧二十鍾がけのつよみなりと云う意なり。そのわけは、転輸之法、千里輸糧、費二十得一（zhuǎn shū zhī fǎ, qiān lǐ shū liáng, fèi èr shí déi yī　転輸の法、千里に糧を輸せば、二十を費して一を得る）とあり。是は治世の如くに[4]馬次にても、[5]他領の人馬を用うべきに非ず。吾国より敵国の陣場まで、[6]日本道百里ばかりの[7]長途の、舟のかよわぬ陸地を、兵糧をはこぶ時は、人馬の食物諸事の[8]入目を引きて、二十分の一ならでは、さきへ届かぬと云うことなり。[9]いかさまに一匹の馬をつなぎもせず、一人の夫かわりもせず、衣類雨具まで[10]取付けて百里ほどの道をゆかば、次第に人馬もくたびるべければ、日数も[11]往来かけては三十日に近かるべし。馬にも多くは[12]駄することかなうまじく、[13]路次の警固、野陣の入目をかけては、二十分とつもりたる名将の法、違うまじく思わるるなり。前漢の趙充国が語に、一馬を以て、自ら三十日の食を[14]駄負すと云えり。三十日の食とは、米二[15]斛四[16]斗、麦八斛にて、一日の食、人に米八升、馬に麦二斗六升のつもりなり[17]。日本の升目にしては、人に米七[18]合、馬に麦二升余のつもりなり。一匹の馬につけたる食物を、人一人馬一匹にて三十日に食い盡すなれば、三十日路ほどある所へ、兵糧を本国より送ることはなり難きはずなり。然れば味方より取りよすれば、二十倍の物入かかるを、敵地にて直に敵の兵糧を食するなれば、一鍾当二十鍾なり。萁秆とは、萁は其の字と同じく、豆がらのことなり。秆は稈ともかきて、いねわらのことなり。是皆馬の食物なり。一石と云うははかりめなり。百二十斤を一石と云う。前に論ずる如く、一斤は四十三[19]銭三分なれば、一石と云うは、五貫百九十六銭なり。古は豆がら稲わら何れも[20]ちぎりにて、重さをはかりて用いるゆえかく云えり。二十分の一のつもり前に同じ。二句の意は、智将は務めて敵の兵糧を食するは、二十倍のつよみになる故なりと云う意なり。

(1) さしあたる：直面する　(2) 斗：1斗＝18.039リットルだから6斗は約108リットルである。
(3) 手前：こちら
(4) 馬次：馬継（ばつぎ）で「道中で馬をつぎかえる所、宿駅」の意味がある。次は（つぎ）と読めるから、馬継のかわ

りに馬次とも書いたのかもしれない。また次にも「やどや」という意味がある。馬のやどやだから宿駅になる。
(5) 他領の人馬を用うべきに非ず：平時であれば宿駅で疲れた馬を新しい馬に換えて運ぶことができるから、速くなる。敵国の馬に換えることはできるが、馬を捜し奪うのに時間がかかるし、奪っても慣れない馬だから御しにくいことがある。それで疲れた馬を換えずに使うのだろう。疲れた馬だから平時より時間がかかることになる。
(6) 日本道百里：日本の道百里と言っているから、この「里」は日本の「里」である。日本の里は1里＝3.93kmだから、百里は393kmである。横浜、京都間の距離が約440kmである。
(7) 長途：長いみちのり　(8) 入目：費用　(9) いかさまに：いかにも　(10) 取付く：ある物を他の物に装置する
(11) 往来かけては：行き帰りで馬を馳せては　(12) 駄する：のせる　(13) 路次：道程　(14) 駄負：馬が荷を負う
(15) 斛：1斛＝10斗　(16) 斗：1斗＝10升
(17) 米2斛4斗＝24斗＝240升
　　麦8斛＝80斗＝800升
　　30日で米240升、麦800升だから1日分は
　　240÷30＝8升
　　800÷30＝26升＝2斗6升
　　1日に米8升、麦2斗6升になる。
(18) 合：1合＝180.39mLだから、7合は1262.73mLである。玄米の比重は0.84〜0.91だから、0.84で計算すると、1262.73×0.84＝1060.6932約1060gである。1g＝3.7kcalと言われているから1060×3.7＝3922kcalこれに副食も考えると4000kcalの量を越えることになる。重労働であることを考慮しても、現在の基準では多いと思われる。昔の人は現代人よりずっとたくさんの量を食べていたということなのだろうか。
(19) 銭：ここは貨幣の意味でなく重さの単位である。1銭＝0.1両　1銭＝10分　1銭＝1匁
　　1石＝120斤
　　1斤＝43.3銭だから
　　1石＝120×43.3銭＝5196銭＝5196匁
　　1貫＝1000匁だから
　　1石＝5貫196匁＝5貫196銭
　　1銭＝1匁＝3.75gだから
　　1斤＝43.3×3.75＝162.375g
　　1貫＝1000匁だから
　　1石＝5貫196匁＝5196匁＝5196×3.75＝19.485kgになる。つまり1石は約19kgである。
(20) ちぎり：一貫目以上の物をはかるさおばかり

　昔の交通事情では千里（ほぼ東京大阪間の距離）先に食糧を送れば、20分の1しか着かなかったのである。往復で30日かかるから、人馬が食べる分が莫大になるからである。現代では東京大阪間を新幹線が2時間半で走る時代である。食糧の輸送もトラック、貨物列車、大型船、飛行機と大量輸送できる手段がたくさんある。食糧の輸送は孫子の頃に比べるとはるかに簡単になっている。だから「糧を敵に因る」というのは現代ではあてはまらない。食糧の輸送が容易になり、民の負担にならなくなっているからである。敵の食糧を奪い慣れないものを食べると、腹をこわしたり、伝染病が流行するようなマイナス面のほうが大きくなる。

46 故殺敵者怒也、

gù shā dí zhě nù yě、

故に敵を殺すは怒なり、

　故とは、又上の文を承けたるなり。上の文に云える如く、遠境へ働き長陣を張りては、国家の費夥しく、士卒の気たるむものなるゆえ、士卒の勇気たわず、きおいぬけぬ内に、戦いを決して早く引き取り、長く敵地に居らぬ様にせよと云うことを云いたるなり。殺敵者怒也とは、総じて平生[1]怯きもの弱く[2]かいなき人も、一旦怒に乗じては、人と争い闘争にも及ぶなり。然るに合戦と云うものは、上の催促によりて我に[3]意趣も[4]遺恨もなき人と戦いて、是を殺さんとす。上下心を同じくして、上の怒りたまうを見ては、[5]我私の仇の如く骨髄に徹して怒るに非ずんば、誠に[6]世話に云える[7]軍役と云うものになりて、精力を奮て、是非ともにこれを殺さんとまでは思うまじきなり。名将は人情のかくあることを明らかに知りて、方略を設けて士卒の気を奮激せしめ、その奮激の気に乗じて、一戦をはじむる時は、よくわが私の仇を伐つ如く、身命を忘れて戦うゆえ、多くの敵を殺して、大軍をも切り崩すことなり。然れば敵を殺して勝利をなすは、此の奮激の気なり。もし長陣に及んで、力疲れきおいぬけ、奮激の気たゆむ時は、軍に勝つことあるべからず。此の篇を作戦篇と名付けたるも、此の意にて、上の文に長陣を戒めたるも、専ら此の道理を説かん為なれば、此の一句尤もこの篇の[8]肝文と[9]云いつべし。

(1) 怯き：ク活用の形容詞「怯し」の連体形。「臆病である」の意味。
(2) かいなき：ク活用の形容詞「かいなし」の連体形。「いくじがない　ふがいない」の意味である。
(3) 意趣：他人の仕打ちに対する恨み　(4) 遺恨：長い間持ち続けていた恨み
(5) 我私：「自分」のこと。下には「わが私」とかなで書いてある。「我私」は辞書に記載されていないが、上杉鷹山の伝国の辞に次のような一文がある。「国家は先祖より子孫へ伝え候国家にして我私すべき物にはこれなく候。」
(6) 世話：通俗の言葉　(7) 軍役：戦事の労役　(8) 肝文：大切な文章
(9) 云いつべし：歴史的仮名遣いでは「云ひつべし」。云ひ＋つ＋べし。四段活用の動詞「云ふ」の連用形＋確認の助動詞「つ」の終止形＋推量の助動詞「べし」の終止形。助動詞「べし」は終止形につく。

　[1]但しこの怒と云うに付て、古来の名将、方略を設けて士卒を怒らしめ、軍に勝ちたるためし少なからず。

　　(1) 但し：ところで　さて

　斉の国七十余城を燕の国の将軍楽毅に攻め落とされ、僅かに莒、即墨の二城のこりたる時、楽毅は讒によりて本国に喚び反され、別の大将代わりに来たれり。即墨の城には田単こもりけるが、田単反間を放って城中より降参したる者は、城中のものと[1]意趣ありて、殊の外に憎むなり。悉く[2]劓りなば城中の士卒喜ぶべしと云わせければ、彼将尤もと思い悉く劓る。城中の者ども憎き燕の大将のしかたかな、命の惜しきとて、さように辱められては生きたるかいなし、降参はすまじきことぞとて、愈々城を固く守りける。田単また反間をはなって、城中の者共は、先祖の墓をほり崩され、死骸を焼きすてられんことを恐ると云わせければ、敵将又墓所を堀りくずし、屍を焼く。城中のもの涕を流し無念がり、怒気奮激するを見て、田単切りていで、燕国の軍を追いくづし、斉の七十

余城を取りかえしけり。

　(1) 意趣：うらみ　(2) 劓る：鼻を切る

> 　私達の日常生活では、強い怨みがあり殺したいと思う人でも実際に殺人を実行することはまれである。殺人に対する強い罪悪感があるし、また法で厳しく罰されることも抑止力として働く。しかし戦争ではまったく怨みのない人を殺すことを強いられる。強い怨みのある人でさえ殺すことはなかなかできないのだから、まったく怨みのない人を殺すことは非常にしにくいことである。だから将軍はいろんな方便を設けて士卒を平気で人を殺す人間にしようとする。強い怒りがあれば、理性の抑止がきかず殺人を実行するから、将軍は人を怒らせようとする。士卒を怒らせるために味方で捕虜となった者の鼻を切り落とさせることまで田単はしたのである。戦争の時、上に立つ者は人を怒らせるために敵国の極悪非道を言いふらすけれど、それにはかなりの嘘があると知るべきである。

又後漢の班超天子の命を銜て西域へ使いに行き、鄯善国へ至り、暫く滞留したりし時、(1)折節匈奴より使来たる。鄯善王匈奴の使者を殊の外に馳走しければ、班超が(2)下司の士僅かに三十六人ありけるが、班超これに向いて云うよう、匈奴の使者の来たらぬ前は、鄯善王われわれを崇敬せしが、匈奴の使者来たりければ、それを馳走して、吾々をば軽しむる体たらく、悪き仕形なり、(3)いかさまにも吾々をからめとり、匈奴に送るべしと思わる、然らば身を(4)豺狼の食にせられ、空しく朽ちはてんことの腹立たしさよ、虎穴に入らざれば虎子をば得ぬぞとて、夜に入り大風に乗じて、風上より匈奴の使者の居所へ火をかけ、三十六人の内十人に太鼓を打たせ、火の手上るを合図にして、夥しく太鼓を打たせ、おめきさけんで切り入りければ、匈奴の使者は大勢なりしかども、班超がわずか三十六人の手勢を夥しき大軍と思い、驚き乱れてにげちるを悉く打ち取りしかば、此の(5)比までは漢と匈奴と両方へ従いて、漢へ全くは従わざりし鄯善王、終に降参して、班超抜群の賞に預かりしも、怒を以て士卒を激せしゆえ、味方もなき(6)它国のおぼつかなき所にて、成しがたき大功を立てたり。

　(1) 折節：ちょうどその時　(2) 下司：下官　(3) いかさま：どうにかして
　(4) 豺狼：豺はやまいぬ、狼はおおかみ　(5) 比：頃　(6) 它国：他国

このようなる類、猶もあるべけれども、畢竟士卒を怒らすと云うは、士卒の勇気を専一にすることなり。怒らざれは敵を殺すこと能わずと云うには非ず。張預この段を注して、尉繚子を引き、民之所以戦者気也、謂気怒則人人自戦（mín zhī suǒ yǐ zhàn zhě qì yě、wèi qì nù zé rén rén zì zhàn 民の戦う所以は気なり、気怒すればすなわち人人自ら戦うを謂う）と云えり。気怒すると云うは、怒る時の如く、勇気の専一なることを云うなり。荘子に大鵬と云う鳥の、九万里の天に飛び上ることを、怒で飛と云えり。(1)これはかの鳥力を出し気を奮いて飛び上がることを、人の怒に喩えて、怒で飛ぶと云いて、何も腹立つことあるを云うには非ず。故に荘子をよむもの、怒ると云う字をはげむと訓じて、はげんで飛ぶ とよめり。此の本文の怒の字を荘子と同じ意に見て、只勇気を専一に奮うことと見ば、孫子が本意に通徹せんか。強ちに士卒を怒らしむるが、孫子の本意と思い、(2)事の便りもなきに、強いて士卒を怒らしめんとのみ思わば、却って文字に滞り泥むなる

作戦　第二

べし。まして本文一篇の文勢、長陣をして気のたゆむことを云いて、其の次に此の段を云えば、戦は気にあるわけ、本文の骨髄なるべし。

(1) これは荘子の逍遥遊篇にある。原文は「化而爲鳥、其名爲鵬、鵬之背、不知其幾千里也、怒而飛、其翼若垂天之雲 huà ér wéi niǎo, qí míng wéi péng, péng zhī bèi, bù zhī qí jǐ qiān lǐ yě, nù ér feī, qí yì ruò chuí tiān zhī yún 化して鳥と爲る、其の名鵬と爲す、鵬の背、其の幾千里なるを知らざる也、怒んで飛ぶ、其の翼垂天の雲の若し」「垂天の雲」とは「天いっぱいに垂れ下がる雲」のことである。因みに横綱の大鵬のしこ名は荘子のここから取っている。

(2) 事の便り：何かの事のおり

「殺敵者怒也」の「怒」は、現代語の意味としては「いかり」である。しかしこの場合は「勇気を専一にふるうこと」であると徂徠は言う。これは古典や外国語の文献を読む時の取るべき態度を示している。古典や外国語の文献の字句は自分が知っている意味だけで解釈してはならないのである。前後のつながりから、また道理から自分の知っているその字句の意味で適切に解釈できるかと考えてみる、そして他の意味があるのでないかといろいろと調べてみることが大事である。自分が知っている意味だけで断定してしまうと真の意味を取り違えてしまうことになる。

これはまた事を処す上で取るべき態度も示している。「AはBである」と確信しそれを疑わずに事を処するとしばしば失敗することがある。しばしば失敗しているのになお「AはBである」と思っていることを疑わない。これではいつまでたってもその失敗を繰り返すことになる。失敗した時に「AはBである」と確信していたが、それは間違いでないかと疑ってみることが大事である。自分が確信していること、自分が常識としていることを疑うことで大きく進歩するのである。

これはまた議論の仕方も示唆している。人の議論を打ち破るには、その議論で確かな根拠もなく正しいと思っていることはないかと捜すのである。それが見つかればそこを集中的に攻める。単に表面的な印象、思い込み、常識だけで正しいと思っているだけだから簡単に破ることができる。どんなに精巧に組み立てられた議論も、その土台が破られると、すべてがもろくも崩れてしまう。

---

47 取敵之利者貨也、

qǔ dí zhī lì zhě huò yě、
敵の利を取るは貨なり、

この段の意は、敵の利を此の方へ取りて、我が利とするは貨なりと云うことなり。敵之利とは、敵の所持したる、土地、人民、士卒、兵糧等のるいなり。貨とは金銀財宝なり。尤も上の段に云う如く、敵を殺して猛威をふるうは士卒の奮激の気を以て、小勢にて大敵をも挫けども、そればかりにては全き利を得ることかたかるべし。総じて身あるもの欲心あらずと云うことなし。故に金銀財宝を以て、或いは敵方の郷民を味方へ引き付けて案内をさせ、間道より攻め入り、或いは放火し、或いは兵糧を奪う便とし、或いは敵方の将吏の欲心あるものを味方に引き入れて、方便を以て敵の

土地人民士卒兵糧何にても敵の利となるものを味方の利となすこと、是全き勝を取る道なり。かくの如く、智将は威を以て挫き、利を以て⁽¹⁾誘き、一たびはおどし、一たびは⁽²⁾なづけて勝利を得ること速かなるゆえ、長陣の費なしと云う意なり。この篇は作戦篇と名づけて、戦を説きたる篇なるに、孫子たたかいの⁽³⁾一途を専らにせぬ意を説けるは、其の⁽⁴⁾心地活発にして、⁽⁵⁾円機⁽⁶⁾妙転⁽⁷⁾せること、後人の及ぶべきに非ず。

- (1) 誘く：「おびく」は「だましてさそう」意味　(2) なづく：なつくようにする　(3) 一途：いちず
- (4) 心地：心のこと。心がすべての善悪諸行を生み出すのは大地が果穀を生み出すようであるから、「地」をつける。
- (5) 円機：菜根譚に「亦当適志恬愉以養吾円機　yì dāng shì zhì tián yú yǐ yǎng wú yuán jī　亦た当に志を恬愉に適せしめて以て吾が円機を養うべし」の一文がある。開霞法師の菜根譚簡注は円機を「見解が超脱し円通機変しているのを指す」と注釈する。円通は「あまねく通じること」機変は「機に従い変に応じる」ことだから、円機で「あまねく通じ機に従い変に応じる」という意味だろう。
- (6) 妙転：奥深く回る
- (7) せること：せ＋る＋こと。サ行変格活用の動詞「す」の未然形＋完了の助動詞「り」の連体形＋名詞「こと」。完了の助動詞「り」は四段活用の動詞の已然形、サ行変格活用の動詞の未然形に接続する。

　一説に貨と云うを、重賞之下、必有勇夫（zhòng shǎng zhī xià, bì yǒu yǒng fú　重賞の下必ず勇夫有り）と注して、味方の士卒に、金銀財宝を与え、軍功を褒美して、軍に勝ち、敵の利を此の方へ取る意に見たる説あり。是にても苦しかるまじけれども、其の意は、上の句の殺敵者怒也と云う内に備れり。其の上其の説は、とかく戦を以て敵に勝つと云うばかりに帰して、不戦而屈人之兵（bù zhàn ér qū rén zhī bīng　戦わずして人の兵を屈する）ところ、孫子が深意なることを知らぬなり⁽¹⁾。此の深意を会得して後、よく⁽²⁾火急に戦を決して軍兵の気のたゆまぬ様にすること掌に握るが如し。故に上の殺敵者怒也、取敵之利者貨也と二句を並べて云えるなるべければ、今其の説に従わず。

- (1) 謀攻篇に「不戦而屈人之兵善之善者也　bù zhàn ér qū rén zhī bīng shàn zhī shàn zhě yě　戦わずして人の兵を屈するは善の善なる者なり」とある。
- (2) 火急：火のつくように急なこと

　又一説に、取敵之利と云うを、敵を取るの利とよませて、貨と云うは何にても士卒の敵方より奪い来る物を、直に褒美として、士卒に与うることと見たる説あり。かくある時は、吾士卒敵を打ち取ることの吾に利あることを知るゆえ、戦を励むと云う意なり。この説にても、とかく戦を以て敵に勝つと云うばかりに帰するなり。其の上士卒に乱妨をすすむる意あれば従うべからず。

　此の段の微意、前の段に、因糧於敵と云うは、貨を以て敵方の将史郷民を味方に引き入れずんば、なり難しと云う意を含んで伝えるなり。

> 　人を動かすものは金であるというのはよく人間の本質をついている。孫子の時代から二千年を経た現在でも同じことである。新聞を見ると良く収賄の報道がなされる。これは明るみに出たものだけであり、氷山の一角だから実際になされている収賄はこの十倍、百倍になると思われる。人間は貨のために法をも犯すのである。

私達もなぜ働くのかとつきつめて考えてみれば。給料や利益が少なくともその一つの理由であることは否定し難い。確かに貨のために動いているのである。

　不戦而屈人之兵は味わい深い言葉である。心の狭い人は自分が優れている所を見せびらかして何かと人に勝とうとする。実際に優れていたとしても人の妬みを買うことになるし、実際は他の人がもっと優れているなら、その人を十分に評価していないからその人の怒りを買うことになる。

　人間は日常に必要なものをすべて自分でつくることはせず、他の人がつくったものを利用する社会生活をする動物である。一つのものの生産に特化してつくる人がすべてのものをつくろうとする人より一般的によいものができる。日常生活で他の人がつくったものを購入して使うのは他の人が自分より優れているからである。自分が優れているのはごく一部のものに過ぎない。目の前の一人の人がすべてのことで自分より劣ることは一般的にはありえない。自分の優れている所を見せびらかして勝とうとすれば、優れている所を評価してくれなかったその人は怒ることになる。
　韓非子に自分が周りの臣下より優れていると誇る王の話がある。その王に賢臣が諫言する。天下には王より優れている人材がたくさんいるはずだ。臣下に王より優れている人がいないのは、王に目がなく優れた人材を登用していないからだ。
　真に兵を知る人はむやみに戦おうとしない。相手の長を取り、それを認め、自分の味方にしようとする。戦わずして人の兵を屈する者が真に兵を知る者である。

　ここは、「敵を殺すは怒なり、敵の利を取るは貨なり」と並べて見ると味わい深く、兵法の極意を教えている。戦争は殺し合いなのだから、敵人を殺さざるを得ない。敵人を殺すことができるのは怒、専一の気である。蓄えた水を千仞の谷に一気に落とすが如きものが怒である。しかし怒で敵を倒すことができると言っても、敵が絶対的に有利な状況では敵を倒すことはできない。奮激の気を持った十人がかかって行っても相手が百人、千人とおればまず負けることになる。だから奮激の気で殺そうとする前に、敵を不利な状況に追い込んでおかなければならない。それができるものは貨、つまりお金である。お金を使い敵方の有能の士を上から遠ざける。お金を使い敵の情報を集める。お金を使い諸侯をこちらの味方にし敵に味方する国を少なくする。お金を使い味方の軍備を強くする。そうやって敵を不利な状況にしてはじめて奮激の気で攻めるのである。ここで言っていることは、九地篇の「始めは処女の如し、敵人戸を開く、後は脱兎の如し」と似たようなことを言っている。ここでは貨で敵を不利な状況に追い込むのだが、九地篇では敵を油断させることで不利な状況に追い込んでいる。一気に攻めることをここでは怒と言い、九地篇では脱兎と言っている。

48　故車戰得車十乘以上、賞其先得者而更其旌旗、車雜而乘之、卒善而養之、是謂勝敵而益強、

gù chē zhàn deǐ chē shí shèng yǐ shàng, shǎng qí xiān deǐ zhě ér gēng qí jīng qí, chē zá ér shèng zhī, zú shàn ér yǎng zhī, shì wèi shèng dí ér yì qiáng,

故に車戰に車十乘以上を得ば、其の先ず得らるるを賞し其の旌旗を更え、車雜えて之に乘らしむ、卒は善くし之を養う、是敵に勝ちて強を益すと言う、

　故の字諸本になし。今集注本に従いて是を加う。此の段は、上の取敵之利者貨也と云うを承て云えれば、故の字あるをよしとす。車戰は車にて戰うなり。戰に車戰、騎戰、徒戰あり。是は車戰の一つを例に挙げて、上の句の取敵之利者貨也と云う意を説けり。車十乘以上を得とは、一乘に甲士三人、步卒七十二人ありて、十乘以上なれば敵七八百人以上なり。敵七八百以上を此の方の手に入るることを得と云うことにて、敵の此の方へ降參するを云うなり。賞其先得者とは、先へ降參したる者に賞を与うることなり。十乘に大將分の甲士三十人、十乘以上にて三十人以上なれば、一々には賞を与えがたし。故に最初に降參したる者に、先ず賞を与うるなり。それにて残る敵も亦降參する心になるなり。其旌旗とは、旌旗は(1)相符しなるゆえ、降參したる車の上に立ちたるはたをば取りて、此の方の旗じるしを立てることなり。車雜而乘之とは、一乘の武者七十五人の内、車にのるは三人にて、步卒七十二人なり、その三人の内、一人も二人も味方の車にのらせ、味方の古參も、一人も二人も降參の車にのらせ、新參と古參を入れまぜて、互に車にのらすることなり。是は方便を以て降參することもあるものゆえ、用心の為に入れ雜ゆるなり。卒善而養之とは、步卒を(2)念比に撫で養ないてなつくる様にすべし。降參したる士卒は、諸事(3)ういういしく気遣う心多きものゆえ、随分心を付くべきことと云う意にて、善くしてと云うなり。善くするとは、どこからどこ迄も随分に念比にすることなり。かくの如くする時は、敵の利となるべき敵方の軍兵みな吾が利となるゆえ、是を勝敵而益強と云うなり。敵をば殺すべきことばかり思わず、戰を用いず、貨を以て敵をなづけ、敵の士卒を此の方の用に立てる時は、敵に勝つほど味方の強み益すなり。若し敵を殺して勝を取るとばかり思う時は、敵に勝ちても、味方の軍兵増さず、いつも同じことなるゆえ、勝敵而益強と云うものにてはなきなり。此の段の意によく徹底せば、智將の務食於敵のはかりごと窺い見るべし。

(1) 相符し：戰場で敵と味方を見分ける印。「合印」と書くのが一般的である　(2) 念比：手厚いさま
(3) ういういし：物慣れぬさまである

　古説に得車十乘以上と云うを、戰を以て敵を追落して、敵方の車を味方へ奪い取ることに見、賞其先得者と云うを、先ずうるものとよみて、味方の軍兵の敵の車を奪い得たるものに其の奪い得たる車を褒美に与うると見たり。是にても通ずる様なれども、戰いて敵を殺す一辺にとらわれるゆえ、孫子が深意を失うなるべし。そのうえ下の文の、其旌旗と云う、其の字降參したる車の旌旗を指して云うなれば、其先得者と云う其の字も、降參の車を指して云うと見て、二の其の字一意になり、文例穏やかなり。古説の如く見れば、一は味方を指し、一は敵を指して、文例合わぬなれば、(1)かたがた従いがたし。

(1) かたがた：あれこれ

> 戦争というととかく敵を殺して領土を広げることばかりを考える。孫子は敵に勝ってますます強くなることを考える。目の先の利にとらわれない孫子の遠慮深謀と言うべきである。人は結局自分をよくしてくれる人に仕える。かつて敵国の兵士として戦った人でも、ひとたび降伏した時に、十分に温情を施せば、自分の味方となり、自分のために戦ってくれる。そうやって得た兵士は戦って取った領土に勝るとも劣らない価値を持つ。よく降伏した兵士を虐待したり、虐殺したりする将軍がいる。それだけで愚将であることがわかる。

49 故兵貴勝、不貴久、

gù bīng guì shèng、bù guì jiǔ、
故に兵は勝を貴びて、久しきを貴ばず。

　この段は一篇の大意を結べり。一篇の内に、右の如く委細に説きたる道理なるゆえに、軍は勝つことを貴べども、久しく戦うことを貴ばず。勝つとも久しく戦わば其の費多からん。戦をやめて早く引き取るべし。上の文に云える如く、戦を以て敵を殺し、貨を以て敵を懐け、一辺に滞らざる時は、速勝の利を得べしとなり。

50 故知兵之将、民之司命、国家安危之主也、

gù zhī bīng zhī jiàng、mín zhī sī mìng、guó jiā ān wēi zhī zhǔ yě、
故に兵を知るの将は民の司命、国家安危の主なり。

　知兵之将とは、よく兵道を知りたる将と云うことにて、前の不尽知用兵之害者則不能尽知用兵之利と云う句を合わせ見るべし。畢竟孫子が意は、用兵之害をよく尽して知りたる将を、知兵之将と云うなるべし。かくの如き将は、よく速勝の利を知りて、久しき戦を好まず、戦の一途に泥まず、計を以て敵を従えるゆえ、是を民の司命と云うなり。司命と云うは、天の(1)文昌星の第五の星なり。人の吉凶禍福を司る星なり。右の如き将は、よく民の(2)艱苦を知り、民を(3)傷らぬゆえ、司命の星を尊ぶ如くに民の思うと云うことなり。国家安危之主也とは、右の如きの将は、この人存すれば国家安穏に、この人死すれば国家危亡するゆえ、国家安危の主なりと云えり。蜀の諸葛孔明、唐の郭子儀、みな其の身天下国家の安危にかかれり。まことに文昌司命の星に非ずや。

(1) 文昌星：星座の名前。文昌星、北斗七星、三台は西洋の星座のおおぐま座を形づくる。おおぐまの背中から尾の部分が北斗七星、おおぐまの前足の所が文昌星、おおぐまのつま先を結んだのが三台である。文昌星は６つの星からなる。
(2) 艱苦：艱難と苦労。悩み苦しむこと。　(3) 傷る：傷つける

謀攻 第三

謀攻とは、謀を以て攻めるなり。陣を合わすを戦と云い、城を囲むを攻と云うと注して、陣は備立てなり、我備を以て敵の備と合わせて、勝負を決するは戦なり、城を囲みて落とさんとするを攻と云う。故に作戦篇の次に此の篇を設けり。城を攻めるには力を以て攻めるを下とし、謀を以て攻めるを上とす。故に謀攻篇と名付く。尤も一篇の中、しろをせむることばかりを云うには非ざれども、城を攻むることを本にして、外の事にも云い(1)及せるなり。

(1) 及せる：「及ぼす」に助動詞の「る」をつけたもの。「る」は「自ずとせざるを得ざるようになる」こと

51 孫子曰、夫用兵之法、全国為上、破国次之、全軍為上、破軍次之、全旅為上、破旅次之、全卒為上、破卒次之、全伍為上、破伍次之、是故百戦百勝非善之善者也、不戦而屈人之兵善之善者也、

sūn zǐ yuē, fú yòng bīng zhī fǎ, quán guó wéi shàng, pò guó cì zhī, quán jūn wéi shàng, pò jūn cì zhī, quán lǚ wéi shàng, pò lǚ cì zhī, quán zú wéi shàng, pò zú cì zhī, quán wǔ wéi shàng, pò wǔ cì zhī, shì gù bǎi zhàn bǎi shèng fēi shàn zhī shàn zhě yě, bù zhàn ér qū rén zhī bīng shàn zhī shàn zhě yě、

孫子曰く、夫れ兵を用いるの法は、国を全くするを上と為す、国を破るは之に次ぐ、軍を全くするを上と為す、軍を破るは之に次ぐ、旅を全くするを上と為す、旅を破るは之に次ぐ、卒を全くするを上と為す、卒を破るは之に次ぐ、伍を全くするを上と為す、伍を破るは之に次ぐ、是の故に百たび戦いて百たび勝つは、善の善なる者に非ざるなり、戦わずして人の兵を屈するは善の善なる者なり、

夫は発語の辞なり。用兵之法とは、軍をする道と云うことなり。全国とは、国は敵国なり、敵国にきずをつけぬことを全くすと云う。戦に勝ちて敵の将を殺し、敵の士卒を殺すは、其の国を破り傷うなり。其の国を破り傷うて手に入るる時は、たとい力足らずして我に従いたりとも、其の国の君臣より民までも、親子兄弟一族を殺されたる怨み残り、或いは生摘にもなりては、恥辱を蒙りたる怨憤やむことなし。或いは其の国の将にも卒にも、才徳すぐれて、吾が用に立つべきものあるべきを、殺して吾が用に立てぬは、大きなる損なり。又戦に負けて、其の国の民貧困せば、其の国を取り得ても、大きなる損なり。故に敵国にきずを付けずして手に入るるを、極上の計とし、戦を以て打ち破り、傷い(1)屠りて取るは、是を下策とするなり。故に全国為上、破国次之と云うなり。次之と云うは、上策に非ずと云う意なり。つぐと云いたればとて、第二番と云うことには非ず、下策と云う意に見るべし。下の段に、其の次其の次とあるは、上と其の次と、又其の次と、下と、四段に説きたるものゆえ、第二第三のこころなり。此の段とは文勢違うなりと知るべし。

(1) 屠る：殺す

軍旅卒伍の次第は、一万二千五百人を軍と云う、五百人を旅と云い、百人を卒と云い、五人を伍と云う。是は周の世の法に、備の組みよう、五人組より起こり、五人を一伍とし、其のかしらを伍長と云う。五伍を両と云う。其の頭を司馬とす。是までは皆(1)歩立なるゆえ、五の数を以て組みたてたり。四両を卒とす、其の頭を卒長とす。是を車一乗とし、車の前後左右に備えるゆえ、二十五人づつ四組なり。是より上、又五を以て組みて、五卒を旅とし、五旅を師とし、五師を軍とす。諸

侯の位に公侯伯子男の五段ありて、公侯の二つを大国とし、伯を中国とし、子男を小国の諸侯とす。大国は三軍とて、軍役三万七千五百人、中国は二軍とて、軍役二万五千人、小国は一軍とて、一万二千五百人、天子は六軍にて、七万五千人なり[2]。尤も大国を千乗の国と云う時は、一乗に百人とて、千乗なれば十万人なるべけれども、[3]更代（こうたい）して務るゆえ、右の通りなり[3]。

 (1) 歩立（かちだち）：歩兵
 (2) ここは次のような計算になる。
  1伍＝5人
  1両＝5伍＝5×5＝25人
  1卒＝4両＝4×25＝100人
  1旅＝5卒＝5×100＝500人
  1師＝5旅＝5×500＝2500人
  1軍＝5師＝5×2500＝12500人
  原則5を単位としているのだが、両だけは車の前後左右に1両ずつ配置するため、4を単位とする。

  小国：1軍＝12500人
  中国：2軍＝2×12500＝25000人
  大国：3軍＝3×12500＝37500人
  天子：6軍＝6×12500＝75000人
 (3) 更代（こうたい）：交代「尤も大国を千乗の国と云う時は、一乗に百人とて、千乗なれば十万人なるべけれども、更代して務るゆえ、右の通りなり」というのは、「大国を千乗の国と言う時は、一乗は百人で千乗は十万人になるが、交代で兵となっているから、現在兵となっている者だけを数えると三万七千五百人である。」という意味である。

 此の本文もこの次第を以て、国と、軍と、旅と、卒と、伍とを挙げて云えり。本文のこころ、敵の一伍を打ち破りて戦い勝つは、一伍五人を一人も殺さず、全く手に入るるに劣れり。一卒百人の備を打ち破りて戦い勝つは、百人ながら全く手に入るるには劣る、五百人の備を打ち破りて戦い勝つは、五百人ながら全く手に入るるには劣る、一軍一万二千五百人を打ち破りて戦い勝つは、一万二千五百人を、きずも付けず我ものにするには劣る、其の国を攻め破り勝つは、十万人をきずも付けず、我ものにするには劣ると云うことを、かくの如く云えり。是故とは、右の如く敵と戦わず、一伍にても、一卒にても、一旅にても、一軍にても、一国にても、きずも付けず丸なから我ものとすれば、一伍を手に入るる時は、一伍の強みなり、一卒を手に入るる時は、百人の得なり、一旅を手に入るる時は、五百人の得なり、一軍を手に入るる時は、一万二千五百人の得なり、一国を手に入るる時は、一国の得なり。かくの如くなる道理ゆえに百度合戦して百度ながら勝利を得るを、愚かなる人は、是を至極と思うべけれども、既に合戦に及ぶ時は、味方も人数を失いて、糧、車、馬、兵具の費多く、攻め取りたる国も打ち破られ、戦負けぬれば、戦わざる前の如くの満足なる国に非ず。故に百度戦いて、百度ながら勝利を得るをば至極とせず、合戦をせずして敵を屈服させ、我に従わするを至極とすと云う意なり。善之善者とは、よきの至極と云うことなるゆえ、非善之善者とは、至極よしとはせられぬと云う意なり。誠に[1]神武而不殺（shén wǔ ér bù shā 神武にして殺さず）と易にもとけり。

 (1) 神武而不殺：易経繋辞伝上にある言葉で原文は「古之聡明叡知神武而不殺者夫　gǔ zhī cōng míng ruì zhī shén wǔ ér bù shā zhě fú　古の聡明叡知は神武にして殺さざるものかな」である。「神武」は神

のような威武の徳のことである。

　相手の持っているものを傷つけずに手に入れる。それが最高の戦略である。戦えば相手を傷つけることになる。たとえ勝っても傷のついたものしか手に入らない。それでは善の善なるものとは言えない。「戦わずして人の兵を屈するは善の善なる者なり」「古の聡明叡知は神武にして殺さざるものかな」はまさに座右の銘にすべきことである。

　自分より優れた所のある人を見ると、自分が劣っていると思うのが嫌なのか、その人のあることないことの悪口を言って自分が優れていることを見せびらかす人がいる。いやそういう人が多い。これではその優れた人は離れることになる。離れるだけでなく、傷つけられたのだから機会を見て反撃してくる。もしその人の優れている所を認め、その人にへり下り交際を求めるなら、その人は味方になったであろう。戦わずに人の兵を屈することをしようとせずに、むやみに戦うから優れた人が離れてしまう。逆に優れた人に攻撃されることになるのである。

　老子六十六章に、「江海能く百谷の王と為る所以は其の善く之に下るを以てす。故に能く百谷の王と為る。是を以て民に上たらんと欲すれば必ず言以て之に下る。」とある。水は必ず下に流れる。江海は下にあるから水が流れ込んで来る。人も水と同じである。人も必ず下に流れる。自分を偉い者、優れた者のように振る舞うことは自分を高い所に置くことである。水は高い所へは流れない。高い所からはどんどん水が流れ出す。同様に人も高い所からはどんどん流れ出す。自分を高い所に置けば人はどんどん離れてしまうのである。

　むかし舜帝の⑴御代に、三苗国謀反せし時、禹王⑵討手に赴きたまうに、三苗国要害の地にして輙く攻め入りて伐つべき様なかりしかば、禹王帰陣して文徳を修めたまえば、三苗やがて降参す。又文王崇の国を征伐したまうに、人数をむけたまえば、合戦に及ばず降参す。かくの如き類は、聖人の妙用なれば、⑶言語に及ばず。劉備、成都へ攻め入りたまえば、劉璋降参し、唐の李愬、蔡州を落し、宋の曹彬、南唐国を退治し、元の伯顔、南宋を滅したるは、何れも敵一人をも誅せず、あきないする民も⑷肆らを動かさざるなり。是孫子が所謂全国と云うものなり。尤も其の内に、或いは徳を以て敵を従え、或いは威を以て服せしめ、或いは計を以て降参せしむる、其の品は殊なれども、⑸白起が趙の国の⑹降人四十万人を⑺坑にし、項羽が秦の降人二十万人を殺し、終には滅亡せしとは、雲泥のちがいなり。孫子が教え、誠に軍の深意に達すと云いつべし。

⑴御代：天皇、皇帝、王などの治世を敬って言う語。　⑵討手：賊軍を捕える役
⑶言語に及ばず：言うまでもない　⑷肆ら：商売人が店先に商品を並べておく所
⑸白起：戦国時代の秦の人。趙括を破った人である。
⑹降人：降参した人　⑺坑：あなに埋めて殺す

　項羽が捕虜20万人を生き埋めにして殺した時点で、漢楚の興亡で項羽が必敗することは読み取れる。

又劉氏が直解に不戦而屈人兵に就いて、⑴品品を与えたり。

(1) 品品：さまざまな種類

　昔三国の時、魏の曹操、邯鄲城を攻め破りたるに、邯鄲(1)枝城の易陽と云う所の守護、韓範と云うもの、籠城して従わず。曹操の方より徐晃と云う将に命じて是を攻めしむ。徐晃(2)矢文を城中へ射て、僅の城を以て籠城して勝利を得べきに非ずと云うこと、詳に申し遣わす。韓範甚だ後悔して即時に降参す。是敵(3)料簡違にて我に敵対するゆえ、利害を明らかに述べて、合戦に及ばず人の兵を屈するなり。

(1) 枝城：中心となる城（これを根城と言う）から離して設けた城
(2) 矢文：矢に結びつけて敵陣に送る書
(3) 料簡違にて：料簡違に＋て。形容動詞「料簡違なり」の連用形＋接続助詞「て」　「料簡違なり」は「考えることが間違っている」意味。

　太平洋戦争でアメリカが日本に原爆を用いたことをアメリカは「日本本土での直接戦を避け、早期に決着させるために原子爆弾を使用した」と説明する。現代でも原爆を用いたために戦争が早く終結しアメリカ人の戦死者が少なくてすんだと原爆の使用を肯定するアメリカ人が多いと聞く。しかし「アメリカは原爆を完成しており、日本が直ちに降伏しなければ原爆を使用する」と原爆投下前に日本に警告したのだろうか。警告があり日本がそれを無視したのなら原爆投下もやむを得なかったかもしれない。しかし実際は何も言わずに原爆を投下した。広島で20万人、長崎で14万人の大量虐殺、しかも大半は民間人であり軍人でない。何の罪もない多数の子供が死んでいる。これはアメリカ軍の大きな汚点として歴史に残った。徐晃が矢文を城中に射て降伏を促したように、原爆を完成しているとの警告を日本に発し降伏を促したのなら、おそらく日本は直ちに降伏しただろう。

　又隋の煬帝の時、柴保昌と云うもの、絳郡と云う所にて、八万の人数を以て一揆を起こしければ、煬帝より樊子蓋と云う大将を遣わして、是を平げしむ。敵方より降参するものあれば、子蓋、悉く是を執えて(1)誅戮す。是によりて後は降参するものなくして、賊徒の勢い盛んに、数年勝利なかりければ、唐の高祖、この時はいまだ人臣にて(2)ましまし、名を李淵と云いしを、樊子蓋が代わりに、煬帝より討手に遣わされける。李淵は降参する敵を側近く召仕い、少しも(3)隔心(4)体なかりけり。賊徒元来姦謀あるに非ず。煬帝の法度厳しかりけるゆえ、刑を畏れて一揆を起こしけるを、煬帝我が政道のあしきをば顧みず、討手をむけらるるのみならず、樊子蓋又降参する者を殺しけるゆえ、事(5)大惣になりけるが、李淵の(6)恩信に感じて、数万の賊徒悉く安堵して皆降参し、残る輩は他国へ逃げゆき、(7)事ゆえなく絳郡(8)平均せり。是恩信を以て人の兵を屈するなり。

(1) 誅戮す：罪あるものを殺す
(2) ましまし：四段活用の動詞「まします」の連用形　「まします」は「ます」の尊敬語で「おわします、いらっしゃる」の意味。
(3) 隔心：へだてる気持ち　(4) 体：様子　(5) 大惣：大きなこと　(6) 恩信：あわれみの心深くまことあること
(7) 事ゆえ：さしさわり　(8) 平均：平定

人と対立し争いになる時、こちらの不徳、誤りが原因になっていることが少なくない。だからまずすべきことはこちらのほうに不徳、誤りがなかったかと懸命に考えることである。こちらの不徳、誤りがわかればそれを改めれば、対立、争いは自ずとなくなる。煬帝が法度が厳しすぎたことに気付き、恩信を施せば一揆は自ずとなくなったであろうことと同じである。孟子離婁下篇に次のようにある。「此に人あり、其の我を待つに横逆以てすれば則ち君子必ず自ら反みるなり、我必ず不仁なり、必ず無礼なり、此の物奚ぞ宜に至らんや。其の自ら反みて仁、其の自ら反みて礼あり、其の横逆なお是のごときなり、君子必ず自ら反みるなり、我必ず不忠、自ら反みて忠なり、其の横逆なお是のごときなり、君子曰く、此れまた妄人のみ、此の如きは則ち禽獣と奚ぞ択ばん、禽獣に於いて又何ぞ難ぜん。」

　又唐の代の中頃、徳宗の時に当りて、朱泚、朱滔、王武俊と云える三人の大名、(1)一味して謀反し、天子(2)蒙塵したまえば、朱泚天子の位に即く。李抱真と云う大将、賈林と云う弁舌の士を王武俊がもとへ遣わし、君恩を忘れて賊徒にくみし、義理に背きたると云うことを、ねんごろに述べしめ、逆心を(3)翻し、朱泚、朱滔を退治し、大功を立てんことを勧む。王武俊、尤もと同じけれども、(4)猶与の体に見えければ、李抱真わずか四五騎供に連れ、王武俊が陣所へゆき、朱泚帝位につきたればとて、今日この頃まで肩をならべし者を、主君と仰ぐべきに非ず、天子蒙塵ましまして、御政道宜しからざるゆえ世の中乱れたるとて、御後悔の勅詔など諸国になし下されて、古、禹王湯王の自身の罪を数えたまえる聖人の行を学びたまえること、あり難きことなりとて、涙を流し(5)異見しければ、武俊も共に涙を流しける。李抱真やがて(6)くたびれたりとて、武俊が陣中に休息し、気遣う体なく臥しければ、武俊是に感じて兄弟の約束をし、(7)明日(8)同じく人数を進め、まず朱滔を攻め破る。是道理を取り違えたる者をば、君臣の大義を述べて、其の兵を屈するためしなり。

(1) 一味：同盟　(2) 蒙塵：天子が難を避けて逃れること　(3) 翻す：くつがえす
(4) 猶与：ためらうこと　(5) 異見：思うことを述べて人を諌めること　(6) くたびる：疲れる
(7) 明日：翌日　(8) 同じく：李抱真と同じく

　又漢の景帝の時、呉王楚王など七か国の(1)諸侯王、一味して謀反を起こし長安の都へ攻め上る。梁王は天子の(2)連枝なれば、謀反に一味せず、(3)しかも長安と七国の間にあれば、七国まず梁の国を攻む。周亜夫と云う将軍、天子の勅を承りて七国を(4)追討に赴きけるが、呉国楚国の軍兵は(5)手ばしかきことを得たれば、(6)放戦を以て勝利を得がたしとて、周亜夫、梁の国の東北の昌邑と云う所に、陣城を取りて引き籠り、敵方より戦を挑めども、(7)一円に取り合わず。遊軍を遣わして呉楚両国の糧の道を断ちければ、呉楚の軍兵戦うこともならず、又周亜夫が陣城を越えて、長安の方へ進むこともならず、兵糧乏しくなりければ、対陣をすることもかなわず、自ずから引き退きけり。是壁を堅くして人の兵を屈する計略なり。

(1) 諸侯王：漢代に王子の諸侯に封ぜられた者を諸侯王と言った。　(2) 連枝：兄弟　(3) しかも：その上に
(4) 追討：敵を追って討つこと　(5) 手ばしかし：機敏である　(6) 放戦：はなれた戦い　(7) 一円に：いっこうに

　周亜夫のこの戦い方は戦いというのはどうすべきかということをよく示している。周亜夫は

> 放戦では勝ち難いとあっさり認める。それで勝ち難い放戦をせず、城に籠城する作戦を取る。しかし城に引きこもるだけでなく、遊軍を派遣して敵の糧道を断ち切っている。周亜夫は城にこもっているから敵は戦うことができない。城を無視して進軍すれば後ろを断ち切られるから進軍もできない。糧道を断ち切られたから長く周亜夫と対陣することもできない。結局退却せざるを得ないのである。勝ち難い所、勝てない所では戦わず、確実に勝てる所で戦っている。城にこもるだけでは、受け太刀になり、いつかは負けるから、守りに主体を置いても相手の弱い所は機敏に攻める。この場合は相手の糧道の守りが弱かったから糧道を断ち切っている。

又三国の時、母丘倹と云うもの謀反しければ、司馬仲達、五万の人数を三つに分け、一軍をば寿春城に(1)籠め、一軍をば南頓城に籠め、一軍をば譙宋と云う所へ遣わし、母丘倹進んで闘わんとすれどもかなわず、引かんとすれどもかなわず、留まらんとすれば兵糧に乏し、終に人数を棄て落ち行きける。是険阻を守りて人の兵を屈するなり

(1) 籠む：こもらせる

又班超西域に於て、羌の夷を平らげけるに、夷は愚蒙にして道理にも通ぜず、欲心深きものなり。又所の(1)案内は知らず、これを平ぐること難かりければ、金銀財宝を以てこれを募り、なかまとなかまを(2)けし合わせて是を平らげたり。是此の方は戦わず、夷狄を以て夷狄を攻めしめて、其の兵を屈するなり。

(1) 案内：事情
(2) けし合わせて：けし＋合わせて　四段活用の動詞「けす」の連用形＋合わせて　「けす」は「つぶす」の意味。全体で「つぶし合わせて」の意味。

> ある人にありもしない悪口を言われると憤慨しすぐにその悪口を言った人を強く非難することがよく見られる。ありもしない悪口を言われても穏やかに対応し、その人を何ら非難することがないとどうなるだろうか。その悪口を言った人は相手が穏やかに対応するから自分が間違ったことをしたことに気付かない。やがて他の人にも同じようにありもしない悪口を言う。それで他の人から強く非難されることになる。そのありもしない悪口を言う人は自分が非難しなくてもどうせ他人から強く非難されることになる。自分は穏やかに対応しその人と争わず、他の人にその人と争わせるのである。自分は争っていないからこちらの被害は少なく、結局他の人が争うから、その悪口を言った人の被害は大きくなる。徂徠がここで言っている「なかまとなかまをけし合わせる」のと同じやり方である。もっともありもしない悪口を言われても反論しないと、相手は図に乗りますます悪口を言うという一面もあることは否定できない。

又後漢の光武の時、張歩、蘇茂と云いし強盗ありて、是を誅罰すること難かりければ、盗賊のなかまなりとも、打ち取りて降参せば諸侯の位に封ずべしとありしかば、張歩是を聞きて蘇茂を討ちて降参す。是又盗賊を以て盗賊を攻めさせて、戦に及ばず其の兵を屈する計略なり。総じてこのようなる類、尚いくつもあるべし。

孫子は戦争の達人である。孫子の手にかかれば百戦百勝だから、さぞかし戦争を好むのだろうと思うのに、百戦百勝は善の善なるものに非ざるなりと戦争を戒めているのである。用兵の利を知り尽くす人だから、用兵の害も知り尽くしているのである。

　今の人は簡単に戦争を始めすぎる。国境の少しの土地をめぐって激しく対立し戦争が始まるし、自分達と民族が違う、あるいは宗教が違うというだけで激しく対立し戦争が始まる。一たび戦争になれば自分の国の多くの人命が失われるし、相手の国の人命も多く失われる。費用も莫大なものになる。何とか戦争に勝って土地を手に入れても、多くの民を殺された相手国に深い怨みが残る。機会があればまたその土地を奪い返そうとしてくる。

　人は住みやすい国に住みたがるものである。それで自分の国を住みやすいようにすれば、自ずと人が集まる。国境の民も自分の国に所属したがる。自分の国を住みやすいようにする政治をすれば、無傷で土地を手に入れることも可能である。

　現在は他国からの移民を制限する国が多い。多くの移民が入って来ると自国民の雇用が失われる、また異なる文化が入ってくると摩擦が起こり社会が不安定になることを理由にあげているようである。

　民族宗教を問わずその仕事に最も優れた人を採用するのが経営者にとって最も好ましいことである。他国から多くの人が入ってくると採用の選択肢が増えるから優れた人を採用できる可能性が高くなる。経営者にとっては移民が自由に入ってくるほうが好ましいのである。移民が自由に入ってくると無能な自国民は自分達の仕事が失われる。それで移民を制限しろと激しく言い始める。多くの自国民の選挙で選ばれている政府与党は、自国民の反対が強い政策をすれば次の選挙に負け、政権を失う。それで国民に評判の悪い移民の自由化ができないのである。自国民は競争相手が増えると、負けないようにしようと努力しなければならないから、結局自分の能力が高まることになる。競争相手の多いほうがかえって自分の益になるのである。目先の利益ばかりを見る人が多いからこのことがわからないのである。

　他の文化が入ってくると社会の摩擦が強くなると言うが、摩擦は他の文化を知らず、他の文化を理解しようとしないことから起こる。子供の頃からいろんな文化に接すれば他の文化の理解も進むから摩擦は少なくなる。一つの文化に閉じこもり他の文化を見ようとしないと、他の文化がわからないから大きな摩擦が起こる。

　日頃の人間関係でも自分と違うというだけで嫌い、非難することがよく見られる。相手を傷つければ相手もこちらを傷つけようとしてくるから、これは戦争と同じである。日常生活でも人は少しのことで戦争をしたがるのである。自分と違うというささいなことで戦争をすべきでない。自分と違うということは、その意見を傾聴をすれば、自分の知らなかったことを知る可能性が高い。自分と違うというだけで嫌い、非難すると、自分の知らないことを知る可能性を自ら放棄していることになる。

　幕末に江戸城は無血開城で薩長に引き渡された。幕府軍は鳥羽伏見の戦いで敗れたとはいえ、なおかなりの戦力を持っており、特に海軍では優れていた。戦えば勝つ可能性は十分にあった。それをせずにほとんど無傷で江戸を引き渡したのである。明治維新後日本はアジアの雄

> として発展する。それができたのは、江戸城を無血開城し、激しい戦いで国土を疲弊させなかったことが大きい。江戸城を無血開城した勝海舟と西郷隆盛の功績は大きいのである。

52 故上兵伐謀、其次伐交、其次伐兵、其下攻城、攻城之法為不得已、修櫓轒輼、具器械三月而後成、距闉又三月而後已、将不勝其忿而蟻附之、殺士卒三分之一而城不抜者、此攻之災也、

gù shàng bīng fá móu, qí cì fá jiāo, qí cì fá bīng, qí xià gōng chéng, gōng chéng zhī fǎ wèi bù děi yǐ, xiū lú fén wēn, jù qì xiè sān yuè ér hòu chéng, jù yīn yòu sān yuè ér hòu yǐ, jiāng bù shèng qí fèn ér yǐ fù zhī, shā shì zú sān fēn zhī yī ér chéng bù bá zhě, cǐ gōng zhī zāi yě,

故に上兵は謀を伐ち、其の次は交を伐ち、其の次は兵を伐つ、其の下は城を攻める、城を攻めるの法、已むを得ざるためなり、櫓轒輼を修め、器械を具うる三月にして後に成る、距闉又三月にして後に已む、将其の忿に勝えずして之に蟻附す、士卒三分之一を殺して城抜かざるは、此れ攻めるの災なり、

故とは上の段を受けて云えり。上段に説く如く、不戦而屈人之兵を、善之善なりとする道理なるゆえにと云う意なり。上兵とは上のつわものと云う義には非ず。上等の兵法と注したる語にて、極上の軍法と云うことなり。伐謀とは敵の謀を破ることなり。合戦に及ばず、(1)尤も城攻にも及ばず、敵の謀の根を知りて、是を破り、せっかくたくみし謀の無になる様にすることなり。かくの如くする時は、敵手を出すべき様なくなるゆえ、敵を心服さする道にて、軍法の極上是にこえたることはなきなり。王晢、梅堯臣などが説に、軍を用いず智謀を以て敵を伐つことを、伐謀と云うと注せり。文義穏やかならず、従うべからず。剣術などにて云わば、敵の太刀を打たずして心の起こりを打つこと、是伐謀にかなうなり。(2)武成王の善勝敵者、勝無形也（shàn shèng dí zhě, shèng wú xíng yě　善く敵に勝つ者は形ること無きに勝つなり）とのたまえるも是なり。いまだ形にあらわれず、敵の心の内にある所を知りて是を破ること、誠に神妙の働きなり。

(1) 尤も：はたまた　(2) 武成王：太公望のこと

昔十二諸侯の時分に、晋の平公、斉の国を攻めん為に、まず范昭と云う(1)大夫を斉の国へ使いに遣わし、斉国のていを伺わしむ。斉国の主を景公と申せしが、大国よりの使者なれば、范昭に(2)振舞を賜り(3)馳走あり。総じて君臣は銚子を別にすることなるに、范昭景公を辱めんと思い、君の御銚子にて(4)下されたきと云い、景公寡人が銚子にて馳走申せと仰せあり。范昭既に其の銚子にて飲みたる時、斉の賢臣晏子、其の銚子にて景公にすすめず、別銚子を申しつけければ、范昭が謀相違せり。范昭又楽人のかしらに向いて、御馳走に成周の楽を奏したまえと請うに、楽人の頭未だ稽古仕らずと答う。是は成周の楽は天子の楽にして、諸侯大夫の奏すべきにあらず。わざと斉の国に王法を破らせ、とがめん為の謀にて、范昭がかく云いけれども、是又謀に落ちざりけり。范昭晋にかえりて此の二品を語りければ、斉に賢臣あり伐つべからずとて、斉を伐たんとする企やみけり。不越樽俎之間而折衝千里之外（bù yuè zūn zǔ zhī jiàn ér zhé chōng qiān lǐ zhī wài　(5)樽俎の間

を越えずして、⁽⁶⁾衝を千里の外に折つ)と晏子がことを、孔子のほめたまえるもこのことなり。

(1) 大夫：官の名称　(2) 振舞：もてなし　(3) 馳走：ごちそう
(4) 下されたき：下さ＋れ＋たき。四段活用の動詞「下す」の未然形＋尊敬の助動詞「る」の連用形＋助動詞「たし」の連体形。助動詞「たし」は希望を表す。
(5) 樽俎：公けの酒宴、樽が酒を入れる器で、俎が肴をのせるつくえ　(6) 衝：戦車

又後漢の光武の臣、寇恂と云える人、高峻と云う賊を攻めける時、高峻が方より皇甫文と云う者を使いにさしこす。是高峻⁽¹⁾謀主にて、智勇すぐれたるものなり。使いに来たりて物云うてい、⁽²⁾起居ふるまいへりくだらず、⁽³⁾いかさま⁽⁴⁾器量のものと見えけり。寇恂即ち是を誅して、高峻が方へ云いやるよう、使者無礼なるゆえ是を誅し畢ぬ、降参したまうとも、又籠城したまうとも、心に⁽⁵⁾任すると云いやりければ、高峻⁽⁶⁾明日、城門を開いて降参す。是柱とたのむものを誅したるゆえ、戦に及ばずして⁽⁷⁾降せしなり。

(1) 謀主：中心となって謀をめぐらす人　(2) 起居：たちいふるまい　(3) いかさま：いかにも
(4) 器量のもの：才能のすぐれている人　(5) 任する：下二段活用の動詞「任す」の連体形　(6) 明日：翌日
(7) 降せしなり：降せ＋し＋なり。四段活用「降す」の已然形＋過去を示す助動詞「き」の連体形＋断定の助動詞「なり」。助動詞「き」は連用形に接続するから、「降ししなり」となるはずである。確かに戦国時代以前はそのように接続していたが、戦国時代以後はサ行四段活用の動詞は已然形に助動詞「き」の連体形の「し」がつながるものが現れ、江戸時代ではそれが普通になった。

又三国の時、羊祜、呉国を伐たんとて、江陵と云う所に⁽¹⁾堤をつき、川舟の通路よき様にして、兵糧運送の計をなすを、呉の大将軍陸抗これを知りて、堤を切らせければ、其の企やみたることあり。

(1) 堤：土を長く高く築いて水の流れを止めるもの。この場合は水をせき止めて水路をつくった。

又隋唐の間に、李密と王世充と境を接えて争いけるが、王世充が軍兵にもてなしをすると李密ききて、頃はやみの時分なり、李密が方の兵、糧蔵を襲うべき計なりと察し知りて、其の備えをさせしが、王世充が謀相違したることあり。

唐の末に僕固懐恩と云う猛将反逆したる時、李抱真⁽¹⁾評定して云わく、僕固懐恩が⁽²⁾手を置くものは郭子儀一人なり。郭子儀は魚朝恩に殺されたりと、⁽³⁾彼辺にて専ら⁽⁴⁾沙汰するよし承りたり。この度の謀反は⁽⁵⁾定めて郭子儀⁽⁶⁾死しぬれば畏るべきもの天下になしと思いて、弓矢を引くと見えたり。郭子儀を召し出され、討手に遣わさるべしと申す。⁽⁷⁾やがて郭子儀勅を承り、出陣すと⁽⁴⁾沙汰ありければ、懐恩戦に及ばず破れたり。

(1) 評定：衆が相評論して決定すること　(2) 手を置く：処置に窮する
(3) 彼辺：「あべこべ」は漢字では、「彼辺此辺」または「彼方此方」と書く。だから「彼方」は「彼辺」とも書かれる。「彼方」は「かなた」とも読む。「彼辺」も「かなた」と読むのだろう。
(4) 沙汰：うわさ　(5) 定めて：きっと
(6) 死しぬれば：死し＋ぬれ＋ば。サ行変格活用の動詞「死す」の連用形＋完了の助動詞「ぬ」の已然形＋接続助詞「ば」　接続助詞「ば」は已然形に接続して理由を表す。この場合は「郭子儀が死んだので」という意味になる。
(7) やがて：すぐに

此の類みな伐謀とも云いつべし。
　其の次伐交とは、伐謀を軍法の極上とし、それに⁽¹⁾さしつぎては交わりを伐つなり。交を伐つとは、敵の交わりねんごろに、互いに力となる国と、⁽²⁾中悪しくなる様にしかけて、彼れに便りを失わせ、我手に入ることなり。是心の起こりを伐つよりは、⁽³⁾一重外へあらわれたることゆえ、其の次と云えり。

　⑴　さしつぐ：次につづく　⑵　中悪し：仲が悪い
　⑶　一重：衣服をさらに一枚重ねて着ることから、一層の意味

> 　徂徠は敵国と仲のよい国が仲が悪くなるようにしかけることを交を伐つとしている。これはもっと広く解釈すべきだろう。敵国の君がその名将、賢臣を遠ざけるようにしかける。敵国の君に美人を送り政務に怠るようにしかける。敵国の君に姦人、愚人を近づけ政道に過ちをするようにしかける。これらも交を伐つである。

　六国の時分、斉国、楚国交わり親しくして、たやすく⁽¹⁾手をさすべき様なかりべければ、秦の国より張儀と云える弁舌の士を楚国へつかわし、斉の国と中を違えさせ、遂に楚の懐王を武関にて⁽²⁾生擒しことあり。

　⑴　手をさす：手をつきこむ
　⑵　生擒し：いけどり＋し。四段活用の動詞「いけどる」の連用形＋過去の助動詞「き」の連体形。

　又高祖項羽の戦に九江王黥布両方へ内通し、日和を見て居りたりけり。高祖の使者に随何と云うもの、黥布が方へ往きける折節、項羽の方より使者来れり。随何これを誅して、黥布が項羽へ云い分けのならぬ様になしけるによりて、是より高祖へ専ら志を運びけり。
　又三国の時分、韓遂、馬超、両人申し合わせて曹操に⁽¹⁾盾をつきたることあり。曹操、韓遂を軍営より呼び出し、馬上にて暫く語りければ、馬超ついに韓遂を疑い、計ごと一致せずして軍にまけたり。

　⑴　盾をつく：反抗する

　又梁の武帝の時、北朝の方の大将軍、高洋、侯景なか悪しくなり、侯景武帝へ降参しければ、高洋計を以て武帝へ和談を乞いけり。武帝これをうけたまえば、侯景疑いを⁽¹⁾含み、遂に謀反して武帝を害せり。是高洋が計にて皆伐交のるいなり。

　⑴　含む：心の中に持つ

　其の次伐兵とは、備を立て陣を合わせ、将を⁽¹⁾虜にし、卒を⁽²⁾鏖にし、軍に勝つを云う。是は戦いて敵に勝つなれば、伐交より又劣れども、城を攻めるより勝れるゆえ、其の次伐兵と云えり。其の下攻城とは、軍法の極下とする所は、城を攻めるにありと云うことなり。攻城の害、悉に下の文に見えたり。攻城之法為不得已とは、城攻めの法も、軍法に伝授することなれども、是を上策とするには非ず。⁽¹⁾いかに下策なればとて、時に取りて必ず用いまじきに非ざるゆえ、已むことを得ずして此の法をも伝うるとなり。城ぜめを好むべからずと、深く誡めたる語なり。

(1) いかに：どれほど〜でも

　修櫓轒轀、具器械、三月而後成とは、城攻めの道具を支度するに、百日ほども手間どることを云えり。櫓は大盾なり。車の上に立てるなり。轒轀は城攻めに堀を埋め、屏土手を掘り崩す車なり。一名を轒林とも云うなり。(1)四々料にて組み、大縄にて(2)棟をとり、上に生牛皮をかけ、其の上へ土を塗り、下に十人ばかりも人のかくるるように拵るなり。車の輪は四つなり。木石にても(3)ひしげず、切りてもきれず、火にても焼けぬものなり。修むるとは大楯轒轀をこしらゆることなり。器械とは道具のことにて、ここにては総じて城攻めの具を云うなり。具るとは支度することなり。異朝の城攻めの具と云うは、(4)雲梯を以て城中を射、(5)砲車を以て大石を城中へなげ入れ、(6)尖頭木驢を以て、城の塀土手をつきやぶる。此の外(7)(8)撞車、(9)劃鈎車、(10)蝦蟆木解合車、(11)狐鹿車、影車、高障車、馬頭車、独行車、豚魚車など様々の攻具を作らば、百日ばかりもかかるべしとなり。

- (1) 四々料：外皮をはいだ丸太または角材
- (2) 棟：本来は「屋根の最も高い所」である。この場合は轒轀の最も高い所で前後にわたすものを棟としている。
- (3) ひしぐ：おしつぶす
- (4) 雲梯：雲に達するほどの高いはしご
- (5) 砲車：大砲をのせ敵を撃つ車
- (6) 尖頭木驢：上に大木を横たえて背とし屋根をとがらせたもの
- (7) 撞車、劃鈎車、蝦蟆木解合車、狐鹿車、影車、高障車、馬頭車、独行車、豚魚車：杜牧の注にある。
- (8) 撞車：鉄でおおった木を横木につるして車の上につけ、それでついて砕くもの
- (9) 劃鈎車：劃は「けずる」意味があり、鈎は「鎌」の意味がある。けずり取る鎌のようなものを車につけるのだろうか。
- (10) 蝦蟆木解合車：どのようなものかはっきりしない。蝦蟆車は兵車のことである。
- (11) 狐鹿車、影車、高障車、馬頭車、独行車、豚魚車：すべて城攻めの武器だが、具体的にどのようなものなのかははっきりしない。

　距闉又三月而後已とは、距闉は土山也。注して、土にて山を築き立て、城の高さと同じくして城を攻めるを云う。已むとは功を成就することなり。距闉を築かんとせば、又三月ほども手間どりて、功を成就せんとなり。皆城攻めには色々の攻具も入りて手間を取るゆえ、兵糧の(1)入り目、士卒の疲れ、其の上久しければ変生ずるものにて、益なき故かく云えり。

- (1) 入り目：費用

　将不勝其忿而蟻附之、殺士卒三分之一而城不抜者、此攻之災也とは、将はよせての大将なり。不勝其忿とは、心のせくことなり。城久しく落ちざれば、将も士卒も(1)退屈して、せく心出るを云えり。蟻附とは蟻の如く附くとよみて、蟻の夥しく樹にとりつきたる如く、士卒の(2)城を乗ることを云う。久しく落ちざる城には、寄手の将かならず心せきて、一挙に城を落とさんと士卒を下知して、(3)一同に是をのらしむ。されども其の城落ちずして、よせての軍兵三分一はうたるるは、是城を攻めて落とさんとするよりして生じたる災いなり。攻めると云うは、力攻めにすることなり。城を攻めるに力攻めにして落とさんと思うこと下策なりと誡める意なり。孫子がかく云いたればとて、(4)一向に城攻を禁じたるには非ずと知るべし。

謀攻　第三

(1) 退屈：疲れていやになること
(2) 城を乗る：この格助詞「を」は現代語の感覚からでは違和感のある使い方である。現代語なら「城に乗る」と言う。
(3) 一同：多人数の総体　(4) 一向に：（下に打ち消しの語を伴って）まったく

又曹操張預が註に、伐交と云うを、兵を交えんとする所を伐つと見て、両軍備を立てて鋒の合わんとするさかいを見切りて、此の方より⑴押しかけて先をすることを云うと説く。穏やかならず、従うべからず。

(1) 押しかく：進んで攻撃する

53 故善用兵者、屈人之兵而非戰也、抜人之城而非攻也、毀人之国而非久也、必以全争於天下、故兵不頓而利可全、此謀攻之法也、

gù shàn yòng bīng zhě, qū rén zhī bīng ér fēi zhàn yě, bá rén zhī chéng ér fēi gōng yě, huǐ rén zhī guó ér fēi jiǔ yě, bì yǐ quán zhēng yú tiān xià, gù bīng bù dùn ér lì kě quán, cǐ móu gōng zhī fǎ yě,

故に善く兵を用いる者は、人の兵を屈するは戦うに非ざるなり、人の城を抜くは攻めるに非ざるなり、人の国を毀るは久しきに非ざるなり、必ず全きを以て天下に争う、故に兵頓さずして利全かるべし、此れ謀攻の法なり、

　故とは、上の文を受けて云えり。善用兵者とは、軍の上手と云うことなり。屈人之兵而非戦也とは、よく敵の兵を屈服せしむれども、合戦を以て屈服せしむるには非ずとなり。抜人之城而非攻也とは、抜とは城を落とすことなり。例えば樹の土に生い着きて取りにくきを、こぎ取るが如くなるゆえ、抜と云うなり。人の城を落とせども、力攻めにして落とすには非ずとなり。毀人之国而非久也とは、毀るとは亡ぼすことなり。人の国を退治すれども、長陣して是を退治するに非ずとなり、
　然れば如何様にしてその如くするぞと云うに、必以全争於天下なり。全とは全勝之計なり。全勝之計とは、人数を損せず、兵糧を⑴費やさず、手前を全くし、少しも損失のなき様にして敵に勝つなり。是は不争の争にして、争わざるを以て争う道なり。されども軍法の書なるゆえ、以全争とはかきたり。かくの如くなれば、天下に我と争う人はなきゆえ、向かうところ勝たずと云うことなし。故に兵不頓而利可全と云えり。頓は鈍と同字にして、⑵なまがねのことなり。多く人を切るときは、兵器皆なまがねになるゆえ、兵不頓と云う時は、人を切らずしてと云うことにて、戦わずして勝つこころなり。利可全とは、手前の兵器をにぶらさぬなれば、戦に及ばずして敵を屈服さするゆえ、敵の人民をも殺さず、敵の財宝をも費やさず、敵の土地、山川、人民、財宝を、丸ながら我ものとなす。是全き利を得ると云うものにて、かくの如くなるを、謀を以て攻める、謀攻の法と⑶号するゆえ、此謀攻之法也と云えり。頓の字を一説におくとよむ。兵をおくとは備を立てることなり。備を立てて合戦するに及ばずと云うことを、兵不頓と見たる説もあり。是にても通ずれども、前々より皆人民を殺し、兵糧を費すことを、孫子が深く戒めたれば、兵を鈍らさずと見る説、優るべし。

(1) 費やさず：費やさ＋ず。四段活用の動詞「費やす」の未然形＋助動詞「ず」の終止形。現代語では「費やせず」となり、「費やす」をサ行変格活用させるのが普通である。

(2) なまがね：熱し打って強くしていない鉄　(3) 号す：称する

> 「善く兵を用いる者は、必ず全きを以て天下に争う。」と孫子は「必」の字を使っている。不争を以て争うことを強調しているのである。最高の兵法書が争わないことを最高の兵法としているのである。このことは重く受けとめなければならない。博愛、慈愛の心から争わないことを強く言っているのでない。考え尽された損得計算から争わないことが一番得であるとしているのである。老子第68章に「善く敵に勝つ者は与せず」とある。王弼は「与」を「争いに与せず」と注している。老子も敵と争わないことで敵に善く勝つことができると言っているのである。

54　故用兵之法、十則囲之、五則攻之、倍則分之、敵則能戦之、少則能逃之、不若則能避之、故小敵之堅大敵之擒也、

gù yòng bīng zhī fǎ, shí zé wéi zhī, wǔ zé gōng zhī, bèi zé fēn zhī, dí zé néng zhàn zhī, shǎo zé néng táo zhī, bù ruò zé néng bì zhī, gù xiǎo dí zhī jiān dà dí zhī qín yě、

故に兵を用いるの法、十ならば則ち之を囲む、五ならば則ち之を攻む、倍ならば則ち之を分つ、敵しければ則ち能く之と戦う、少なければ則ち能く之を逃ぐ、若かざれば則ち能く之を避く、故に小敵の堅は大敵の擒なり、

此の段は上の文を受けて、人数多少の定法を云えり。それゆえ発端に、故用兵之法と云うなり。十則囲之とは、我が人数敵に十倍せば、敵を囲むべしと云うことなり。囲むとは四面より囲み合わせて、敵の落ち行かぬようにするなり。(1)尤も糧の道を断ち、(2)後詰めの手当てなどするゆえに、十倍の人数入ることなり。是敵味方の将、智勇優劣なく、士卒の剛臆も優劣なく、(3)対待の敵なる時は、十倍の人数に非ずんば囲むべからずと云うことなり。若し敵弱く味方強くんば、十倍に非ずとも囲むべきなり。三国の時分、呂布敗走して、下邳城に入りしかば、曹操一倍の人数を以てこれを囲み、穀泗と云う川をせきて水攻めにして城を落としたることあり。

(1) 尤も：いかにも、なるほど　(2) 後詰め：味方を攻める敵軍をその背後より取り巻きて攻めること
(3) 対待：対等　五分五分　この意味では対対と書くのが一般的である。

五則攻之とは、五(1)総倍の人数ならば、其の城を攻むべしとなり、城を囲むと城を攻めるとの分かちは、四面より囲みて彼が降参を待つを囲むと云い、城攻めのはたらきあるを攻めると云うなり。曹操は三術を正とし、二術を奇とすと云えり。術は道なり、是城中の人数千にして、吾人数五千ならば、五千を五手に分け、三手は三方より城へかかりて、敵に相手組み、二手は敵の備なき所より乗り襲うことなり。尤も奇正の変化は様々なれば、是に限るべからざれども、曹公大略を云えるなるべし、杜牧、陳皞、杜佑、梅堯臣、王晢みな是に従いて、攻めると云うを城を攻めるとして説けり。張預、黄献臣、彭繼耀は人数五倍ならば、前より驚かし後より襲い、東より声を揚げて西より撃つべしと云えり。是又城攻めに限らぬことなり。古書の文字、攻めると云えば皆城攻めのことなれば、前の説に従うべし。要害の陣を取るは、城も同じことなれば、後の説もまた棄つべきに非ず。

(1) 総倍：「層倍」は「倍」と同じである。層のかわりに総の字が使われることもあったのだろう。

> ここの徂徠の古典の解釈の仕方を見ていると、まず「古書の文字、攻めると云えば皆城攻めのことなり」という言葉に対する正確な知識から「攻」は「城を攻める」という説を取るべきだとする。次に理で考え、要害の陣を取るのは城を取るのと同じことだから城攻めと同じような攻撃法をするはずである。それなら「攻」は「城を攻める」だけに限らず、「前より驚かし後より襲い、東より声を揚げて西より撃つ」と取る説も捨てられないとする。古語に対する正確な知識を持ち、さらに理で深く考える。これが古典に対する解釈の仕方なのである。

倍則分之とは、一倍の人数ならば備を二つに分けて、一手は敵の棄て置くこと能わざる所へかかり、敵に人数を分けさせて是を打ち取り、或いは一手は敵に相手組み、残る一手にて或いは後より打ち脇より打つ類なり。曹操の説に、二を以て一に敵するときは、一術を正とし、一術を奇とすと云える是なり。味方多勢にて敵少勢なるに、人数を分かたずして敗れを取りしためし、苻堅淝水に於て、百万の人数を分かたずして謝玄が八万の勢に破られ、曹操赤壁に於て、八十万の人数を分かたずして周瑜が三万の勢に破られし類は云うに及ばず、一倍の人数よりしては、必ず備を分くることなり。杜牧が説に、曹操の一術を正とし、一術を奇とすると云いしを難じて、総じて合戦には、人数の多少によらず、皆奇正あり、必ずしも五倍一倍にばかり奇正あるに非ず、項羽烏江の戦に、僅かに二十八騎なる(1)だも、奇正を設け、循環相救しことありと云う。尤もなることなれども、本文の孫子が意、既に常法大略を説きて、曹操又暫く(2)一途を挙げて(3)学者を喩せり。(4)精理を以て是を難ずること、却って孫子の文意に(5)戻るべき様に思わる。

(1) だも：ですら　(2) 一途：一つの方法　(3) 学者：学ぶ者　(4) 精理：精微の理
(5) 戻る：「反する、理にさからう」の意味。この意味では現代語では、「悖る」と書くのが普通である。

敵則能戦之とは、ひとしとは敵味方(1)対揚の人数なることを云う。敵味方人数(2)多少なくんば、奇正変化して、随分と精力を尽し、合戦を以て是に勝つこと定法なりと云う意なり。是又敵味方将の智勇、士卒の強臆も、同等なる上にて云えり。是より下の三句能戦之、能逃之、能避之とて、皆能と云う字を置けり。多勢にて少勢に勝つこと定理なるゆえ、前の三句には能の字なし。人数対揚なるより下は、定理にて云えば、勝つことを得がたき道理ゆえ、みな能と云えり。心を付けて見るべし。

(1) 対揚：つりあうこと
(2) 多少なくんば：多少なく＋んば。ク活用の形容詞「多少なし」の連用形＋条件を表す連語「んば」。

少則能逃之と云うは、人数敵より寡んば、よくにげよと云うことなり。かかるとも戦うとも、退くことを忘れず、戦いて利を得るとも、早く引き取りて、人数を見すかされず、勝ちのもどらぬ様にせよと云うことなり。古説に、多く形を匿して戦わざるを逃げると云えども、其の説に従う時は、下の句の避くると同じことになるゆえ、従うべからず。又大全開宗には、逃の字を守の字に作りて、少則能守之と云えり。守ると云うは或いは要害を守り、或いは城に籠るを云う。是にても通ずれども、逃と云う字の活意あるには劣れり。孫子が本意に非ざるべし。

不若則能避之とは、不若とは人数少なき上に又将の智勇も敵に及ばず、士卒の剛臆も敵に及ばず、加勢後詰もなきを云う。避くるとはよけて出あわぬ様にすることなり。人数も少なく、何もかも敵に及ばぬなれば、敗北必然なるゆえ、かくの如くなる時は、よけかくれて鋒を交えざるを上策とするなり。

> 　敵に背を向けて逃げるのは卑怯者のすることで、武士のすることでないと考える人は多い。坂下門外の変で老中安藤信正が背中に傷を受けた時、「背中に傷を受けるのは武士の風上にも置けない」と非難された。しかし少なければ逃げ、かなわなければ避けるのが孫子の兵法なのである。かなわないのに強いて戦えば敵に捕らえられることになるとする。孫子は力で勝とうとしていない。勝つべき当然の理で勝とうとしている。

　故小敵之堅大敵之擒也とは、上文に述べるところ、人数多寡の定法を説きて、かくの如くの道理ゆえ、少勢にて一途(いちず)に戦を好む時は、必ず敵の擒となるべしと戒めたるなり。小敵とは味方少勢なることを云えり。敵より見る詞にて、味方を指して敵と云いたるなり。堅とは李筌、張預は堅戦と注し、杜牧は将の性堅忍にして、逃げることも避けることも能わざるを云うと注せり、其の心戦の一途に堅まりたることなり。この堅と云いたるを、上の句の、少則逃之とあると相照らして見る時は、其の義自ら明らかなり。小勢を以て大勢と軍をせば、或いは(1)かけ或いは引き、進退変化して、一途に拘らざるを軍の活法とす。戦の一途に堅まる時は、何ほどよく戦うとも、死法にして活法に非ず、敵の擒となること(2)決定せり。

　(1) かく：進んで攻める　(2) 決定：必ずそうであること

> 　戦争は始めるのが難しいのでなく、やめるのが難しい。戦争を始めても見込み違いで、これは勝てないと思うなら、できるだけ早く戦争を終結して被害を最小限に食い止めなければならない。
> 　太平洋戦争では、神風特攻隊などを結成しなければならなくなった時点で、これは勝てないと当時の上層部にはわかっていたはずだ。ところが戦うことばかりを考え、「逃げる、避ける、引く」も兵法であることを知らず、戦争終結に動かなかった。ずるずると戦争を継続して広島、長崎の惨禍を招いた。当時の上層部は孫子を読んでいなかったのだろうか。読んでも理解していなかったことは明白である。まさしく孫子が言ったように、小敵の堅は大敵の擒となったのである。当時の上層部の愚行が招いたことである。

> 　テレビドラマや映画で剣で戦う画面を見ると、ほとんどが主人公の味方の人数が少なく、敵の人数がずっと多い。少ない人数で多くの敵を打ち負かして勝つ設定になっている。多くの人数で少ない敵に勝つことは当り前のことである。主人公の味方の人数がずっと多いと、主人公の武術が目立つこともない。むしろ多くの人数で少ない人数をいじめたような印象が残る。それで主人公側の人数が少なく、不利な状況で戦う設定になっているのだろう。しかし孫子の兵法では、「少なければ則ち能く之を逃ぐ」が原則である。不利な状況では逃げなければならない。テレビドラマや映画では、多い敵がひとりずつかかってくるから、主人公側の武術の技量

で打ち負かしている。しかし多い敵が一人の将の命令でまとまってかかってきたら、主人公側は確実に負ける。主人公の武術がどんなに優れていても、五人の敵に同時に斬りかかられたら、五つの剣を同時に受けることはできないから、主人公は確実に斬られる。主人公側が勝つのは、敵がまとまってかかってこなかったという幸運のためである。そういう幸運に頼るような戦いは実生活ではしてはならないのである。

「戦の一途に堅まる時は、何ほどよく戦うとも、死法にして活法に非ず、敵の擒となること決定せり」は実に名言である。次のように書き換えると人生一般に通じる言葉になる。「戦の一途に堅まる時は、何ほどよく戦うとも、死法にして活法に非ず、失敗すること決定せり」。ある一つの考え方、やり方に固まり強引に進むと必ず失敗する。時に臨み変に応じて柔軟に考え方、やり方を変えなければならない。

又孟氏が説、施子美が説には、堅の字の意を堅く守ると見たり。箇様にも云うべけれども、上の文の逃げると云うは、多分は広場を引きて、城を守り、避と云うも、多分は城に入りて避け匿(かく)るることなれば、前後相違せり、用うべからず。

此の段は、人数多寡の定法を云う。合戦の道に至りては、全く是に拘(かかわ)るべからず。十倍の人数とても、籠城せぬ敵は囲むべからず。五倍の人数にても、攻める便りなきこともあらん。一倍の人数にても、二つに分かつには限るまじ。対揚の人数にても戦わずして勝たんこと上策なり。敵より人数少なしとも、呉起は五百[1]乗にて秦の五十万を破り、光武は数千人を以て、王尋が四十二万を破り、曹操は二万人にて袁紹(えんしょう)が四十万を破る類、何ぞ逃げ避くることを必とせんや。

(1) 乗：兵車１乗には、士３人、卒72人、輜重25人、計100人だから、五百乗は五万人である。

上に[1]段々不戦而屈人之兵ことを云いたるを受けて、戦を用いずして敵を従うと云うは、先ず敵味方の上を明らかに知らずしてかなわぬことゆえ、是より下の文は、皆己を知り人を知ることを説くに付きて、まず敵味方の人数の多寡を知るべきことを云えり。拘り泥むなかれ。

(1) 段々：一つ一つ

55　夫将者、国之輔也、輔周則国必強、輔隙則国必弱、

fú jiāng zhě, guó zhī fǔ yě, fǔ zhōu zé guó bì qiáng, fǔ xì zé guó bì ruò,

夫れ将は国の輔なり、輔周なれば則ち国必ず強し、輔隙(げき)あれば則ち国必ず弱し、

此の篇は、謀を以て敵を攻めることを説けるに就いて、敵味方を明らかに知らざれば、謀をなすこと能わざるゆえ、上の段に至りて、敵味方の人数の多寡に因りて、軍の定法あることを云い、此の段より末は、先ず味方を知ることを云えり。味方を知ること本にして、敵を知ることは末なり。さて味方を知るの本は、君の将に[1]打ち任せたまうか、任せたまわぬかと云うに極まる。君軍事をみな将に打ちまかせたまう時は、如何様(いかよう)とも将の心のままになるゆえ、謀を以て敵に勝たんこと、掌に握るが如し。もし将に任せたまわぬ時は、敵味方を明らかに知るとも、知りたるままにはからうこと能わざるゆえ、其の益なきなり。夫将者国之輔也とは、夫は発語の詞なり。肝要の道理を説

ける段ゆえ、詞の端を更めて書けり。将は大将なり。国は国家なり。輔は車の両傍にあるそえ木なり。車を助けて力となるものゆえ、たすけとも訓ず。周は周密と注して、間のすかぬことなり。隙とはひますきまのことにて、間の⁽²⁾くつろぎ離れたることなり。其の家の強きも弱きも、大将と君の間の親しきと疎きによる。君と将の間魚と水とのごとく、君の心に将を少しも疑いたまわず、軍中の事は何事によらず打ち任する時は、其の家必ずつよし。車のそえ木の間すかず、つき合うてくつろがぬ時は、車じょうぶなるが如し。又君と将のあいだ親密ならず、君の将を疑う心ある時は、其の家必ずよわし。車のそえぎの間くつろぎてがたつく時は、其の車丈夫ならざるが如し。故に輔周則国必強、隙則国必弱と云えるなり。

(1) 打ち任す：「打ち」は動詞の意味を強くする接頭辞　(2) くつろぐ：ゆるむ

　古来の注に、周の字をあまねしとよみて、将の材能器量のあまねく備わりかけめなきと、将の謀のあまねくゆきわたりたるとに見たる説あり。尤も道理はさもあるべけれども、隙と云う字と対して置きたる字なり。隙あるとは中のへだたりたることなれば、君と将とへだてなき意に見ること、文法宜しきなり。かくの如く見る時は、下の文と文勢つらなりて意味深長なり。あまねく備わるこころに見る時は、一篇の中⁽¹⁾くだくだになり、其の上、前の智信仁勇厳と同意になるなり。従いがたし。

(1) くだくだ：こわれれて混雑している状態

56　故君之所以患於軍者三、

gù jūn zhī suǒ yǐ huàn yú jūn zhě sān、
故に君の軍に患する所以は三、

　是より下の五段は、上に云える将は国の輔なりと云うをうけて、君其の将にまかせざれば、軍に負くると云うことを説けるによりて、故の字を置きて、上の段をうけて、かくあるゆえに、軍に於て、君よりなしたまう患三つありと云いたるなり。君の仕方あしきゆえに、軍に勝を得ず。さるによりて、君の軍に患するゆえんと云う。将の軍をするに、君より邪魔をなして、勝つべき軍をかたせぬと云う意なり。三つの品は下の三段にあり。
　此の段を一本に、軍之所以患於君者三とかきたる本あり。誤りなり。直解と説約大全には、却って軍之所以患於君者とかきたるをよしとして、君之所以患於軍者とかきたるを誤りなりと云えども、今集注本に従うなり。開宗本には、以の字なくして故君之所患於軍者三とかけり。欠文なるべし。

57 不知軍之不可以進而謂之進、不知軍之不可以退而謂之退、是謂縻軍、

bù zhī jūn zhī bù kě yǐ jìn ér wèi zhī jìn, bù zhī jūn zhī bù kě yǐ tuì ér wèi zhī tuì, shì wèi mí jūn,

軍の以て進むべからずを知らずして之に進めと謂う、軍の以て退くべからずを知らずして之に退けと謂う、是縻軍と謂う、

　是上の段に云える、三箇条の一つなり。不知と云うは君の知りたまわぬなり。謂之進とは、君より将に軍を進めよとのたまうことなり。謂之退とは、君より将に軍を退けよとのたまうことなり。縻軍とは、縻はつなぐとよむ、縄をつけてつなぎくくりて置きたる如くにて、自由をすることならぬ軍勢なりと云う意にて、縻軍と云いたるなり。千里の馬も、足を⑴ゆわゆる時は⑵馳すること能わず。況や軍は時に臨みて千変万化すべければ、其の場にも往かずして、本国より君のはからいたまうこと、誠におぼつかなきことなり。総じて大将軍を命ずる時は、新たに⑶壇を築いて⑷鉞柄を君の⑸自身に将軍に授けたまい、閫より内は君の御心に任せたまうべし、閫より外は将軍心のままにはからいたまえと命ずること、古の定法なり。あらたに壇を築くは、其の礼を崇くせんためなり。鉞の柄を授くるは、賞罰の権を執りて法に違うものをば心ままに罰することを得せしむるしるしなり。閫は門の⑹地伏のことにて、門の外と云うは、国門をふみ出し出陣するより、帰陣までの間のことなり。門の内と云うは朝廷の政なり。太公の語にも、国不可以従外治、軍不可以従中御（guó bù kě yǐ cóng wài zhì, jūn bù kě yǐ cóng zhōng yù　国以て外より治むべからず、軍以て中より御すべからず）と云えり。古より明君賢王の将を命じたまうに、かくの如くの失なし。宋の文帝、梁の武帝、北朝との⑺軍に合戦の日限時刻まで命じ⑻含められ、終に勝利なかりしこと、⑼史筆の笑いぐさなり。戒むべきことなり。

(1) ゆわゆる：下二段活用の動詞「ゆわゆ」の連体形。「ゆわえる」の意味。　(2) 馳する：走る
(3) 壇：祭祀を行う所　(4) 鉞柄：まさかりの柄　まさかりは幅のひろいおの　(5) 自身に：みずから
(6) 地伏：建物、門などの柱間の最下端に入れる横木　(7) 軍：戦い　(8) 含む：言いきかせる
(9) 史筆：歴史を書く筆

　第2次世界大戦の時、ドイツの名将エルヴィン・ロンメルが第2次エル・アラメインの戦いで撤退しようとした時、ヒトラーからの指示が入り、「victory or death」と撤退を許可しなかった。これが孫子の言う縻軍である。この一事でドイツが必敗することがわかる。

　宋の文帝、梁の武帝が北朝との戦争で戦いの日時まで指定したため戦いに勝てなかったということは企業統治にも言えることである。社長が現場に細かいことまで指示すると、現場は柔軟な対応ができず失敗する。現場は現場の責任者が一番よくわかっており、現場のことは現場の責任者に任せなければならない。社長のすることは現場の責任者の業績を見て業績が悪ければ現場の責任者を換えることである。

58 不知三軍之事而同三軍之政者、則軍士惑矣、

bù zhī sān jūn zhī shì ér tóng sān jūn zhī zhèng zhě, zé jūn shì huò yǐ,

三軍の事を知らずして三軍の政を同じくする者あれば則ち⁽¹⁾軍士惑う。

(1) 軍士：兵士

是も上に云える、三箇条の一つなり。此の段は、監軍の害を云えり。監軍と云うは、其の軍の総大将の外に、君の寵臣の権威つよきものを、奉行に加えたまうを云う。総じて末世の帝王諸侯共に、人を知らざる所より猜疑の心つよく、事ある時は武功ある人を総大将に命ぜらると云えども、大軍を其の人の進退にまかすこと心元なく思いて、平生近習に召し仕う寵愛の臣の、武事をも知らざるものを、監軍として指し添えること、其のためし多し。軍のことは、武功ある総大将下知すべければ、心安し、総大将の私をば、監軍これを察すべければ是万全の計なりと思うこと、軍道に達せぬ上からは尤もことなり。されどもその武功ある総大将ともなるべき人は、其の人重く、又多くは人がら⁽¹⁾厳厲なるものなれば、平生は君もさのみ心安く思いたまわず。事に臨みては、已むことを得ずして是を総大将になしたまうことなり。監軍となる人は、平生君の側近に⁽²⁾伺候して、⁽³⁾目通りの奉公をよく務める人なれば、大かたは武の事をば知らぬものなり。近習の臣を総大将にさし添えらるれば、総大将の威自ら軽くなり、後には軍中の賞罰法度も、総大将と相談にて、総大将の心ままにならぬ様になりゆくなり。武道不鍛錬なれども総大将に相並んで軍中の⁽⁴⁾仕置をする時は、士卒みな監軍を総大将の様に思いて其の命に従うゆえ、軍の敗れとなることをかく云えり。

(1) 厳厲：きびしくはげしい (2) 伺候す：奉仕する (3) 目通り：貴人の前に出ること (4) 仕置：管理

唐の代に、魚朝恩と云える⁽¹⁾宦者、監軍として、⁽²⁾九節度の敗軍したること、其の外例証きわめて多し。其の武事を⁽³⁾鍛錬せぬことを、不知三軍之事と云う。三軍とは⁽⁴⁾総軍中と云うことなり。総大将と並んで軍中の仕置きをすることを、同三軍之政と云う。軍兵みな監軍を総大将にとり違えることを、軍士惑と云うなり。

(1) 宦者：宦官 (2) 九節度：節度は節度使の略。官名である。全体で「九人の節度使」の意味。
(3) 鍛錬：ならいきわめること (4) 総軍中：総軍

59 不知三軍之権、而同三軍之任、則軍士疑矣、

bù zhī sān jūn zhī quán, ér tóng sān jūn zhī rèn, zé jūn shì yí yǐ,

三軍の権を知らずして、三軍の任を同じくすれば則ち軍士疑う、

是又前に云える三箇条の一つなり。三軍之権とは、三軍の権柄なり。権柄とは、権は秤のおもり、柄は刀の⁽¹⁾つか物の柄なり。秤のおもりも刀のつか物のえも、皆一つあるものにて、二つなきなり。おもりを持ちて軽重をはかり、刀の柄をにぎり槍の柄を執りて撃刺する如く、軍にも大将たる人賞罰の権を執りて、軍中に号令す。只一人にてすべきことにて、両人あるべからざることなり。是を三軍の権と云う。不知とはこの道理を君の知りたまわぬと云うことなり。三軍之任とは、任はになうなり。軍の勝負を我に引きうけて我が役とするを云うなり。同任とは、軍の勝負を同じ様に引き

うけて、我が任とする人⁽²⁾いくらもあることなり。此の段の意は、人君たる人、三軍の権を握る人は一人なるべき道理を知らず、一軍に大将を両人命じて、三軍の勝負を両人に任ぜしむる時は、号令一決せざるゆえ、軍兵の心疑いて専一ならぬなり。或いは彼の下知（か）に従わんとし、或いは此の命に従わんとし、進むも退くも心決定せぬゆえ、必ず敗軍となるなり。易の師卦に、いくさの道理を説きたるも、一陽を以て五陰をすべて、大将の一人なるべき道理を著し又、輿尸凶（yú shī xiōng）⁽³⁾輿（もろもろ）尸（つかさど）る凶）と説きたまいて、大勢の軍を司るを軍の凶とせり⁽⁴⁾。

- (1) つか物：「つか」は「刀剣などの手で握る所」の意味。「物」は「夏物」の「物」と同じ使い方である。
- (2) いくらもある：一人でなく複数いることを言っている。「いくら」は数をおよそに言う語で「いくらばかり」の意味。
- (3) 輿（もろもろ）：「輿」は「多い」の意味がある
- (4) 師卦は䷆になり、六三の爻辞に「師或輿尸凶 shī huò yú shī xiōng 師或いは輿（もろもろ）尸（つかさど）る凶」とある。師卦は上3つが陰爻（－－）で下3つは陰爻（－－）、陽爻（―）、陰爻（－－）の形になっている。卦の爻は下から数え、陽爻を九、陰爻を六（りく）と言う。下から三番めは陰爻だから六三になる。師の卦は陰爻が5つで陽爻が1つだから「一陽を以て五陰をすべる」形である。大将は一人でなければならないことを表しているのである。

> 国でも企業でも独裁的な統治をした有力者が引退したり死去した後に、集団指導体制と称し、何人かの話し合いで統治する体制を取ることが少なくない。複数の人が話し合って決めるから民主的であり、以前の独裁のような弊がないと思うのだろうか。また後継者が争い、一人がすべてを掌握する力がないため、その妥協として集団指導体制を取ることも多いのだろう。しかしこういう集団指導体制はまず失敗する。複数の人が指示するため、国や企業の動きにまとまりがなくなり組織としての強みがなくなるからである。「輿（もろもろ）尸（つかさど）る凶」なのである。

60　三軍既惑且疑、則諸侯之難至矣、是謂乱軍引勝、

sān jūn jì huò qiě yí, zé zhū hóu zhī nán zhì yǐ, shì wèi luàn jūn yǐn shèng,

三軍既に惑い且つ疑えば、則ち諸侯の難至る、是れ軍を乱して勝を引くと謂う、

是は上の二段を結べり。上の段に云う如く、軍に監軍あれば三軍の士卒皆惑い、大将多ければ三軍の士卒皆疑う。三軍の士卒既に惑い又疑う時は、士卒の心一決せず。号令日々にあらたまるによりて、隣国の諸侯かくの如きの隙（すき）を窺（うかが）いて、必ず敵に属して不慮の変をなすことを、諸侯之難至と云えり。難は災難にて、不慮の変を云うなり。至るとは来る意なり。かくの如く不慮の変を生ずること、不慮に非ず、此の方より招きたることなり。我がものずきに我軍を乱りて、敵の勝を引き招く道理ゆえ、是を名付けて乱軍引勝、と本文に云うなり。引勝と云うを、味方の勝を敵より引き奪うと見たる説あり。引と云う字を奪うと見ること義理穏やかならず、従うべからず。

61 故知勝有五、

gù zhī shèng yoǔ wǔ、

故に勝ちを知る五有り、

　上の五段には、負けを知ることを云い、是より下の七段には、勝を知ることを説けり。勝負の相因りて生ず、環の端なきが如し。勝つ道理を知る時は負ける道理自ら明らかなり。負ける道理を知る時は勝つ道理又おのずから明らかなり。是に由りて此の段に故と云う字を以て、上段をうけて、負ける道理かくの如くなるゆえに、勝つことを先だって知るに五箇条ありと云えり。五箇条の⑴主義末の一箇条に帰す。よくよく味わうべし。

　⑴ 主義：主となる理

62 知可以与戦不可以与戦者勝、

zhī kě yǐ yǔ zhàn bù kě yǐ yǔ zhàn zhě shèng、

⑴以て戦うべく以て戦うべからざるを知る者は勝つ、

　⑴ 「与戦」は「与敵戦」の敵を略したものであるから、書き下し文は「与」を読まなかった。

　是五箇条の内の第一箇条なり。与戦とは与敵戦と云う敵の字を略したる詞にて、只戦うと云うことなり。知可以与戦不可以与戦とは、戦うべき図を知り、戦うまじき図を知ることなり。この戦うべき図、戦うまじき図、至りて知り難きことなり。呉子には有不卜而与之戦者八、有不占而避之者六 (yoǔ bù bǔ ér yǔ zhī zhàn zhě bā、yoǔ bù zhàn ér bì zhī zhě liù　卜せずして之と戦う者八、占わずして之を避くる者六) と云えり。卜するとは占いなり、占いは⑴うらかたなり。事の吉凶を前方より知る術なり。戦いて勝たんことを先だちて知りてうらかたを⑵仮らず、戦いて勝つまじきことを先だちて知りて占いをからず、明らかなることを云えり。孟氏はよく敵の情を料り知りて、其の虚実を審にするものは勝つと注せり。誠に戦は畢竟実を避けて虚を撃つに帰することなれども、虚実の変じ遷ること間に髪を容れず、今まで実しても忽ち変じて虚となり、今まで虚にしても忽ち変じて実となる。一定の実なく、一定の虚なきことなるゆえ、施子美は、兵以機勝、可戦不可戦皆機也 (bīng yǐ jī shèng、kě zhàn bù kě zhàn jiē jī yě　兵機以て勝つ、戦うべし、戦うべからず者は皆機なり) と注せり。機は神悟にあり、其の人に非ざれば機を掌に握りがたし。

　⑴ うらかた：亀の甲、鹿の骨などを焼いて占う時に現れる形　⑵ 仮らず：現代語では「借らず」

> 「戦は畢竟実を避けて虚を撃つに帰する。」の言葉は、戦いはどうすべきか、兵法とはどんなものであるかを一言にしてよく言い表している。

> 戦争をする場合まず考えるべきは、戦うことができる相手であるかどうかである。つまり戦って勝つことができる相手であるかどうかととくと考えることである。人はとかく単に国境を侵された、不当な攻撃をされた、不当な取扱いをされたというだけで戦争を始める。勝てるか

> どうかを十分に考えもせずに戦争を始めているのである。それでは当然ながら戦争に負ける。たとえどんなに国境を侵されても、たとえどんなに不当な攻撃をされても、たとえどんなに不当な取扱いをされても、その相手国に勝つことができないなら、恭順の意を示し、あるいは他の大国に仲介をお願いし、決して戦争をしない。そして国力を高め軍隊を強くすることに鋭意努力し、相手国の衰えるのをじっと待つ。たとえどんなに寒くても必ず春は来るし、たとえどんなに暑くても必ず秋は来る。相手国がどんなに強くても必ず衰える時が来る。自国の国力をつけ、兵力をつけ、相手国が衰え、100%勝つことができると確信した時点で、不当なことをした相手国と戦争を始めるのである。

　五代の時晋王、梁王を柏郷と云う所にて伐ちたまえり。梁王の将に王景仁と云う人、軍を率いて是を⁽¹⁾拒む。晋王かけ破らんとしたまう時、晋王の臣に周徳威と云うもの諫めて曰く、梁の方の軍兵、陣場より二十里余押し出せり、是日本の⁽²⁾二三里なり、今兵の勢い強し、戦うべからず、昼過に至らば、士卒⁽³⁾漸く飢渇すべし、僅か二十余里の間なれば、陣場にて⁽⁴⁾支度したるままなるべし、⁽⁵⁾腰兵糧など持参すべけれども、食すべき⁽⁶⁾すきまなし、飢渇の弊に乗じて是を攻めば必ず勝たんと云う。午後に至りて梁の兵果たして引き退く。周徳威、勝に乗じて進み、大に敵を破りしことあり。是可戦不可戦さかいを知れる人なり。

　⑴ 拒む：ささえ防ぐ　⑵ 二三里：1里＝3.9kmだから約8km～12kmである。　⑶ 漸く：しだいに
　⑷ 支度：食事をすること　⑸ 腰兵糧：当座の分として、腰につけて持っていく兵糧　⑹ すきま：ひま

　故に趙の将廉頗、秦を拒ぐ時、秦より戦を挑めども取り合わぬは臆したるに非ず。韓信趙を攻める時、⁽¹⁾早天に取り懸け、士卒に下知して⁽²⁾朝懸けにふみつぶし、軍に勝ちて物食わんと云いける、是又廉頗より韓信が勇なるに非ず。廉頗は戦うまじき図にあたり、韓信は戦うべき図にあたれる故なり。司馬仲達が孟達を退治する時、上庸と云う所へおしかけて早速攻め落し、公孫淵を征伐せし時は、遼東へ攻め入り、日数を待たず退治す。孔明と渭南と云う所に対陣せし時に至りては、百余日まで戦わず。是皆戦うべき図と戦うまじき図を明らかに知りたるゆえ、良将の名を辱めず、不覚のまけを取らざりしためしなり。

　⑴ 早天：早朝　⑵ 朝懸け：朝早く押し寄せること

63　識衆寡之用者勝、

　　shí zhòng guǎ zhī yòng zhě shèng、
　　衆寡の用を識る者は勝つ

　是第二箇条なり。衆はおおしとよむ、多勢のことなり。寡はすくなしとよむ、少勢のことなり。用はもちゆるとよむ。多勢を用いてよきか、少勢を用いてよきかと云うことを明らかに知りて、愚将は多勢を用いんとする所に、思いの外に少勢を用いて勝ち、少勢にても然るべしと思う所へ、思いの外に多勢を用いるたぐい、皆名将の妙用なり。上に挙げたる十囲五攻の法は、定法にて、よく是を取り用いれば、少勢も多勢の用をなし、悪しく是を取り用いれば、多勢も少勢に劣ることあり。
　秦の王翦、楚国を伐ちし時、六十万の人数に非ずんば御うけを申さじと秦王へ申したり。又唐の

李晟、吐蕃の夷を伐ちし時、人数いかほど入るぞと、唐帝より御尋ねありしに、千人ならでは入らず、人数を以て勝たんとせば、千人にてはなかなか足らず、謀を用いる時は千人にて余るほどなりとこたえし類、何れも多寡の用を知りたりし良将なるゆえ、皆申せし如くに勝つことを得たり。もし多寡の用を知らざる時は、苻堅が百万の人数淝水に敗られて、多勢も多勢の用をなさず、蘇建が三千の人数匈奴に敗られて、寡きも又寡き用をなさず。故に衆寡の用をしるものは勝つと云えり。其の肝要なる所は用の字にありと知るべし。

64 上下同欲者勝、

shàng xià tóng yù zhě shèng

上下欲を同じくするは勝つ、

是第三箇条なり。欲はほっするとよみて、心にねがい好む所なり。ねがい好むところを同じくすると云うは、上のねがいこのみたまうことを、下たるものも同じくねがい好むことなり。例えば軍を起こし敵を退治したまうを、下たる者の(1)心に入らざることと思わず、まして是を(2)さみする心露ほどもなく、尤もなることと心の底より思い入れ、この軍にかたでは生きて何のかいあらんと思うほどなる時は、下たるものよく艱難をもこらえ、危うき場にもひるまぬなり。

(1) 心に入る：心に深くしみこむ　(2) さみす：侮る

平生なにものも身上相応に、吾身より妻子までも安逸ならしめ、寒くひだるくなき様にして居るに、軍に赴きては衣食住の三つ何れも平生とかわり、不自由なんぎなることなり。死は勇士の軽んずる所なれども、この衣食住の難儀は、日数久しく気たゆむ程たえがたければ、自ら将の心と一致にならぬ様になりゆくものなり。かく士卒の心のなりゆくべきを、如何様にして上の心と一致ならしめんとなれば、上たる人よく下たる者と欲を同じくすれば、下たるものも覚えず上たる人と欲を同じくするなり。上たる人の下たるものと欲を同じくするとは、三軍の陣所いまだ定まらざれば、極暑また大雨なりとも将かさをささず、三軍いまだ食せざれば将先に食することなく、珍しき食物あれば必ず三軍と共にす。越王勾践僅かに一(1)箪の(2)醪を求め得て、独りこれを飲まじとて、川水に流して三軍と共にのみたまえる類、総じて士卒と上と労逸を同じくし、飢飽を共にし、手傷をこうぶるを見ては吾が身のきずの如く養生を加え、死したるを見ては親戚の死したる如く悲しみたまうことなり。然る時は下たる者おのずから是に感じて、上たる人と欲を同じくして、聊も我意を立てず、敵をば我私の仇の如くに人々思いて、是を伐たんとて命をすつることを曾て惜しむことなし。是を上下同欲と云いて、かくの如くなれば必ず勝つなり。古語にも以欲従人則可、以人従欲鮮済（yǐ yù cóng rén zé kě、yǐ rén cóng yù xiān jì　欲以て人に従うは則ち可なり、人以て欲に従うは済すこと鮮し）と云えり。吾が欲をほしきままにせず、我が欲をやめて士卒の欲に従うを以欲従人と云い、士卒の欲を抑えて、我したきままに働くを以人従欲と云うなり。誡むべきことなり。

(1) 箪：ひさごの果実の内部をくり取って乾燥させたもの。酒などの容器とした。　(2) 醪：にごり酒

この「欲以て人に従うは則ち可なり、人以て欲に従うは済すこと鮮し」というのは、部下を

持つ人の座右の銘にすべきことである。自分の我欲を抑え、部下の求めることを得させるようにすれば、部下も恩義に感じ懸命に働いてくれるからことをなすことが多いと言うのである。自分の失敗を部下のせいにするようなことは決してやってはならないことである。

山本五十六は戦死した部下にはその家族に自筆で手紙を書き、場合によっては自ら墓参に訪れることもあったと言う。上下欲を同じくする例である。

65 以慮待不慮者勝、

yǐ lǜ dài bù lǜ zhě shèng、

慮以て不慮を待つは勝つ、

是第四箇条なり。慮ははかるとよみて用心することなり。不慮ははからずとよみて油断することなり。用心をして油断を待つとは、我は油断なく常に用心して、敵より窺うべき隙のなき様にして居りて、敵に油断あるを待ちて、其の油断の所を伐つ時は勝つと云うことなり。油断は不意なり。不意にこえたる虚なし。実を避けて虚を伐つこと合戦の極意なれば、勝利必然なることなり。

これは「以用心待不用心者勝　心を用いるを以て心を用いざるを待つは勝つ」と言い換えてもよいだろう。考え尽してことをなす人とよく考えもせずに妄行する人とでは考え尽してことをなす人が勝つのである。

前漢の趙充国は良将の誉れ⑴名高し。其の軍の仕様つねに⑵遠斥候を務めとし、行けば必ず戦の備えをし、止まれば⑶営塁を堅くすとあり。常に物見を遠く出し、⑷押し行くには必ず唯今合戦すべき様にして押し行き、人数を押し止むるには必ず陣を取り、用心を厳しくしたるなり。是慮を以て不慮を待つと云いつべし。

(1) 名高し：広く世間に知れわたっている
(2) 遠斥候：斥候は「敵の様子をさぐること」。全体で「遠く敵の様子をさぐること」
(3) 営塁：軍営　(4) 押す：軍勢を進める

又周の代の末に、楚国より陳の国を伐つことあり。陳の国は呉国の⑴与国なれば呉より後詰めをしたり。呉の陣所と陳の国と間三十里ありけり。折ふし十日ほど雨ふりて、夜星も見えざりければ、楚国の⑵史官、倚相と云うもの、大将子期に云うよう、呉国の軍兵この⑶陰雨をよき時節と、味方の陣所へ夜打すべしと云いければ、子期軍中に下知して、用心きびしく⑷せさせけり。呉国の軍兵案の如くよせたりけれども、用心の体きびしきを見て、取りかけずして引きける。倚相又曰く、三十里の路往来六十里なり。此の方より呉の陣所へおし行かば、かたみち僅か三十里、士卒の⑸労逸ちがいたりとて、呉軍の引き取る跡を⑹慕いて呉国の陣所へ押し寄せ、大いに是を攻め破りしことあり。是元来楚の不慮を打つべしとて呉よりよせられども、楚軍の用心きびしきを見て引けるなり。楚軍の用心をして陣所を固めたるとこそ呉軍には思いたれ、楚軍よりよすべしとは思いよらず。其のうえ同じ路のりにても往復と片道と労逸の違いあり。案に相違して帰る時は、其の気衰う。利を

見て赴く時は其の気鋭なり。本文の意をかくの如く取り用いば、誠に以慮待不慮の妙所を得と云いつべし。

(1) 与国：互いに親善な国　(2) 史官：記録のことをつかさどる官　(3) 陰雨：雨降り
(4) せさせけり：せ＋させ＋けり。サ行変格活用の動詞「す」の未然形＋使役の助動詞「さす」の連用形＋過去の助動詞「けり」の終止形。使役の助動詞「さす」は未然形に接続する。「せさす」が短くなり「さす」という下二段活用の動詞になった。現代語では、「さす」を使うのが一般的である。ここなら「用心きびしくさせけり」となる。
(5) 労逸：骨を折ることと楽をすること　(6) 慕う：追いつかんと行く

> 「不意にこえたる虚なし」と徂徠は言う。相手にこちらの能力や手の内を知らせないようにすることが大事である。相手が知らなければこちらのすることはすべて相手にとって虚になる。

66　将能而君不御者勝、

jiāng néng ér jūn bù yù zhě shèng、
将能あって君御せざるは勝つ、

是第五箇条なり。将能とは能はよくするとも読み、たえたりともよみて、よく軍をして将たるの任にたえたる器量を云うなり。智信仁勇厳の徳ありて、前の四箇条によくかないたる人なるべし。されば軍に必ず勝つべけれども、君より(1)指引したまいて、此の将の心のままにさせたまわねば負けるなり。君より何事も打ちまかせ、心のままに働くことを制したまわねば勝つなり。御とは制御と連属して、箇様にはせよ箇様にはせぞと制することなり。又御車御馬の御にて、手綱を付けて自由にはたらかせぬ意なり。何れにても通ずるなり。

(1) 指引：指図すること

右四箇条の肝要畢竟此の条に帰するなり。戦うべき図を知り、戦うまじき図を知りたりとても、人数を使うこと吾手に入らず、多勢には多勢の用所あり、少勢には少勢の用所あることを知らざれば勝つことを得がたし。多寡の用を知りても、上下の心一致せざれば勝つことを得がたし。上下の心一致すとも油断すれば負けあり。よく油断もなく、法令調り、右の四(1)色一つとして欠けずんば能将と云うべけれども、心のままに働くことかなわざればまた勝つことを得がたし。前の四箇条は将の能あると云う内にこもりて、智信仁勇厳の五徳備わる将は皆かなうべければ、前の始計篇にこもるなり。唯此の一句の君不御と云えるぞ、此の篇の(2)肝文なる。されば将は閫外の権を握れば尉繚子にも、将者上不制乎天、下不制乎地、中不制乎人 (jiāng zhě shàng bù zhì hū tiān, xià bù zhì hū dì, zhōng bù zhì hū rén　将は上天に制せられず、下地に制せられず、中人に制せられず) と云えり。畢竟君と将と合体せず、君の将を疑い将を忌みたまう心より、将に心のままの働きをさせたまわぬことなれば、前の輔隙則国必弱と云うより、是まで文勢つらぬきて一意なりと知るべし。

(1) 色：種類　(2) 肝文：肝要な文句

昔、司馬仲達、諸葛孔明を五丈原にて拒ぎし時、魏帝より辛毗と云うものを勅使として、必ず合戦を仕るまじきよしを⁽¹⁾綸言ありと聞きて、孔明打ち笑い仲達よく吾を制することならば⁽²⁾何れに千里の遠路をはるばると天子に⁽³⁾奏聞せん、吾と戦うことのかなわぬゆえ、合戦すまじきよし勅詔ありと云いふらすなりと云えり。是将たるものの戦に君命を待たぬことを仲達知らずして、却って孔明に笑われたり。

(1) 綸言：天子のおおせ
(2) 何れに千里の遠路をはるばると天子に奏聞せん：「何れに」は反語を表す。全体で「どの場合に千里の遠路をはるばると天子に奏聞するだろうか。奏聞することはしない。」の意味。
(3) 奏聞：天子に申し上げること

後漢の光武、岑彭に命じて荊門を伐たせたまう時、荊門之事一由征南公（jīng mén zhī shì yī yóu zhēng nán gōng 荊門の事は一に⁽¹⁾征南公に由る）とのたまえり、郭子儀、史思明を退治せし時、粛宗の⁽²⁾勅詔に、河東之事一以委卿（hé dōng zhī shì yī yǐ wěi qīng 河東の事は一に以て⁽³⁾卿に⁽⁴⁾委ぬ）とのたまえり。故に両人皆よく大功を立てたること、君不御の法にかなえり。されども将能ありてと云う文又肝要なり。将能あらずして君武道に明らかなる時は、将にまかせぬためしも多きなり。後魏の大武、北斉の神武、諸侯に命じて合戦をさせたまうに、諸侯皆、勅詔に従いて軍功を立てたり。勅詔に従わざれば、必ず敗北に及べり。然れば将の能あらぬと能あると又差別あるべきことと知るべし。されども既に大将軍の任を命ずる程の人なれば、尤も能ある将を⁽⁵⁾選むべし。能あらぬ将を大将軍とすること、⁽⁶⁾材能、官職に劣るわけにて其の任にたえず。時に臨むの変化又君命をまもるべきに非ざれば、閫外の権を専にするの古法、知らずんばあるべからず。

(1) 征南公：岑彭が与えられていた官名　(2) 勅詔：天子の命令
(3) 卿：大将となって与えられる待遇の位。大将は必ず卿となる。
(4) 委ぬ：まかす　(5) 選む：選ぶ
(6) 材能、官職に劣る：「材能」は「才能」のこと。全体で「才能が官職に劣る」だから、「官職にふさわしい才能がない」ということ。

67　此五者、知勝之道也、

cǐ wǔ zhě、zhī shèng zhī dào yě、
此の五は勝を知るの道なり、

是は上の六段を結ぶ語なり。此とは上の五箇条を指して云えり。上の五箇条は軍の勝を知る道なり、この五箇条にかなう時は、必ず勝つと知るべしと云う意なり。

68 故曰、知彼知己、百戦不殆、不知彼而知己、一勝一負、不知彼不知己毎戦必敗、

gù yuē、zhī bǐ zhī jǐ、bǎi zhàn bù dài、bù zhī bǐ ér zhī jǐ、yī shèng yī fù、bù zhī bǐ bù zhī jǐ měi zhàn bì baì、

故に曰く、彼を知り己を知れば、百戦殆うからず、彼を知らず己を知れば一勝一負す、彼を知らず己を知らざれば戦う毎に必ず敗る、

　此の段は古語を引いて一篇の意を結ぶなるべし。曰と云う字あるを以て見れば、古語を引きたるなり。故と云う字あるを以て見れば、一篇の意を結びたるなり。彼とは敵なり。己とは味方なり。敵味方の強弱虚実を明らかに知る時は、百たび戦いても殆からずとは、勝たざれども負けることなきを云えり。敵を知らずして味方を知るとは、味方の強弱虚実をよく知りて、味方のよく(1)調りたる所を以て戦をすることなり。味方のよく調りたるところを以て軍に勝つこともあれども、敵を知らざる時は、敵又味方よりもよく調りたることあらんに、味方の強きばかりを恃みにして戦うゆえ、又負けることもあるなり。敵をも知らず味方をも知らぬをば、李筌が注に、是を狂寇と云う。たわれたるあだとよめり。たわれるとは狂気のことなり。寇は夷狄盗賊のるいを云う。夷狄盗賊など愚昧なるものの、狂人の如くにくるうとかわりなきと云うことなり。されば戦う度ごとに必ず敗軍すること疑いなし。此の段に敵を知り味方を知ると、味方を知りて敵を知らぬと、敵をも味方をも知らぬと、三重に説きて、敵を知りて味方を知らぬをば説かざることは、味方は知り易く敵は知り難し、味方を知りて而して後に敵を知るゆえ、敵を知りて味方を知らぬと云うこと其の道理なきことなれば、説かぬなりと知るべし。

(1) 調りたる：「調る」は「ととのおる」と読んで「ととのう」と同じ意味である。

軍形 第四

集注本には、軍の字を除きてただ形と云う。所謂形篇なり。形はかたちとよむ。内にかくるる所を情と云い、外にあらわるるところを形と云う。故に形は情の著（あら）われたるなりとも注せり。是勝負のきっかけなり。謀浅きものは形あらわにして見やすく、謀深きものは形かくれて見がたし。此の形を察して其の情を取る時は、敵に勝つこと掌に握るが如し。此の篇は敵にはかり伺われぬ様にすることを説けり。是形の至極なり。我形見ゆる時は、敵其の形に因りて是を察して勝利を取る。吾形見えざる時は、敵われををはかること能わず、吾は敵の形を察してこれに勝つなり。しか云えばとて或いは城郭にこもり、或いは山林に引き入りて影をかくすことには非ず。只吾が計を敵に知られぬ様にすることなり。陣を張り備を立てたる其の形は、目あるもの見ずと云うことなし。是この篇に云える形に非ず。陣を張り備を立てたる上に就いて、其の内に隠れたるてだての、外へあらわるる所を形の見ゆると云う。されば形は勝負のきっかけにて、其の形の見えざるを形の至極とするなり。さて謀攻篇の次にこの篇を置くこと、謀を以て敵を攻めると云うは、戦わずして敵に勝つの道なり。されども敵に智愚強弱ありて、⑴一向に戦わずして勝つべきに非ず。既に戦を用いるに至りては、形と勢と戦の先務なるゆえ、此の篇に形を云いて次の篇に勢を説けるなり。

(1) 一向に：（下に打ち消しの語を伴って）まったく

69　孫子曰、昔之善戦者、先為不可勝、以待敵之可勝、

sūn zǐ yuē、xī zhī shàn zhàn zhě、xiān wéi bù kě shèng、yǐ dài dí zhī kě shèng、

孫子曰く、昔の善く戦う者は、先ず勝つべからざるを為す、以て敵の勝つべきを待つ、

　昔之善戦者とは、古の名将を云うなり。先為不可勝と云うは、不可勝とは⑴かたれぬと云うことにて⑵敵にかたれぬことなり。先ず敵の吾にかつことのならぬ様にするとは、まず手前を固めて、敵より手をも⑶さすことのならぬ様にするなり。是を敵にはかり伺われぬと云い、軍形の至極なり。以待敵之可勝と云うは、可勝とは⑷かたるると云うことにて、敵の方にかたるることの出来るを待つと云う意なり。待つと云うは時節の来たるを待つ意なり。敵に伐つべき図のいまだ見えざる所を、強いて是を伐たんとする時は、此の方に伐たんとする形あらわるるゆえ、敵この形を見付けて是を伐つ時は却って敵に制せらる。ただ敵にうつべき所の出来るを必ず待つことなり。是無理なる合戦をせず、⑸位を以て敵にかつ道にて名将の法なり。かくの如くなるときは敵を挫くこと枯れたる枝を折るが如し。故に下の文にも、古のよく戦うものは、勝ちやすきに勝つと云えり。

(1) かたれぬ：かた＋れ＋ぬ。四段活用の動詞「かつ」の未然形＋助動詞「る」の連用形＋打消の助動詞「ず」の連体形。助動詞「る」は可能も受身も表す。「不可」とあるから、可能に取るべきである。
(2) 敵にかたれぬ：「る」はこの場合は受身を表していると考え、「敵はかたぬ」の受身と取ることができる。しかしそれでは、この直前の用法と相違してしまう。「に」に「につきて」と表すことがあり、「遊ぶに楽し」のような使い方である。この場合の「に」はこの用法で「敵については勝つことができない」「敵は勝つことができない」の意味である。
(3) さす：突き込む
(4) かたるる：かた＋るる。四段活用の動詞「かつ」の未然形＋可能を表す助動詞「る」の連体形
(5) 位：「位詰」という言葉がある。「敵に対して優位な体勢をととのえ、おもむろに詰め寄せる」ことである。この「位」も同じような使い方である。「優位な体勢」の意味である。

扨敵にかたれぬ形と云うは、如何様のことぞと云えば、彭氏が注に、據形勢之地、利糧餉之路、備守禦之具、明節制之法、(jù xíng shì zhī dì, lì liáng xiǎng zhī lù, bèi shǒu yù zhī jù, míng jié zhì zhī fǎ　形勢の地に據り、(1)糧餉の路を利し、守禦の具を備え、節制の法を明らかにす) と云えり。據形勢之地とは、地形の勢よき場に陣を取るなり。利糧餉之路とは、兵糧の運送滞りなく妨げなき様にするなり。備守禦之具とは、味方を守り敵をふせぐ兵具、一つとして(2)手をつくことなき様にするなり。明節制之法とは、節はふしなり。(3)限りなく、一切の事に自然のふし、(4)かぎり、折目、(5)つがいあるゆえ、合戦の道も是に則りて、進むも、引くも、戦うも、守るも、人数の積り(6)陣伍の法まで、皆其の節に随て、進めども長追いせず、退けども遠く引かず、勝ちてもかぶとの緒をしめ、崩るれども友崩れせず、是節制の法なり。尤も此の四しなには限るまじけれども、かくの如く我を固くする時は、敵に伺わるべき形は見ゆまじきなり。猶類を以て推して、其の妙所を心悟すべし。

(1) 糧餉：兵糧　(2) 手をつく：相撲で「手をつく」と「負ける」ことから、「負ける」意味になる。
(3) 限りなし：はてしがない　(4) かぎり：境　(5) つがい：つぎめ、ふし　(6) 陣伍：陣だて

> 「善く戦う者は先ず勝つべからざるを為す、以て敵の勝つべきを待つ」というのは実に名言である。これが兵法なのである。この勝つべからざるは始計篇の道、天、地、将、法のいずれでも敵が勝つことのできないようにすると考えてよいだろう。戦いというと自分の力で相手をねじ伏せるように思いがちである。そうではなく相手が負ける形になるのをじっと待つのである。厳寒の時じっと春が来るのを待つように待つのである。

70　不可勝在己、可勝在敵、

bù kě shèng zài jǐ, kě shèng zài dí,

勝つべからざるは己に在り、勝つべきは敵に在り、

是は上の段の先と云う字、待と云う字の意を説けり。不可勝在己とは、敵に勝たれぬ様にすることは、此の方にあることなれば、如何様にもなることゆえ、前方より手前をかたれぬ様にして居るなり。可勝在敵とは、敵に勝つべきことは敵の上にあることなれば、時節を待たずしてかなわぬことなり。何ほど敵に勝ちたく思いても、彼に勝つべき時節の見えぬ内は、勝つことならぬなり。仲達と孔明と、久しく対陣して戦わざるも此の道理なり。

> よく自分が優れているから勝つのだと自分を誇る人がいる。その人がどんなに優れているとしても、相手が十分に守りを固めていると勝つことはできない。「勝つべきは敵にある」である。自分が優れているから勝つのだと自分を誇る人は兵法を知らないことを露呈している。そういう人はかえって負けることが多い。

71　故善戰者、能為不可勝、不能使敵之必可勝、

　　gù shàn zhàn zhě、néng wéi bù kě shèng、bù néng shǐ dí zhī bì kě shèng、
　　故に善く戦う者は能く勝つべからざるを為せども、敵の必ず勝つべからしむこと能わず、

　故とは上を受けてかくあるゆえにとなり。上の段に云う如く敵にかたれぬことは此の方の備にあることなる故に、善く戦うものはなることなり。敵に勝つべきことは敵の上にあることなれば、是非ともに敵を此の方より勝つべき様にあらしむることは、よく戦う者も能わぬと云う意なり。畢竟手前のことは如何様にもなりて、向(むこう)にあることは必とせられぬ道理なり。

72　故曰勝可知而不可為、

　　gù yuē shèng kě zhī ér bù kě wéi、
　　故に曰く勝は知るべく為すべからず、

　是は古語を引きて上の文の証拠とせり。上文に説ける如くの道理なる故に、古語にも勝可知而不可為と云いたるとなり。勝とは敵に勝つことなり。可知とは伐ちて勝たるる、勝たれぬと云うさかいの知らるると云うことなり。此の方を敵にうたれぬ様に、よく(1)しすまして居る時は、手前に心をくばることなき故に、敵のすきまをばのがさず知るなり。不可為とは、敵に勝つべき様に此の方よりしかくることはならぬと云うことなり。尤も計を以て引き動かして、敵に虚の出来る様にする時は、敵に勝つことも此の方よりなることなれども、計にのらぬ敵にあいてはすべき様なし。畢竟彼に虚あれば勝ち、虚なければ勝つことあたわぬことなれば、此の方よりすることに非ず。彼が方より負けることをこしらえて、此の方に勝たするなり。一説に此の方をよく調りて居て、敵にすきまある時是を打ちさえすれば味方勝つゆえ、味方の勝つと云うこと先立ちて知らるるなり。されども敵に伐つべきすきまの出来ることもあり、出来ぬこともあるなれば、必ず味方の勝つ様にすることはならぬと云う意に見たるもあり。是にても通ずるなり。

　(1) しすます：しとげる

　後の説のほうがすっきりしている。始計篇で「吾此を以て勝負を知る」と言うのもここの「勝は知るべし」と同じである。これは必ず勝つことができるという意味ではない。「相手に勝つべきすきまができたら勝つことができる」という意味である。始計篇では、「相手に勝つべきすきまをつくるために、勢をなして勝つ助けとするのである。

　戦いと言うと力づくで相手をたたきふせるものと思いがちである。こちらが強くさえあれば必ず勝つことができるとも思いがちである。ところが孫子は勝つことができるかどうかは敵しだいである、勝つことができない敵に勝つ術はないと言うのである。兵を知る人の戦いは力任せに相手をたたきふせるようなことはしない。相手が自ずと敗れる所を冷徹に見窮め、そこを攻めるのである。敵がおのずから敗れている所を攻めるのだから、枯木を折るが如く簡単に勝つことができる。太い元気な枝を力任せに折ろうとするようなことはしないのである。

日常生活でも相手が劣っている、間違っているということをあることないこと言いふらし、相手が反論しないと自分が勝ったように思っている人がいる。相手が実際はそのようでないなら、これは敵を知らないのであり、慮以て不慮を待つ形となり、その相手に負けることになる。相手が何も反論しないため、自分が勝ったように思い驕ると、油断となりこれも敗因になる。周囲の人は人の悪口を言って威張っている人を好まないことが多いから、多くの人が敵になりこれも敗因になる。日常生活でも力任せに相手をたたきふせるようなことをすればかえって敗れることになる。

73　不可勝者守也、可勝者攻也、

bù kě shèng zhě shǒu yě、kě shèng zhě gōng yě、
勝つべからざるは守りなり、勝つべきは攻めるなり、

　守とは、城を守り、陣を守り、要害の地を守り、其の外味方を堅固に守りて、敵の手をさすことのならぬ様にすることを皆守ると云う。攻と云うは敵をせめて是にかつことなり。守るも攻めるも皆軍の⑴名目なり。前の段に我をば敵にかたれぬ様にし、敵をば虚の生ずるを待ちて是に勝つことを説きて、敵味方を二つに分けて云えるによりて、其の味方をかたれぬようにして、敵に勝つこと二つに非ず、畢竟一つことなる道理を云わんために、此の段に至りて、其の勝たれぬ様にすると云うは、軍法の守ると云うものなり、敵に勝つは軍法の攻めると云うものなりと、守攻の二字に分けて説きて、下へ段々説きつづけ、守攻一致の意をときたるなり。

　⑴ 名目：名称

　此の段を、杜牧が説に、敵いまだ勝つべからざる時は吾守るべし、敵に勝つべき所ある時は吾攻むべしと云えり。尤も文勢穏やかなる様なれども、篇の始めに不可勝と云うは、味方の敵にかたれぬことを云い、可勝と云うは敵の味方に勝たるる所あるを云いたれば、其の文勢とちがうゆえ、従うべからず、又張預が説には、守ると云うを気を守ると説き、攻めると云うを心を攻めると説けり。気を守る時は、吾勇気を全くするゆえ、この内より発動して敵を伐つ時は、其のつよきことふせぐべからず、心を攻める時はいまだ戦に及ばずして敵の心くじくるゆえ、敗北既に吾守る内に明らかなり。守攻一致の道理にて面白き説なり。されども気と云う字を添え、心と云う字をそえたる所、⑴いかがしく思わる。孫子は気とも心とも云わず、只守也攻也と云いたれば、其のままに見ること孫子が本意ならんようなり。

　⑴ いかがし：よろしくない

　謀攻篇で徂徠は「古書の文字、攻めると云えば皆城攻めのことなり」と言っている。しかしここの「勝つべからざるは守りなり、勝つべきは攻めるなり」の「攻」は城攻めのことだけと取っては意味が通じない。ここの「攻」は一般的な攻める意味で城攻めのことだけでない。徂徠もここは一般的な攻めるの意味で解釈している。徂徠の説明に矛盾が見られる。

74　守則不足、攻則有余、

　　　shǒu zé bù zú、gōng zé yǒu yú、
　　　守れば則ち足らず、攻めれば則ち余り有り、

　守る時は足らずとは、吾れ守りて戦わざる時の⁽¹⁾様体⁽²⁾ていたらく、外よりは不足なる様に見ゆることなり。然れども敵に勝つべき図のあるを待ちえて攻める時にあたりては、少勢を以て多勢を伐ちても、其の力あまりありて不足なること曾てなきなり。故に攻則有余と云うなり。若し敵吾が守る時の⁽³⁾体の不足なるようなるを見て、侮りて来たり攻める時は、忽ちにこれを挫くこと、其の力あまりあるなり。此の二句上の段の不可勝者守也、可勝者攻也と云うを受けて、文の意を引き起こせるなり。古来の注には皆、吾力いまだ足らざる所あるゆえに固く守りて敵を攻めず、吾が力あまりあるに至りて敵を攻めて是に勝つことなりと云えり。其の時は本文の守ることは則ち足らざればなり、攻めることは則ち余りあればなりとよむべし。名将は万全の勝ちに非ざれば、みだりに戦わざる意にかないて面白き説なれども、攻めるを主にして説きたる説にて、攻めることならぬゆえせんかたなく守ると云うこころになるなり。攻守の二事は一つとして棄つべからざるに、かく云う時は其の義欠ける所あり。孫子が本意に非ざるべし。

(1) 様体：なりふり　(2) ていたらく：ありさま　(3) 体：ありさま

75　善守者蔵於九地之下、善攻者動於九天之上、

　　　shàn shǒu zhě cáng yú jiǔ dì zhī xià、shàn gōng zhě dòng yú jiǔ tiān zhī shàng、
　　　善く守る者は九地の下に蔵る、善く攻める者は九天の上に動く、

　善守るとは、城をかため陣を取り備を立てて居らんに、敵何ほどに思いても是を攻めることあたわず、攻むべき方便を失い、攻めても利を得ざるを善守者と云うなり。蔵於九地之下とは、地を掘ればだんだんに土の⁽¹⁾品かわりて、地の至極の底までは九段あるなり。是を九地と云う。其の九段ある地の底にかくるるとは敵の目に見えぬことなり。敵の目に見えぬとは隠形の術に非ず、我守るところを敵に知らせぬことなり。我守る所を敵に知らせずとは、或いは要害をたのむ時は、要害を破れば守る所を失う、後詰めを恃む時は、後詰めを破れば守る所を失う、取り合わずして敵を疲らさんと思う時は、兵糧を断てば守る所を失う。⁽²⁾常蛇の陣は⁽³⁾頂門の一刺にあり。是皆守る所を敵に知らるるゆえ、敵これを攻めて破ることにて、九地之下にかくるるに非ざるなり。

(1) 品：種類
(2) 常蛇の陣：「常山蛇勢の陣」の略。この場合の「勢」は「ありさま、かたち」の意味。常山に住んでいるとされる両頭の蛇は、頭を攻撃すれば尾で反撃して、尾を攻撃すれば頭で反撃して、体を攻撃すれば頭と尾で反撃するので隙が無いということから、兵法で、前後の陣や、左右の陣が互いに呼応して戦う隙のない戦法のことを言う。
(3) 頂門：頭の上の急所

「常蛇の陣は頂門の一刺にあり」は人と議論する時に応用できることである。相手の議論は何かを根拠とし、何かを頼って成立していることがある。その根拠とし、頼っている所が相手

の頂門（急所）になる。そこを攻めるのである。根拠、土台をつぶされると、どんなに精巧に立てられた議論もすべて崩れる。

　ある特定分野の収益に頼った会社経営をすると、強力なライバル会社の出現、過失などによりその特定分野の収益が大きく落ちると会社は危うくなる。
　ダイエーは土地を担保にして銀行から融資を受け、その金でまた土地を買い出店する、その新しく買った土地を担保にしてまた新しく融資を受ける、その金でまた土地を買い出店する、これを繰り返して日本一の売上になった。土地は絶対に値下がりしないという土地神話に基づいた土地に頼った経営をしていた。土地が値下がりするという想定外のことが起こった時、ダイエーにとって頂門の一刺になり、倒産した。

善攻とは、吾敵を攻める時敵これを防ぐこと能わず、力を用いずしてよく敵を破るを善攻者と云う。動於九天之上とは、天に九段ありて、天の至極高き所を九天と云う。敵の思いがけぬ所より攻める時は、敵これをふせがんとするに手とどかず、(1)迅雷の頭上より轟き落ちる如くなるを、九天の上に動くとは云うなり。高き所と云えばとて強ちに山よりおとす類を云うには非ずと知るべし。只敵の手のとどかぬ所と云う意なり。

　(1) 迅雷：激しく鳴る雷

二句を合わせて見る時は、よく九地の下にかくるる者に非ざれば、九天の上に動くことあたわず、九地の下より発する時は、敵の度を失うこと九天の上に動くがごとし。一篇の首に通貫して、よく敵にかたれぬ様にする所より敵に勝つべき図を見て発する時は、其のはげしきことかくの如し(1)。攻守一理にしてよく守るものはよく攻め、よく攻めるものはよく守ると知るべし。されば九天之上と九天之下と、高下各別なる様なれども、別に其の所あるには非ざるべし。

　(1) 一篇の首に通貫して：一篇の首には、「孫子曰く、昔の善く戦う者は先ず勝つべからざるを為す、以て敵の勝つべきを待つ」と言っている。「先ず勝つべからざるを為す」のだから、まず「よく敵にかたれぬ様にする」のであり、その後「敵の勝つべきを待つ」のだから「敵に勝つべき図を見て発する」のである。篇首で言っていることとここで言っている「善く守る者は九地の下に蔵る、善く攻める者は九天の上に動く」は通じるものがある。

九天之下九天之上と云うを、曹操の説に、山川丘陵の険阻によるを九地之下と云い、(1)天時の変によるを九天之上と云うと云えり。是天地と云う字に泥みて其の義狭し、用うべからず。

　(1) 天時：寒暑、昼夜などのように、自然にめぐって来て人事に関係ある時

(1)太一遁甲経には、直符を以て(2)時干に加え、後一を九天とし、後二を九地とすと云えり。直符は其の日の(3)十二支なり。日の十二支を時の十干へ加えて順にくりまわし、其の当たり所よりあとの方一つめを九天とし、二つめを九地とすと云うことなり。又、(4)玄女三宮戦法には、九天之上六甲子也 (jiǔ tiān zhī shàng liù jiǎ zǐ yě　九天の上は六(5)甲子なり)、九地之下六癸酉也 (jiǔ dì zhī xià liù guǐ yǒu yě　九地の下は六癸酉なり) と云えり。陳皞が説には、春三月は寅を九天の上と

し、申を九地の下とす。夏三月は午を九天の上とし、子を九地の下とす。秋三月は申を九天の上とし、寅を九地の下とす。冬三月は子を九天の上とし、午を九地の下とすと云えり。是等は皆愚を使うの術には用ゆべけれども、泥む時は敗北まのあたりなり、決して用ゆべからず。

(1) 太一遁甲経：唐代の僧一行の著書に「太一局遁甲経」がある。これをさすのだろうか。
(2) 時干：時の十干。十干は甲、乙、丙、丁、戊、己、庚、辛、壬、癸
(3) 十二支：子、丑、寅、卯、辰、巳、午、未、申、酉、戌、亥
(4) 玄女：黄帝に兵法を教えた神女
(5) 甲子：十干（甲・乙・丙・丁・戊・己・庚・辛・壬・癸）と、十二支（子・丑・寅・卯・辰・巳・午・未・申・酉・戌・亥）を組み合わせてつくっている。まず十干の1番目の甲と十二支の1番目の子を組み合わせて甲子になり、次に十干の2番目の乙と十二支の2番目の丑を組み合わせて乙丑になる。これを続けていくと、10と12の最小公倍数は60だから、61番目は1番目と同じ甲子になる。干支で年を記述すると、61年目で元にもどるから、これを還暦と言う。現在は満年齢を使うから、60歳を還暦としている。

只尉繚子に若秘於地、若邃於天（ruò mì yú dì, ruò suì yú tiān　地に秘すが若く、天に邃きが若し）と云い、呉の張昭が説に、九地、以蔵形之深使敵不可測、得機而発、疾若雷霆、勢如天落（jiǔ dì, yǐ cáng xíng zhī shēn shǐ dí bù kě cè, deí jī ér fā, jí ruò léi tíng, shì rú tiān luò 九地、形を蔵するの深きを以て敵をして測らしめるべからず、機を得て発するは、疾きこと雷霆の若く、勢天より落ちるが如し）と云えるまことに孫子がこころを得たりと云うべし。

76　故能自保而全勝也、

gù néng zì bǎo ér quán shèng yě、

故に自ら保ちて全く勝つなり、

是は上の七段を結びたるなり。自保つと云うは、自らとは我を指す、我が軍を保ちて敵の我を犯すことならぬ様にするを自保と云う。全勝とはあぶなき勝ちをせず、百たび戦いて百度ながら勝つことなり。九地の下にかくるる時は、よく自ら我が軍を保ちて敵に破らるることなく、九天之上に動く時は、敵これをふせぐこと能わず、伐てば必ずこれを破り、あぶなげはなきと云う意なり。さればよく自ら保つ時は必ず全き勝ちをなす。全き勝ちをなすことは自ら保つ所より発すと知るべし。篇首よりここまで通貫して一大段なり。今しばらく文句を解かんため、分けて八段となしたれども、⑴くだくだに見るべからず。

(1) くだくだ：「砕く」の語幹を重ねたモの、「こなごなに」の意味

77　見勝不過衆人之所知、非善之善者也、

jiàn shèng bù guò zhòng rén zhī suǒ zhī, feī shàn zhī shàn zhě yě、

勝を見る衆人の知る所に過ぎざるは、善の善なるものに非ざるなり、

是より下又別に一意を起こして説きたれども、畢竟は上の文に通貫するなり。見勝とは敵に勝つべき図を見付くることなり。不過衆人之所知とは、衆人はもろもろの人とよみて、⑴平生底の人なり。平生底の人の誰も知る位のことを知りて、別に過ぎ超えて知りがたき所をしるにてもなきと云

う意なり。非善之善者也とは、至極にはあらぬと云う意なり。敵にかつべき図を見付くること、常の人の眼力のとどかぬ所を知るを極上として、かくの如くならざれば、上の文に云える九天の上に動く如きのはたらきはならぬなり。

(1) 平生底の人：「平生」は「つね」のこと。「底」は「如き、様」。だから「つねのような人」となり、「普通の人」の意味

常の人の眼力のとどかぬ所を見付くると云うは、曹操の注に、見未萌（jiàn wèi méng 未萌を見る）と云えり。未萌はいまだ萌さずとよみて、例えば木の芽のいまだ出でぬ前に、ここには何が生ずべきと知るが如し。いまだ事のきざしの見えぬ先に是を知る時は、衆人の知る所に過ぎこえて、これを善の又善なるものとするなり。たとえば韓信趙の国を討つ時、朝の兵糧をもつかわず、井陘と云う所より人数を押し出し、(1)何れも趙の軍を破りて後にゆるゆると兵糧を使えと云う。諸将尤もとは(2)同じけれども、心不合点なりけるは、衆人の知る所に非ざるゆえなり。韓信云いたる如く、趙の軍を朝の内に攻め破りて皆々に兵糧をつかわせたり。是韓信が敵に勝つべき図を見たること、衆人に超えたるゆえなり。

(1) 何れも：どなたも　(2) 同ず：同意する

> 「未萌を見る」は知の目的とする所である。智者は誰もが見えていない所を見る。誰もがそうだと納得することは智者の見解でない。すでに芽が出ているから誰もが見ることができ、誰もが納得するのである。民主主義制度は誰もが納得することを民意とし、それに従う制度である。これは必然的に凡人の政治になる。

78　戦勝而天下曰善、非善之善者也、

zhàn shèng ér tiān xià yuē shàn、fēi shàn zhī shàn zhě yě、
戦勝ちて天下善と曰うは、善の善なる者に非ざるなり、

是も上の段と同じ意なり。戦勝而天下曰善と云うは、はげみ戦いて敵を破り、敵将を殺し、軍に勝つ時は、天下の人其の知恵武勇を賛嘆してほむるを云うなり。是上の文に云いたる動於九天之上ところより敵にかたざるゆえ、戦に骨折りて勝ち難き所をかつによりて、知恵の巧み、武勇の功名世に聞こえ、人々これをほむれども、至極とは言い難し。故に善の善なるものに非ずと云えり。勝を見ることも、無形に見るに非ざれば、善の善なるものに非ず。敵に勝つことも無形に勝つに非ざれば善の善なるものに非ず。その無形と云うは、(1)無相(2)空寂の義には非ず。形にあらわれぬ所を討ちて取るゆえ、衆人はこれを知らず。形にあらわれぬ所を伐ちて取るゆえ、(3)何の(4)手もなきことにて、人是を知らざれば、(5)さらに誉むることもなきなり。

(1) 無相：一切の相に執着しないこと　(2) 空寂：万物は皆実体なく空であること　(3) 何の：何ほどの
(4) 手：仕事　(5) さらに：（下に打ち消しの語を伴って）少しも

孫子が理想としている戦いは10人で1人を倒すような戦いである。10人と1人が戦って10人のほうが勝つのは、当り前である。誰も武術が巧みだとか知恵が深いとかほめる者がない。10人と1人が戦って1人のほうが勝てば、武術が巧みだとか、知恵が深いとか人々はほめる。しかし1人で10人と戦わなければならないような窮地に追い込まれたのは事が大きくなるまでものの理が見えていないからである。無形に見る者は前もって手だてを講ずるからそのような窮地に追い込まれることがない。

　　映画はいろんなヒーローを主人公にする。ターミネーター4という映画では人間側の指導者でヒーローであるジョン・コナーは機械帝国の敵側に何回も負けそうになるが、最後ではかろうじて勝つ。その窮地の連続に手に汗握るおもしろさを感じ、かろうじて勝ったジョン・コナーを賞賛することになる。しかしジョン・コナーはまったく孫子の兵法を知らない戦い方をしている。兵を知る者は全き勝ちをしその時の運によってかろうじて勝つような戦い方は決してしない。ジョン・コナーはヒーローかもしれないが、まったくの愚将である。

79　故挙秋毫不為多力、見日月不為明目、聞雷霆不為聡耳、

gù jǔ qiū haó bù wéi duō lì, jiàn rì yuè bù wéi míng mù, wén léi tíng bù wéi cōng ěr,

故に秋毫（しゅうごう）を挙ぐるは多力と為さず、日月を見るは明目と為さず、雷霆（らいてい）を聞くは聡耳と為さず、

　この三句は喩えなり。秋毫と云うは、秋はあきなり、毫は長き毛を云うなり。鳥獣の毛は夏生えかわりて、秋は生えそろうゆえ、秋に至りて長き毛あるなり。毛の生ずる始めはさきふときものなり、生えそろいて後はさきほそきなり。それゆえ細きことを秋毫の末と云う。挙秋毫と云うは、細きものを上（あ）ぐるゆえ力量の入らぬことなり。故に挙秋毫不為多力と云い、力多き人とは云わぬと云うことなり。見日月不為明目とは、日月の両輪大空にかかりて(1)千古にかがやくものなれば、盲目にさえ非ざれば何人も是を見ぬものなし。されば日月を見たりとて、明目と為すべきに非ず。目の明らかなる人とは云われぬと云うことなり。聞雷霆不為聡耳と云うは、雷はいかずちなり、霆はいかずちの(2)はためきわたることを云う。雷は百里に震（ふる）うなれば、百里の間其の声を聞かぬものなし。雷の声を聞きたればとて聡耳の人とはせられず。聡耳とは耳の(3)はやきことなり。然れば三句共になりやすき意にて、なりやすきことをしては誉（ほま）れはなきと云う喩えなり。上の段の戦勝而天下曰善は、勝ちにくき軍に骨折りて勝つゆえ、人皆武功をほむるなり、名将の戦はかちにくき軍に勝つに非ず、秋毫を挙げ、日月を見、雷霆を聞く如きのことなりと云う意なり。

　(1) 千古に：遠い後世まで　(2) はためく：鳴り響く
　(3) はやし：これは漢字をあてると「敏し」である。「早し」ではない。「するどい」の意味である。現代語でも「敏感」と使う。「耳のはやきことなり」は「耳が敏感であることである」の意味である。

　古来の説には、此の段の三句を前の段の衆人の知る所と云えるにかけて見て、名将のする所は挙秋毫、見日月、聞雷霆如きの誰もなることにてなしと云う意に見たり、一旦聞こゆる様なれども、見勝不過衆人之所知、非善之善者也と云う文に泥みて、名将の勝を見るは、人の見がたき所を見ると思いてかく注せり、是大きなる誤りなり。衆人の知る所は知り難きを知らんとす、名将の無形に

見、未萌に知ると云うは、もとむつかしきことに非ず。知りやすきことにて、喩えて云わば日月を見、雷霆を聞くが如きことなり。名将の戦勝つは、かちやすき所に勝ちて秋毫を挙げるが如し。前には戦勝而天下曰善、非善之善者也と云い、次には古之所謂善戦者、勝於易勝者也と云える間にある此の段なれば、とかくなりやすきをするをば常の人はほめねども、是名将の道なりと見ねば、前後の文勢通貫せぬなり。其の上、見日月不為明目、聞雷霆不為聡耳と云う句をば、衆人の知る所に喩えるとも云うべけれども、挙秋毫不為多力と云う句その意に見られぬなり。しかのみならず古来の説の如く、名将は人の及ばぬことをすると云う意に見れば、是又だれも云うべきことにて、意味甚だ浅く、孫子が(1)筆端に非ず、(2)一味賛嘆の話何の教えにもならぬなり。畢竟其のあやまり見勝不過衆人之所知、非善之善者也とあるを、知り難き所を知ると心得るより起これり。

(1) 筆端：筆の先　(2) 一味：ひたすら

「衆人の知る所は知り難きを知らんとす、名将の無形に見、未萌に知ると云うは、もとむつかしきことに非ず。知りやすきことなり。」これは誤解を招く説明である。名将の知ることが知りやすいなら誰でも名将になることができる。名将の知ることはやはり知り難いのである。衆人の知ろうとすることと名将の知ろうとすることの種類が違うと言うべきである。衆人の知ろうとするのは知識である。名将の知ろうとするのは知恵である。知識とはニュースの類である。こういうことが起こった、ああいうことが起こったという類である。あるいは新しいものに対する知識である。車の構造、爆弾のつくり方、これらも知識である。現代盛んな科学は知識である。知恵とは毎日の日常に起こっているごく当たり前のことをよく知ること、別の角度から見ることである。皆が正しいと思っていること、その誤りを見抜くことである。ソクラテスの言う無知の知であり、老子の言う損する学問である。徂徠のこの一文は次のように書き換えるべきである。「衆人の知る所は己から離れた知り難きを知らんとす、名将の無形に見、未萌に知ると云うは、もと己から離れたむつかしきことに非ず。己に近い知りやすきことをよく知ることなり。」

「秋毫を挙げる多力と為さず、日月を見る明目と為さず、雷霆を聞く聡耳と為さず」を古来の注は凡人の知る所と考え、名将は人の見難きものを見ると考えて注釈している。しかし徂徠はこれは名将が勝ちやすきに勝つことを言っていると解釈する。その根拠は次のようなものである。

1　前に「戦勝て天下善と曰うは善の善なる者に非ざるなり」と言い、後に「古の善く戦う者は勝ち易きに勝つ」と言っている。この間にこの句があるのだから、同じようにしやすいことをするのを人はほめないが、これが名将の道と見なければ前後の文に一貫性がない。
2　「日月を見る明目と為さず、雷霆を聞く聡耳と為さず」を凡人の知る所のたとえと言ってもいいが、「秋毫を挙げる多力と為さず」はそのたとえには見れない。これは日月を見ると雷霆を聞くは感覚器官に入った情報を頭が判断しているから、同じように頭を使う凡人の知ることのたとえとなるが、秋毫を挙げるのは頭で判断する必要はなく、普通の力があればできることである。頭を使わないのだから凡人が知ることのたとえとは考えにくいということ

だろう。
 3　名将が人の見難いものを見るというのは、誰もが言いそうなことで意味が浅い。孫子の筆端とは思えず、何の教えにもならない。
　徂徠のこの議論に何の反論もできない。徂徠の注が優れた注であることをよく示している。

80　古之所謂善戰者、勝於易勝者也、

gǔ zhī suǒ wèi shàn zhàn zhě, shèng yú yì shèng zhě yě,

古の所謂善く戦う者は、勝ち易きに勝つなり、

　これも上を受けて云えり。古に云える善く戦う名将は、勝ちやすき所を攻めて、是に勝つ人を云うなりと云う意なり。勝ちやすき所を攻めると云うは、敵に勝つべき図のあるを見て攻めるゆえ、無理に敵に勝たんとするに非ず。かたるる所に勝つ道理なるゆえ、勝ち易きに勝つと云うなり。合戦の道をしらぬ人は、我が勇気、我が勢力を以て勝つことと心得るゆえ、敵に勝つべき図の見ゆるを待たず、力わざに勝たんとするなり。されば力を出し骨を折りて、ようように敵に勝ち得れども、味方にも人数をうたせ、兵具を費して、しかも十分の勝ちはなし、是をかち難きにかつと云う。たとえば竹木をよこに切るとたてにわると、其のやすさかたさいかばかりの違いぞや。横に切るもきればきらるれども、手をいため金ものの刃こぼれて骨折多し。たてにわると云うは、元来竹木にたてのもくめと云うものあり。是自然の空虚にて刃のとおる路すじなり。刃この路すじをとおるゆえ、竹木刃を迎えてわるるによりて、手も痛まず刃もこぼれず、何の骨折もなし。軍もその如く、敵にかつべき図のあるは竹木のもくめの如し。この勝つべき図を打つときは、吾兵空虚の地を行くが如くなるゆえ、破竹の勢いをなすなり。
　黄献臣この段を注して引きたる戦例に、項羽を打つことを韓信高祖と謀るに、項羽はかち難き敵なりと見て、先ず三秦を平らげ、魏を滅ぼし、趙を滅ぼし、代を伐ち、燕を伐ち、斉を伐ち、是に勝ちて項羽の与国なくなりて独りだちになりたる時、垓下の一戦にてこれを破りしなり。又五代の時王朴と云うもの、(1)周の世宗の御前にて天下を一統する計を申せしに、呉国は弱き国なり、(2)并は必死の敵にて命をすてて働くゆえ打ちがたし、軍の道は先ずやすき方より退治するをよしとすと云いけり。のち(3)宋の太祖周の禅りを受けて帝位にのぼり、王朴が計の如く呉国を先に退治し、その威勢にて段々に天下を一統したまえりと。これらの類を引きて、勝ちやすきに勝つとはこのことなりと云えり。是は勝ちやすき敵にかつと云うものなり。多くの敵の内にては、箇様にかちやすきを先に打ちて、手前の勢を強くして、後かち難き敵を打つこと、是もかちやすきに勝つの中の一種なるべけれども、此の類にて本文の意を尽せるには非ず。一人の敵の上も勝ちやすき所あり、勝ちやすき時あり、何れにても其の勝ち易きに勝つことを孫子は云えるなるべし。

(1) 周：この周は後周のことである。
(2) 并：秦は太原郡の治所を晋陽に置き、漢は并州の州府を晋陽に置いた。それで太原の略称として并が使われるようになった。王朴の時代に太原を首都にしたいのが北漢である。ここで并と言うのは北漢をさしている。
(3) 宋の太祖：趙匡胤のことである。世宗が死亡すると、わずか7歳の恭帝が即位したが、後に恭帝から禅譲を

受けて皇帝となった。

「善く戦う者は勝ち易きに勝つ」というのは、多くの問題に直面している時に応用できることである。一番の難問をまず解こうとすると、解けなかった時さらに落ち込み、さらに自信を失う。一番容易な問題をまず解く。容易な問題だから解ける可能性が高い。それが解けると次に容易な問題を解く。問題が次々となくなっていくと嬉しくなり、自信もつく。残ったものが一番の難問ひとつになれば、気持の余裕もできる。比較的やさしい問題を解いてきて能力もアップしている。アップした能力で余裕を持って最後の難問に挑む。解ける可能性は、一番最初に一番の難問を解こうとしたのと比較すると、はるかに高くなる。

81 故善戰者之勝也、無智名無勇功、

gù shàn zhàn zhě zhī shèng yě、wú zhì míng wú yǒng gōng、

故に善く戦う者の勝つや、智名無く勇功無し、

右に云える如く善く戦う人は勝ちやすきに勝つゆえ、善く戦う人の軍にかつこと、智謀の名もなく武勇の手柄も聞こえず。無理なる戦をせず、戦うとなれば全き勝利を得て破竹の勢いの如くなれば、智謀も武勇も入らぬ様なり。唯時の仕合わせにて勝ちたる様なり。是名将の(1)位づめの勝ちなり。施氏が注に張良が籌を(2)帷幄の中に運らして、勝つことを千里の外に決しけれども、(3)成功一度もなかりしを、此の段の症例に引きたり。されども是は一人の上のことにて合戦の上を云うには非ず。湯武の戦は申すも愚かなり、漢の武帝の時の大将、衛青、霍去病は名将とも云われざれども、匈奴を追い払いて五千里をきり取り、李広は名将の誉高けれども、運命弱くして功を建てざる様に司馬遷が史記にかきたるを、衛青、霍去病がまさりたりと劉子翬が評したりしも、孫子が此の段の意なるべし。

(1) 位づめ：兵法で、敵に対して優位な体勢をととのえ、おもむろに詰め寄ること
(2) 帷幄：帷はたれ幕で幄は上方と四方を囲む幕。帷も幄も陣営に用いることから、作戦計画をする場所をいう。
(3) 成功：功を成したること

相撲でも野球でも将棋でも、名勝負と言われるものは、実力が伯仲しており、最後まで死闘を繰り返し、勝敗がわからないものである。片方が一方的に勝ってしまうと名勝負と言われることは決してない。しかしこのようにかろうじて勝つことは、決して孫子の教える兵法でない。一方的に何の苦もなく勝つ、それが孫子の兵法である。誰が見ても勝って当たり前の戦いしかしない。勝てるかどうかわからない戦いは最初からしない。だから名将という評判が出ないのである。

82 故其戦勝不忒、

gù qí zhàn shèng bù tè、
故に其の戦い勝つこと忒(たが)わず、

上に云える如く勝ち易きに勝ちて、力を用いず智名勇功もなきほどのことなるゆえ、其のたたかい勝利を得ること、かねてはかりし如く少しもたがうことなきなり。

83 不忒者其所措必勝、勝已敗者也、

bù tè zhě qí suǒ cuò bì shèng、shèng yǐ bài zhě yě、
忒わざるは其の必勝を措く所、已に敗る者に勝つなり、

是は上の文に勝つこと忒ずと云える、そのたがわぬ意をとけり。其所措必勝とは、措とは設け置くこころにて、手配り手当てをすることなり。必勝とは必勝の策なり。其とは名将をさす。名将の必勝の策を手配りする所と云うこころなり。已敗とは此の方より伐たぬ先に(1)とくに敗れてあることなり。一段のこころ、名将の戦は勝ちを見切りたることいささかも忒わず、その忒わぬわけは如何様なることにて忒ぬぞと云えば、名将の必勝の策を手配りするは、勝たれぬ敵にかつには非ず、前に云える如く勝つべきに勝つわけにて、此の方より伐たぬ先にとくに敗れて居る敵を伐つゆえなりと云うこころなり。(2)直解、(3)講義、(4)説約、(5)開宗の諸本いずれも必の字なし、(6)集注の古本にあり。今是に従う、買林が説に措の字を金へんにかきて錯なりと注せり、錯はまじゆるなり、勝ちを取る道さまざままじりてある意なりと云えり。文義通せざる説なり、従うべからず。

(1) とくに：すでに　　(2) 直解：明の劉寅の「武経七書直解」　　(3) 講義：施子美の「武経七書講義」
(4) 説約：明の何言の「孫子約説」のことだろうか。　　(5) 開宗：明の黄献臣の「武経開宗」
(6) 集注：吉天保の「孫子集注」

84 故善戦者立於不敗之地、而不失敵之敗也、

gù shàn zhàn zhě lì yú bù bài zhī dì、ér bù shī dí zhī bài yě、
故に善く戦う者は不敗の地に立ち、敵の敗を失わざるなり、

是又反覆して前の先為不可勝、以待敵之可勝と云える意を説けり。右の道理ゆえ、善く戦う人は不敗の地に立つなり。不敗之地と云うは如何様にしてもまけずやぶれぬ場と云うことにて、是別にかくの如きの場所あるに非ず。前に云える、先ず敵にかたれぬ計をすることなり。されども敵にかたれぬ計をするとて、別に一種巧妙の計あるには非ず。張預が説に審吾法令、明吾賞罰、便吾器用、養吾武勇、是立於不敗之地也、(shěn wú fǎ lǐng、míng wú shǎng fá、biàn wú qì yòng、yǎng wú wǔ yǒng、shì lì yú bù bài zhī dì yě、吾が法令を審らかにし、吾が賞罰を明らかにし、吾が(1)器用を便にし、吾が武勇を養う、是れ不敗の地に立つなり)と云えり。まことにかくの如く、吾を堅固にして、敵より伺うことも犯すこともならぬ様にするを不敗の地と云うなり。李筌が説、開宗が説などに、要害よき地に備を立てることと云いたるは、是も不敗之地の一つにてはあるべけれども、畢竟地の字に泥みて、土地のことと心得たるより云うなれば、用うべからず。立つとは敵

軍形　第四 | 115

に勝つ根本を丈夫に⑵屹とたて定めることなり。敵にかつ根本は、張預が説の如く味方を調うることなり。かくの如く味方の敗れざる位に立ちすわりて、敵の敗れを失わぬを善く戦う人と云うなり。不失敵之敗と云うは、失うとはとりのがすことなり。敵の敗れと云うは、敵の敗るべき図を云う、敵も活物にて日々夜々に変じ移り、忽ちに実し忽ちに虚するものなり。其の虚したる時こそ敗るべき時なれ。これを敵之敗と云う。ここを取りのがさず、迅雷の如く打つ時は、まことに九天の上より落ち下る如くにて、其の勝破竹の勢いなり。

(1) 器用：役に立つ道具類。武具、馬具等の類。　(2) 屹と：しっかりと

> 　善く戦う者は不敗の地に立ち、敵の敗を失わざるなり。これは争いすべてに応用できる名言である。まず自分がどういう場合に負けるかをすべて考える。ああなれば負ける、こうなれば負けると負ける場合を一つも残さずすべて列挙する。その一つ一つが起こらないように十分に手を尽す。負ける場合をすべてつぶせば少なくとも負けることはないのである。不敗の地に立ったのである。相手に勝つことができるかどうかは、相手が負ける場合があるかどうかによる。相手に、何の負ける場合もなければ相手に勝つことはできない。相手が何かの負ける場合をつぶしていないなら、そこが相手の負ける所である。その相手が自ずと負ける所を見逃さないのである。相手の負ける所は必ずしも攻める必要はない。そのまま置いておけば自壊するものである。

> 　「敵も活物にて日々夜々に変じ移り、忽ちに実し忽ちに虚するものなり。其の虚したる時こそ敗るべき時なれ。これを敵之敗と云う。」これは相場に応用できることである。まず十分に手元資金を準備する。これが「不敗の地に立つ」である。次に「市場も活物にて日々夜々に変じ移り、忽ちに実し忽ちに虚するものなり。其の虚したる時こそ敗るべき時なれ。これを市場の敗と云う。」である。市場の敗を見尽くした時に市場に参入するのである。

85　是故勝兵先勝而後求戦、敗兵先戦而後求勝、

shì gù shèng bīng xiān shèng ér hòu qiú zhàn, bài bīng xiān zhàn ér hòu qiú shèng,
是の故に勝兵は先ず勝ち而して後戦を求む、敗兵は先ず戦い而して後勝を求む、

是又上を受けて云えるゆえ、是故と云う字を置きけり。勝兵とは勝つ軍と云うことなり。敵に勝つ軍は如何様にして勝つなれば、戦わぬさきにまず勝ちて居るなり、さて其の後に戦うなり、故に百戦百勝してその勝つこと忒わず。求戦とは下の求勝と云うに対して云いたる詞にて、ただ戦を取り組むことなり。敗兵とは⑴まくる軍なり。敵に負くる軍は如何様なれば負くるぞと云うに勝つべき道理をもわきまえず、負くべきわけをも知らず、了簡もなく先ず戦うなり。

(1) まくる：負ける

さて戦を以て勝たんとす、是先戦而後求勝と云うものなり。されば勝負は戦わぬ前に分かれてあることなるに、軍の道を知らぬ者は、是を見ることあたわず、戦の上にて勝たんとすること、孫子

が云える敗兵に非ずや。

> これを事業にあてはめると次のようになる。「事業に成功する人はまず事業に成功する、その後に事業を始める。事業に失敗する人はまず事業を始める、その後に成功を求める。」勿論、事業を始めると当初予想していなかったことがいろいろと起こる。だから当初の計画通りに行くものでない。しかし十分に状況を読み、十分に準備しなければ事業を始めてはならないのである。

86 善用兵者、修道而保法、故能為勝敗之政、

shàn yòng bīng zhě、xiū dào ér bǎo fǎ、gù néng wéi shèng bài zhī zhèng、

善く兵を用いる者は、道を修めて法を保つ、故に能く勝敗の政を為す、

これ前の見勝不過衆人所知と云うより下を結びて、篇首に照応する詞なり。修道と云う道は、即ち道天地将法の道にて、民の吾と生死を一つにして、畏れ危ぶまぬ様に恩信を施す所を云う。修むるとは(1)時時に心を付けて、この恩信のすたれぬ様にすることなり。法は、即ち道天地将法の法にて、曲制官道主用なり、保とはこの法をたもち守りて、法の破れぬ様にすることなり。為勝敗之政と云うは、かちまけを自由にすることなり。敵にかたすべきもまけさすべきも、味方にかたすべきも負けさすべきも、此の方の心のままなること、上たる人の号令を施して、民を心ままにするが如くなる意にて、勝敗の政と云うなり。

(1) 時時：その時その時。この場合は「ときおり」の意味でない。論語学而篇に「子曰、学而時習之、不亦説乎　zǐ yuē、xué ér shí xí zhī、bù yì shuō hū　子曰く、学んで時に之を習う、亦説ばしからずや」とある。朱子はこれを「既学而又時時習之、則所学者熟　jì xué ér yòu shí shí xí zhī、zé suǒ xué zhě shóu　既に学びて又時時之を習う、則ち学は熟す」と注す。この場合の「時」「時時」も「その時その時」の意味で、「ときおり」の意味でない。なお現代中国語では「時時」は「いつも　常に」の意味になる。

此の段に至りて、前の不敗之地と云うものを説けり。不敗之地と云うは道と法となり。故によく兵を用い戦う人は、道を修めて恩信すたれず、民の心を一つにし、法を保ちて(1)備分、(2)役分、(3)陣具、(4)兵具、兵糧の運送、賞罰の法に至るまで、少しも油断なく守る時は、吾はいつも負けず、敗れず、不敗之地に立つによりて、敵に勝つことを掌に握り、我心ままにすること、政を国民に施すが如し。是を能為勝敗之政と云うなり。

(1) 備分：兵を分けて配置すること　(2) 役分：仕事を分けること　(3) 陣具：陣中の道具
(4) 兵具：甲冑、刀剣、弓矢など戦いに用いる道具。武具。

李筌が説には、為勝敗之政と云うを政あしく敗るべき敵に勝つと云うこころに見る。其の時は敗の政に勝つことをなすとよむ。文義穏やかならず、従うべからず。

> 勝敗を決めるのは始計篇の五事、道、天、地、将、法なのであるが、ここは将の心得を言っているのだから、将は換えようがない。将は最初から自分がすることに決まっている。だからまず将を除いている。ここでは勝敗の政と言っており、政は普段にすることである。戦いに臨

まない平時に長い時間をかけてすることである。天、地は戦いに臨んですることであり、平時に長い時間をかけてすることでない。だから天、地を除いている。平時に長い時間をかけてしなければならないのは、道と法である。だから道を修め、法を保つことが勝敗の政になる。

87　兵法、一曰度、

　　bīng fǎ, yī yuē dù,

　　兵法、一に曰く度、

　是よりしては前に勝負のことを説きたるに就いて、古の軍法の語をあげたり。兵法と云うは軍法のことなり。軍法のことをかきたる古書の語を挙げたるゆえ、兵法の二字を置きたるなり。故に何氏が注にも、孫子古法を引きて、以て勝敗の要を(1)疏すと云えり。一曰度と云うより下は、古の軍法五箇条なり。下の称生勝と云うまでにて、古の軍書の詞終わるなり。

　(1) 疏す：注釈をする

　一とは軍法五箇条の第一なり。一曰度とは、軍法五箇条の第一をば度と云うと云うこころ也。度はものさしのことなり。故に王晢が注には(1)丈尺なりと云い、賈林が注には土地をはかるなりと云えり。此の五箇条を張預が注に、営を安んじ陣を布く法なりと云えり。営は陣小屋なり。安んずるとは陣を取ることなり。陣とは備のことなり。布くとは備を立てることなり。陣を取るを安んずると云うは、やすんずるとは置くことなり、陣小屋は軍兵を入れ置く所ゆえ、安んずると云うなり。布くとは物をひろげのぶることなり、城中或いは陣小屋の内にこめたる軍兵を取り出し、のべひろげて、其の場にくばるこころにて、布くと云うなり。さて此の五箇条を、陣を取り備を立てる法なりと云えるは、地形をはかることを第一に云いたるゆえ、かく云えり。尤も(2)城取の法もこもるなり。城を取り陣を取り備を立てるには、先ず其の地形を見て、其の場の広さ狭さを積りはかりて、其の(3)間数を定むること根本なるゆえ、丈尺也（zhàng chǐ yě　丈尺なり）とも、度土地也（dù tǔ dì yě　土地を度るなり）とも注せるなり。

　(1) 丈尺：長さの単位　1丈＝10尺　(2) 城取：城を築くこと
　(3) 間：長さの単位　6尺　1尺＝30.3cm　1間＝6×30.3＝181.8cm

88　二曰量、

　　èr yuē liàng,

　　二に曰く量、

　二とは軍法の第二箇条なり。二曰量とは、二箇条目を量と云うと云うこころなり。量は(1)ますめのことなり。故に王晢が(2)斗斛なりと注せり。一斗一斛の類はますめなる故にかく云えり。賈林が注には、人力の多少、倉廩の虚実をはかると云えり。人力とは士卒のこと也。倉廩は二字ともにくらなり。是ますめは米穀をはかるものゆえ、倉廩と云いたるなるべし。然れども本文の意は人数をうけいるる所を、ますに穀物をいるるに例えて、量と云いたるなるべし。

(1) ますめ：ますではかった量　(2) 斗斛：1斗＝10升　1斛＝10斗

89　三曰数、

　　　sān yuē shù、

　　　三に曰く数、

　三とは第三箇条なり。三曰数とは、三番目には数を云うと云う意なり。数は王晢が注には百千也と云い、賈林は算数也（suàn shù yě　(1)算数なり）と注せり。是は百千万憶のかずと見たるより、算数とも注せるなるべし。然れどもそれのみに限るべからず。人数の多少に付きて、兵具の(2)かずかず、兵糧の(3)たか、城にては(4)くるわ(5)虎口の(6)かずしな、備にては(7)小組行列の(8)しなじな、旗(9)相印のしなじな、号令法度の箇条箇条、皆この数の字にこもるべし。

　(1) 算数：かぞえる　(2) かずかず：ひとつひとつ　(3) たか：数量
　(4) くるわ：城、砦の周囲を囲んで築いた土石の囲い
　(5) 虎口：城壁、陣営の門に枡形をつくり、曲がって出入するようにした要所の出入口。枡形は門と門の間の方形に狭く囲んだ所。ここに兵士を配置する。
　(6) かずしな：数と種類　(7) 小組：小さな組　(8) しなじな：いろんな種類の品
　(9) 相印：戦場で敵と味方を見分ける印。「合印」と書くのが一般的である。始計篇では、「合符し」と書かれており、兵勢篇では、「合印」と書かれている。

90　四曰称、

　　　sì yuē chēng、

　　　四に曰く称、

　四とは、第四箇条なり。四曰称とは、四箇条に称を云うと云うこころなり。称ははかりなり。王晢は権衡也と注せり。権ははかりのおもり、衡ははかりさおにて、皆(1)はかりめのことを云うなり。賈林が注には、敵と我との徳業の軽重、才能の長短を知ることなりと云えり。畢竟秤は物の軽重をはかるものなれば、軽さ重さをはかることを云うなるべし。天秤の秤には非ざるべし。又此の称と云うをかなうとよみて宜しきことと見たる説もあれども、度量数とならべて云いたる称なれば、はかりの方より義をとらざれば、前後相応ぜぬゆえ、用うべからず。

　(1) はかりめ：はかりの目盛

91　五曰勝、

　　　wǔ yuē shèng、

　　　五に曰く勝、

　五とは五箇条目なり。五曰勝とは五箇条目に勝を云うと云う意なり。是軍の勝負のことなり。

92　地生度、

　　dì shēng dù、
　　地度を生ず、

　前の五箇条は只箇条目録を挙げたるものにて、是より末は其の五箇条の次第をときのべたり。地とは地形なり、地生度とは地形より⁽¹⁾町間の出ることを云えり。総じて軍をするには地を離れてかなわず。城を取り陣を取るは勿論のこと、備を立てるはこの地の上に人をならぶるなり。人数を押すは、この地の上を人に⁽²⁾ありかするなり。人は地を離れて動き働くことならず。碁を打つには⁽³⁾碁秤を土台にする如く、軍をするにはこの地を土台にするなり。故に前は山か川か、高きか卑きか、山の高さ如何程、川の深さいかほど、後はいかに、左右はいかに、⁽⁴⁾平場のたてよこ何町、何間あるぞ、長きか短きか、広きか狭きか、丸き地かまがりたる地か、いずくにて如何様にし、ここにて如何様にすると云うは、皆地形によることなり。城取にても、陣取にても、備立にても、⁽⁵⁾陣押にても、合戦にても、皆まず地形をはかりてその城を取るべき場、陣を取るべき場、陣を立てるべき場、陣押の路のり、合戦の⁽⁶⁾町あい、何里何町何間とはかり積もるなり。是を地より度を生ずと云うなり。杜牧が説には、我と敵との国土の大小をはかることと云えり。是は兵を発せぬ前のことにて、始計篇のことなれば、この所の⁽⁷⁾所用には非ざるべし。

(1) 町間：1町＝60間　1間＝1.818メートル　(2) ありく：歩く　(3) 碁秤：ごばん　(4) 平場：平地
(5) 陣押：行軍　(6) 町あい：「町」は距離の単位。「あい」は様子、ぐあい。合わせて「距離のぐあい」
(7) 所用：用いるもの

93　度生量、

　　dù shēng liàng、
　　度量を生ず、

　度はものさし量はますめなれば、度より量を生ずと云うは、地形の上に付きて町間を何程とはかり、何町何間の広さにては、人数何ほど此の内に入れらるるぞとはかることなり。是町間を極める所より、其の場に人数何万何千何百こめられ立てらるると云うこと出るゆえ、度生量と云うなり。杜牧が注には、量を只はかることと見て、度地已熟、然後能酌量彼我之強弱（dù dì yǐ shoú、rán hòu néng zhuó liàng bǐ wǒ zhī qiáng ruò　地を度る已に熟す、然る後に能く彼我の強弱を酌量す）と云えり。地形をよくとくとはかりて後、敵味方の強弱をはかると云う意なり。かくの如く見る時は、度量数称勝の五箇条に及ばぬことなれば、此の説には従うべからず。下の文に勝兵若以鎰称銖、敗兵若以銖称鎰（shèng bīng ruò yǐ yì chēng zhū、bài bīng ruò yǐ zhū chēng yì　勝兵は鎰以て銖を称るが若し、敗兵は銖以て鎰を称るが若し）とあるを以て見れば、称生勝と云う所にて、敵味方の軽重を云うなり。この所にては軽重のことを云うべからず。其の上⁽¹⁾見様あしき時は五事七計とひとつことになるなり、こころを付けて味わうべし、

(1) 見様あしき時：見方が悪い時

94　量生数、

　　liàng shēng shù、

　　量数を生ず、

　うけ入るる所より、⑴かずかず⑵しなじなのことが出ると云う意なり。されば地形の町間をはかり、此の地に人数いかほどをうけ入るると云うことを極る所より、その人数の上に付きて、城ならば⑶くるわ、⑷虎口(こぐち)、塀の⑸折、⑹やぐらのかず、陣ならば小屋わり、小路(こみち)の付けよう、備分、行列、旗相印(あいじるし)、兵糧、兵具、号令、法度のしなじな、何にても人数に付きたる、事々かずかず皆ここより出るなり。これを受け入るる所より数を生ずると云うなり。古来の説に或いは数を人数と見、或いは⑺機変の数と見、或いは軍資の数と見る。皆度量数称勝と次第する所に合わぬゆえ、従わざるなり。

⑴　かずかず：たくさんの物　⑵　しなじな：いろんな種類の品
⑶　くるわ：城、砦の周囲を囲んで築いた土石の囲い
⑷　虎口(こぐち)：城壁、陣営の門に枡形をつくり、曲がって出入するようにした要所の出入口。枡形は門と門の間の方形に狭く囲んだ所。ここに兵士を配置する。
⑸　折：くるわ、虎口、塀の3つにかかる。後の文章を参照すると、「取りよう」ぐらいの意味になる。くるわ、虎口、塀が折り重なってある状態を言ったのだろう。
⑹　やぐら：四方を遠望するために設けた高楼　⑺　機変：時期に応じて変化すること

95　数生称、

　　shù shēng chēng、

　　数称を生ず、

　かずよりはかりを生ずるとは、右の如くかずかずしなじなの上より軽重の分かるることを云うなり。されば城取ならば虎口くるわの取りよう、⑴塀櫓(へいろ)の付けよう、陣取ならば小屋わり、小路(こみち)の付けよう、備行列の立てよう、皆宜しきにかない、兵糧ゆたかに兵具は余りあり、旗相印(あいじるし)まぎれなく、合図の仕様調い、号令法度まで⑵残ることなきは、端々末々まで⑶武略も勇気もゆきわたり、軍の⑷みいりたしかなる意にて、物の至極重きに喩えたり。右の数品調わず、不足すれば、武略も勇気もゆきわたらず、軍のみいり⑸かいなき意にて、物の至極かろきに喩えたり。是数より軽重の出来るこころにて、数生称と云うなり。

⑴　塀櫓(へいろ)：塀は「かきねの上につくった小楼」。櫓は「やぐら」。　⑵　残ることなし：もれることがない
⑶　武略：戦略　⑷　みいり：実が成熟すること　⑸　かいなし：しるしがない

96　称生勝、

　　chēng shēng shèng、

　　称勝を生ず、

　はかりより勝を生ずると云うは、軽重より勝を生ずるこころなり、されば敵軽く味方重ければ、味方の勝是より生ず。敵重く味方軽ければ、敵の勝これより生ず。この重きと云うは即ち此の篇に

先為不可勝と云い、立於不敗之地と云いたるも、皆このことなり。此の重き所より発する時は、よく九天之上に動く全き勝をなすことなるゆえ、称生勝と云うなり。

97　故勝兵若以鎰称銖、敗兵若以銖称鎰、

　　gù shèng bīng ruò yǐ yì chēng zhū, bài bīng ruò yǐ zhū chēng yì,
　　故に勝兵は鎰以て銖を称るが若し、敗兵は銖以て鎰を称るが若し、

　前の一曰度と云うより称生勝と云うまでは、古の兵法の語なり。孫子これを引きて、古の軍書にかく云えるゆえにと、その文の意をうけて勝負のことを云えり。勝兵とは勝つべき軍兵を云うなり。敗兵とは負くべき軍兵を云うなり。銖と鎰とは皆(1)はかりめなり。(2)二十四銖を両とし、二十両を鎰とす。一両は十もんめなれば、一銖は四分一厘六毫なり。一鎰は二百目なり。然れば勝兵若以鎰称銖とて、軍にかつ兵のおもみつよさのほどを喩えて云わば、重さ二百目のものを、四分一厘六毫あるものと秤にかけくらぶる如くなり。何の(3)てもなく手まえの方へ引きおとすなり。敗兵若以銖称鎰とて、又軍に負ける兵のおもみつよさの程をたとえて云わば、四分一厘六毫のものを、二百目のものと(4)かけくらぶる如し。なにの(5)苦もなく向いの方へひき落とさるるなり。この二百目の方と云うは、前に云える数々のこと皆よく調いて、武器も勇気も三軍にみちわたるを云うなり。四分一厘六毫の方と云うは、数々のこと調わぬ所ありて、武略勇気みちわたらぬを云うなり。

　(1) はかりめ：はかりの目盛
　(2) 銖　鎰：重さの単位　　目：匁のこと
　　　1両＝24銖　1鎰＝20両　1両＝10匁＝10目
　　　だから
　　　1銖＝1÷24＝0.0416両＝0.0416×10匁＝0.416匁＝0.416目
　　　1匁＝10分＝100厘＝1000毫
　　　よって
　　　1銖＝0.416目＝0.416匁＝4分1厘6毫
　　　1鎰＝20×10匁＝200匁＝200目
　　　1匁＝3.75g
　　　よって
　　　1銖＝0.416匁＝0.416×3.75＝1.56g
　　　1鎰＝200匁＝200×3.75＝750g
　　　だから1.56gの物と750gの物をはかりにかけてくらべるのである。
　(3) てもなく：手数もかからず　(4) かく：竿秤にぶらさげる　(5) 苦：骨折り

98　勝者之戦、若決積水於千仞之谿者形也、

　　shèng zhě zhī zhàn, ruò jué jī shuǐ yú qiān rèn zhī xī zhě xíng yě,
　　勝つ者の戦は、積水を千仞之谿に決するが若きは形なり、

　これ一篇の結語なり。前の喩えの意を結んで、篇の名を軍形篇と名付けたる所へ説きおとしたるなり。軍に勝つものの、勝つべき図を見切りて戦うさまを例えて云う時は、積水を千仞の谿へさくるが如きなり。積水はつみたる水なり。(1)隄をつきて積みただえたる水のことなり。(2)千仞と云う

は八尺を一仭と云えば是今の一間ばかりにて、千仭之谿は、大抵千間ほどある深きたになり。決くるとは、隄をきることなり。つつみを築きて⁽³⁾たたえたる水を、千間程の渓底へ切りて落とすが如しと云うこころなり。此の水の勢いに値ては、如何様なるものにても流れずと云うことなく、打ちくだかれずと云うことなし。其の勝つことかくの如くなるところ、即ち軍形と云うものなりと云う意を説けり。

(1) 隄：土手
(2) 仭：ここの計算は次のようになる。
　周尺＝今の曲尺×0.71963
　だから　1仭＝8周尺＝8×0.71963＝5.7544今の曲尺
　1間＝6今の曲尺
　だから
　1仭≒1間
　間＝1.818メートル
　だから
　1000仭＝1000間＝1000×1.818＝1818メートル
　尺で計算すると、1尺＝30.303cmだから
　1000仭＝1000×5.7544今の曲尺＝5754.4今の曲尺＝5754.4×30.303＝174376cm≒1744メートル
　ちなみに赤城山が1828メートル、大山が1729メートルである。赤城山や大山ぐらいある谷の上から水を落とすのである。
(3) たたえたる：たたえ＋たる。下二段活用の動詞「たたう」の連用形＋助動詞「たり」の連体形。「たたう」は「あふれるほど満ちる」意味。助動詞「たり」は動作、作用がすでに終わって、その結果が継続していることを表す。

さてこの喩えのこころは、隄をつきて水をいっぱいに湛えたる体は、三軍よく⁽¹⁾調おり、武略勇気みちわたりて、一点の虚なる所なく、敵より犯すことも、伺うこともならぬに例えたり。即ち上の文に云える不可勝の形なり、不敗之地なり、蔵於九地之下なり。千仭の渓は敵に虚なる所あるなり。実と虚とのさかい、千仭うえと千仭下の如し。故に勝つべき図を見て是を撃つ時は、隄を切りて千仭の渓に落とすが如く、たたえきりたる勢にて⁽²⁾漲り落ちること、九天の上に動く兵の、迅速神妙にてふせぐ方便なきが如し。是軍形の至極にて、我は無形敵は有形なるゆえなり。此の段を古説に、千仭の渓にたたえたる水を切りてはなつと見たる説あり。⁽³⁾文面穏やかならず、従うべからず。

(1) 調おる：ととのっている　(2) 漲る：水の勢いがさかんになる　(3) 文面：文章の上にあらわれてくる意味

　これは戦いとはどのようなものなのかのよい喩えになっている。水をたたえている時は静かで何のトラブルもなく平和そのもののように見える。一度戦いが始まると二千メートル近くの高い所にいっぱいためられた水が一度に落ちてくる。相手は一瞬にして砕かれ戦いは終わる。
　戦いは決して長くなってはいけない。長くなると味方の被害も大きくなり、戦費もかさみ、人民の負担も大きくなり、勇気もぬける。また戦いは相手を侮ったり徴発したりして相手を刺激してはいけない。相手を刺激すると相手は備えるから実になり、一瞬にして砕くことができなくなる。

兵勢 第五

兵勢は兵の勢いなり。勢いと云うは自然のいきおいにて、箇様にしかくれば必ずかようになると云うことあり。例えば水もなき山の頂に⁽¹⁾瀑布をこしらゆるに、⁽²⁾筧にて平地にある水を取り、流れ下る勢いにて最前水のありし地より高き所へ上る、其の所より又下りの勢いにてのぼるようにし、段々に勢いを取れば、水なき山頂にも至るべし。故に此の篇の内にも、水の流るる勢いにて大石を流し、又まるき石を⁽³⁾千仞の山よりころばせば、とどむること能わぬことを喩とせり。又⁽⁴⁾太原の劉寅は、猛獣将搏、必伏形、鷙鳥将撃、必斂翼、将以用其勢然也(měng shòu jiāng bó, bì fú xíng, zhì niǎo jiāng jī, bì liǎn yì, jiāng yǐ yòng qí shì rán yě　猛獣の将に搏んとす、必ず形を伏す、⁽⁵⁾鷙鳥の将に撃たんとす、必ず翼を⁽⁶⁾斂む、将に以て其の勢を用いんとす、然りなり)と云えり、⁽⁷⁾猛き獣、又は鷙鷹などが物を取らんとする時は必ず形をかがめ翼をすぼむるは、奮撃の勢いをなさん為なりと云うことなり。兵の勢も又かくの如し。奇正の法によく鍛錬して、うつべき図に中りて発すれば、弱を転じて強となし、少勢を以て多勢を挫くこと、尋常のはからいに超えたり。奇正の法即ち勢をなすゆえんにして、陣法の骨髄なり。故に此の篇みな奇正の理を以て兵の勢を説けり。劉寅また、世の孫子をよく読まざるもの、其の書に陣法を説かざること欠けたる所なりと云うは、此の篇乃ち陣法の要旨なることを知らず、誠に孔明が八陣の図と合わせ考えば、千万世之上に於て古人の秘せし妙所ことごとくこれを得べしと云えり。意を注ぐべきことなり。

(1) 瀑布：滝　(2) 筧：竹の節を抜いたり、木のしんをくりぬいた樋を地上に設けて水を引く装置
(3) 千仞　1000仞＝1000間＝1000×1.818＝1818メートル　ちなみに赤城山が1828メートルである。
(4) 太原の劉寅：武経七書直解は、太原劉寅輯著とある。「輯」は「あつめる」意味である。「編集」を「編輯」とも書く。
(5) 鷙鳥：鷹などの肉食鳥の類　(6) 斂む：しぼめる　(7) 猛し：勇猛である

　又上の篇を軍形篇とし、此の篇を兵勢篇とす。形は総体を以て云いて、勢は発する所にあるなり。故に筍悦は、勢者随時進退之宜也(shì zhě suí shí jìn tuì zhī yí yě　勢は時に随て進退するの宜きなり)と云い、施子美は臨時制敵之勢也(lín shí zhì dí zhī shì yě　時に臨んで敵を制するの勢なり)と云えり。

　ライオン、虎が獲物をとらえようとする時は、じっと形を伏して時期を見、チャンスと見ると急に突進して襲いかかる。静から急に動になるから最初から動いているのと比べると奮激の勢いがある。その勢いを用いるために形を伏するのだと劉寅は言う。しかし形を伏するのは勢いのためだけでない。獲物に気づかせないことが主な目的である。伏さないと獲物に気づかれる。獲物が気づくと当然逃げるから獲物を逃すことになる。たとえ逃げる獲物に追いついてとらえることができてもかろうじてとらえたと言うべきである。伏している状態から急に動き、一瞬にしてとらえる確実さがない。最初から動く時は、獲物をある所、仲間が伏している所へ誘導する時である。相手を倒そうとするなら、必ず伏さなければならないのである。自分の強い所、優れている所を見せびらかして威嚇するだけでは、決して相手を倒すことはできない。

99　孫子曰、凡治衆如治寡分数是也、

sūn zǐ yuē, fán zhì zhòng rú zhì guǎ fēn shù shì yě,

孫子曰く、凡そ衆を治める寡を治めるが如きは分数是なり、

　凡とは総じてと云うことなり。衆は多勢なり。治衆とは多勢を使うことなり。寡は少勢なり、治寡とは小勢を使うことなり。治めるとは糸を治むるこころにて、よく其の乱れずもつれぬ様にすることなり。総じて小勢を使うことは易く、多勢を使うことは難し。百千万の勢を使うこと四五人を使う如く、ばらばらにもならず、手間取ることなく、てもつれなき様にするは、分数と云うことを以てこれを自由にするなり。故に分数是也と云えり。

　分数と云うは曹操の注に、部曲を分とし、什伍を数とすと云えり。部曲は組み分けなり。人数の組みよう、周の世の法は既に謀攻篇にて云いたる如なり。司馬穰苴が説は、⑴一軍⑵万二千五百人を五十人づつ一隊と定めて二百五十隊なり。二百五十隊の内七十五隊を握奇とす、三千七百五十人なり。のこる百七十五隊を八陣に分けて、合わせて八千七百五十人なり。⑶又漢の法は五人を列と云いかしらあり。二列を火と云い十人なり、かしらあり。五火を隊と云い五十人なり、かしらあり、二隊を官と云い百人なり、かしらあり。二官を曲と云い二百人なり、此のかしらを候と云う。二曲を部と云い四百人なり、この頭を司馬と云う。二部を校と云い八百人なり、此の頭を尉と云う。二校を裨と云い千六百人なり、此の将を裨將と云う。二裨を軍と云い三千二百人なり、この将を偏将と云う。偏将を幾人も合わせて是を統べるもの大将軍なり。曹操の注は、漢の法にて説きたるゆえ部曲なりと云えり。畢竟組み分けのことと知るべし。数は什伍なりとは、千人を什と云い五人を伍と云うゆえ、人数のことを数と云うなり。人数は組み分けにつきたるものなれば、分数は畢竟組み分けのことと⑷心得るなり。

(1)　1軍＝12500人
　　　1隊＝50人
　　　1軍＝12500÷50＝250隊
　　　握奇：75隊＝75×50＝3750人
　　　250隊－75隊＝175隊＝175×50＝8750人

(2)　万二千五百人：「一万二千五百人」のこと。現代日本語では、「万二千五百人」とは言わず、「一万二千五百人」と言う。ところが百は、「百二十五人」と言い、「一百二十五人」とは言わない。統一がとれていない感じである。徂徠の頃は「万二千五百人」という言い方が普通になされたのである。ちなみに現代中国語では、「百二十五人」とは言わず、「一百二十五人」と言う。

(3)　1列＝5人
　　　1火＝2列＝2×5＝10人
　　　1隊＝5火＝50人
　　　1官＝2隊＝2×50＝100人
　　　1曲＝2官＝2×100＝200人　此のかしらを候と云う
　　　1部＝2曲＝2×200＝400人　この頭を司馬と云う
　　　1校＝2部＝2×400＝800人　此の頭を尉と云う
　　　1裨＝2校＝2×800＝1600人　此の将を裨將と云う
　　　1軍＝2裨＝2×1600＝3200人　この将を偏将と云う

(4)　心得る：わかる

抑孫子が意に、多勢を使うこと少勢を使う如く自由にするは、組分を以て使うとは、何故にかく云えるなれば、軍には⑴坐作進退の度、分合変化の法あるに、是を一万にあまる人に教えて、一々によく憶え鍛錬させんこと、一人の力にてかなうべきに非ず。⑵たとえば周の軍勢にて云はば、一軍の将軍吾が下の士卒万二千五百人に軍法を習わすには、四師の⑶帥四人に教えるなり。四師の帥四人、また⑷面々に其の下に属する四旅の帥四人に教え、四旅の帥四人、又面々にその下に属する四卒の長四人に教え、四卒の長四人、又面々にその下に属する三両の長三人に教え、三両の長又面々にその下に属する四伍の長四人に教え、四伍の長又面々に其の下に属する四人の士卒に教えて、万二千五百人ことごとく其の法に鍛錬すること、一人にて四人ずつ教えて事すむなり。時に臨んでの⑸下知、⑹ふれ流しもかくの如く、段々に云い合わするゆえ、万二千五百人を治むること只四人を治るが如くなり。人十人にも教えば、一々丁寧によく修練さすること難かるべし。只四人に教えるなれば、如何様にもなるべきことなり。又士卒も只五人の内にて離れず散らず進退一度に揃いて、心を合わせ力をひとつにせんこと如何様にもなるべきことなり。又時に臨みて人数を分けることもかくの如く、元来分けてあるものなれば、如何様にもわけらるるなり。又戦乱れたらん時も、いかように乱れても此の組分けの法を以て更に乱るることなし。故に古人も所御者雖衆、所操者若寡（suǒ yù zhě suī zhòng, suǒ cāo zhě ruò guǎ　御する所は衆しと雖も、操る所は寡なきが若し）と云えるは、大勢の人を制御すれども、吾が掌に握る所は只四人にて事すむと云うことなり。孫子この意を治衆如治寡分数是也と云えるなり。

⑴ 坐作進退：作は「立つ」の意味がある。全体で「坐る、立つ、進む、退く」の意味。
⑵ 周の制度は下記のようになる。5を単位としているのだが、両だけは4両が1卒になる。これは車の前後左右に1両ずつ配置するため、4が単位なる。だから皆4人に教えるのだが、卒の長だけは3人の両の長に教えることになる。
　1伍＝5人
　1両＝5伍＝5×5＝25人
　1卒＝4両＝4×25＝100人
　1旅＝5卒＝5×100＝500人
　1師＝5旅＝5×500＝2500人
　1軍＝5師＝5×2500＝12500人
⑶ 帥：かしら　⑷ 面々：めいめい　⑸ 下知：下の者に指図をすること
⑹ ふれ流し：命令などを広く伝えること

司馬穰苴が軍制と、周の法とちがうようなれども、皆五の法にてかわりなし、五の法と云う時、五の内は一つはかしらなれば皆四人づつを治ること⑴一例なり。但し司馬穰苴は、八陣に握機を入れて九陣なれども、八陣は二陣づつ組みて一は奇一は正となるゆえ、八陣は四陣にて握機を入れて五陣なり。漢の法に二を以て組み上げたるは皆奇正の意にて、備を組みたるものなり。

⑴ 一例：一様

高祖韓信に問いたまうに、朕は何ほどの士卒引きまわす器量ありやとあれば、韓信答えて陛下は十万人の将となりたまうより上は、御手にあまるべしと云う。汝はと御尋ねありければ、多多益善（duō duō yì shàn　多多益善し）と答えたり。多ければ多きほど何百万にても手にあまらぬと云うことなり。この韓信が多多益善と答えたるは、如何様の仕形を以てすることぞと程子に問いたる

人あり。程子の答えにも分数なりと云えり。程子は三代井田の法、司馬の軍制を極めて、通儒全才と称せられし人なれば、孫子が法の外に、又別に三代聖王の妙法あらば、是を説くべきことなれども、三代聖王の法も、この孫子が分数也と云える一語にこえぬことゆえ、かく答えたるなるべし。

又一説に分数の二字を、分は上下貴賎の分別、数は尺籍伍符と云いて、五人組(1)人別の帳面のことなりと云う説あれども、これらは組分の内にこもることにて、而も上下の分別と人別の帳面とばかり云えば、事せばければ、此の説は従うべからず。

(1) 人別：戸籍

> 組織をつくる時5人を単位とすることは参考にすべきことである。部下が10人にもなれば十分に把握できないことになる。部下がわずかに4人ならば十分に把握できる。指示を出す時も部下の部下に直接指示を出すことはせず、直属の部下に指示を出し、その部下がさらに直属の部下に指示を出す形にするのである。部長が平の社員に直接指示を出さず、部長は直属の課長に指示を出し、課長は直属の係長に指示を出し、係長は直属の平の社員に指示を出すのである。

100　闘衆如闘寡形名是也、

dòu zhòng rú dòu guǎ xíng míng shì yě、
衆を闘しむる寡を闘しむるが如くするは形名是なり、

右の分数にて、百万の兵をも一人の掌に握りて、(1)条理の乱れぬようになることなれども、戦に臨みて大軍を下知して、坐作進退分合変化の用をなさしむること、四五人のものに指を以てさし示し、口を以て説き聞かせて使うように、自由に(2)指引きして、しかも士卒のまどわぬ様にすることは、形名と云うことのあると云う意なり。

(1) 条理：すじみち　(2) 指引き：指図すること

曹操の注に旌旗を形と云い、金鼓を名と云えり。旌旗を形と云うとは、四五人ならば指さしをし、手まねをして(1)なりともしらすべれども、多くの人数にては間遠ければ(2)眼力とどかぬゆえ、旌旗と云う形をこしらえて、是にて合図をするなり。一備一備を分けて敵味方まぎれず、味方の内にても備々まぎれぬ様にすることは勿論なり。(3)五方の陣は五色を以て分かち、或いは鳥獣の形をえがき、備数多きには五色に又五色を雑えて、その備々の旗を定め置きて、さて大将軍の本陣にも其の備数程、その備々の旗の如くなる旗をこしらえ置きて、其の旗を或いは合わせ、或いは分かち、或いは交え、或いは動かすを以て、進退分合の下知をなすこと、是衆をたたかわしむること少なきをたたかわしむる如くする法なり。

(1) なり：対等の関係に立つ語を並立、選択させる意をあらわす。この場合は「指さしをし」と「手まねをし」を並列している。
(2) 眼力：視力
(3) 五方の陣：「五方」は「中央と東西南北」のことである。「五方の陣」とは中央と東西南北に兵を配置した陣である。李衛公問対中の巻に「五行の陣」という陣が出ている。五行では、木が東、火が南、土が中央、

金が西、水が北になる。また木が青、火が赤、土が黄、金が白、水が黒になる。この五色から五行の陣というのである。五方向に配置するから五方の陣とも言ったのだろう。

　金鼓を名と云うとは、名は音のことなり。和語にても物の音の意にてねと云うことを名とも云えり。詞は皆名なり。たとえば日の出る方を東と云い、日の入る方を西と云い、日の出るを朝と云い、日の入るを暮れと云い、出るを出ると云い、入るを入ると云うたぐい、皆是聞き知りの為に物ごと事ごとに合う詞を付けて呼ぶところ、人の詞と云うものになりたるなれば、人の⁽¹⁾さえずる音は皆名なり。故に⁽²⁾真名仮名と云うこともあるなり。異国にてもその如く、音を名と云うなり。周礼に書名と云えるは、文字を形を書と云い、音を名と云いたるなり。是古語にて、孫子にて名と云うを音と見ることなり。

　(1) さえずる：しゃべる　(2) 真名：漢字

　さて金鼓を名と云うことは、五、三人ならば口にて云いて下知すべけれども、多くの人数にては聞こえぬゆえ、金太鼓の合図を以て坐作進退の節をなし、行止徐疾の度を知らしめて、多勢を下知して戦わしむるも、少人数を下知して闘わしむると⁽¹⁾一般なり。尤も旌旗と云えば⁽²⁾馬印、⁽³⁾指物、⁽⁴⁾笠印、⁽⁵⁾袖印、一切の⁽⁶⁾合印こもるなり。金鼓と云えば貝、其の外、⁽⁷⁾笙、⁽⁸⁾篳篥、笛などにて合図することあるも皆こもるなり。

　(1) 一般：同一　(2) 馬印：戦場で大将の馬側に立てて、その存在を示す目印としたもの
　(3) 指物：よろいの背の受筒にさし、戦場での目印とした小旗または飾り物
　(4) 笠印：戦場で敵、味方の区別にかぶとの前または後につけた標識
　(5) 袖印：軍陣などで敵、味方を見分けるためによろいの左右の袖につけた小旗の類
　(6) 合印：敵に紛れぬために味方につける目じるし　(7) 笙：雅楽の管弦器のひとつ
　(8) 篳篥：雅楽の管弦器のひとつ

　王晢が説には形と云うは、旌旗金鼓の制度なり。名とは各其の⁽¹⁾名号あるなりと云えり。此の説に従えば、形と云うは旗、⁽²⁾相印、金太鼓のこしらえ様のなりかたちなり、名とはそれに名を付けて次第をしらしむることなり。されども是は古書の文字に通ぜず、後世の文字使いにてときたる説なれば用うべからず。

　(1) 名号：名前　(2) 相印：戦場で敵と味方を見分ける印。上では合印と書いている。

> 　中国のように三千年もの歴史がある文明だと、同じ漢字でもその時代によって意味が違ってくる。その漢字のその時代の使い方がわからないと中国の古典は読めないのである。

　又杜牧が説には、旌旗鐘鼓は敵味方共にあるものなれば、孫子が兵の妙所をとくに、吾が独り得たることのように云うべきに非ず。形は陣形とて備のかたちなり、名とは旌旗なりと云えり。是又ひがごとなり。形名ばかりに限らず、分数も古来より伝わることなれば、敵味方ともにあることなり。此の篇の要文は奇正の二字に止まる、奇正の法をよく悟る時は、組み分けも其のこころにて分くるなり。旌旗金鼓の合図も、畢竟奇正の妙用をなすべき為に設けるなり。されば分数形名、皆奇正を以て骨子として、其の精妙を得つべし。強ちに敵味方共に知ることを厭わば、今孫子をよまざ

るものなく、奇正の二字を云わざるものもなきに、奇正を離れて何か更に兵勢の妙術あるべき。只其の妙を心悟すると心悟せざるとにあるのみ。

> 将となる人で孫子を読まない人はいないはずだ。それでいて名将と愚将が分かれてくる。なぜだろうか。孫子の妙、精理を深く広く考えて、得て、日々の生活で使ってみて応用してみる人と、単に目や耳から入って来る言葉で、その妙、精理を窮めようともせず、得たことを日々の生活で使ってみようともしない、それで時が経つと忘れ去ってしまう人との差だろう。

101 三軍之衆、可使必受敵而無敗者、奇正是也、

sān jūn zhī zhòng, kě shǐ bì shòu dí ér wú bài zhě, qí zhèng shì yě,

三軍の衆、必ず敵を受け敗れること無からしむべきは、奇正是なり、

右の形名にて進退分合の合図を修錬して、自由に多勢を指揮する上にては、軍に負けをとらぬ仕様をここに説きけり。三軍は三万七千五百人にて、大国の諸侯の人数高を云いたるものなれば、大軍と云うことを三軍と云うなり。衆とは多勢のことなり、(1)可使必受敵而無敗と云うは王晢が注に、必は畢の字の誤りなりと云えり。大軍の人数なれば備数も多きなり。備数多き大軍を(2)不功なる大将これを将ゆれば、大軍が手にあまり、其の上先陣後陣の間遠く、ふりまわし不自由にて、却って小勢にやぶらるること多きなり。然るに一備一備に残らず敵を引きうけて戦いても、敗軍することなき仕形は、奇正の二にあると云うことなり。尤も小勢にて奇正の法用うべからずと云うにも非ず、又前後左右に敵を受けたる時ばかり、奇正の法を用いて、さもなき時は用いぬと云うことにも非ず。至極なりにくきことを挙げて云いたるものなれば、小勢が敵を一方に受けたる時は、(3)彌敗軍はなき道理なり。

(1) 「必」を「畢」の誤りとしなくても、「必ず敗られないようにする」と考えれば意味は通じる。
(2) 不功：功は「上手なこと」不功で「上手でない」　(3) 彌：ますます

さてその奇正の法と云うは、奇兵正兵のことなり。正兵は正道の軍を云うなり。場所を定め、日限を定め、(1)式法の如く人数を出し、槍をはじめて勝負を決することなり。奇兵と云うは、奇は奇変の義にて変化をなすこころなり。下の文にも、凡戦者以正合、為奇勝と云える如く、敵味方相対して、法の如く戦を始むるは正兵にて、奇兵は或いは横を打ち、或いは後へまわり、或いは場所せばければ正兵の中より出で、或いは(2)大物見の如くして敵を挑み、或いは馬を入れ、或いは伏兵となり、種々に変化して敵の不意をうつものを総じて奇兵と云うなり。奇兵は総軍なれば総大将、一手なれば一手の大将、一備なれば一備の将の掌る所ゆえ、大将の司る所を握奇と云うなり。この意をよく会得すれば、奇正は自然に備わることなり。故に軍の勝利はこの奇兵にあり。されども正兵なければ奇兵のはたらきなり難し。故に奇正は一方すてられぬものにて、合戦の道この二つに超えず。

(1) 式法：作法　(2) 大物見：多くの兵を率いてものみに出ること

但し奇正につきて諸家の説一様ならず。尉繚子には、正兵は先を貴び、奇兵は後を貴ぶと云えり。

曹操は、先に出でて戦を合わするを正とし、後に出るを奇とすと云えり。李靖は、前に向かうを正とし、後に却くを奇とすと云えり。李筌は、敵に当たるを正とし、旁より出るを奇とすと云えり。梅堯臣は、動くを奇とし、静かなるを正とすと云えり。説々不同なれども、畢竟敵に相手組むを正兵とし、変化するを奇兵とすと心得べし。

されば、本文に奇正の法を以て、備数多き大軍の備ごとに皆敵を受けても、敗軍せずと云えるは、八陣の法を云うなり。八陣は井田の法より起こりて、畢竟は中央と前後左右の五陣なり。その前後左右に皆奇と正とを組み入れ、或いは一備にもし、又二備にもするゆえ、合わせて八陣なり。中央は大将軍の旗本にて、握奇の陣なり。まわりの八陣に前後左右分かるれども、何れにても(1)敵に逢うところを前として、左右後は立つことなり。其の形卍字の如くにて、互いに相救いて横を入るること凝り滞ることなし。又八陣のその一陣一陣に皆八陣ありて、八々六十四陣、是三軍の大勢を備える時のことにて、其の一陣一陣皆それぞれに前後左右円転自在なり。是を漢書にも孫呉が六十四陣と云えり。この外に(2)却月の二十四陣を後に備えて、無窮の変をなすこと孔明が伝えし所なり。是八陣の本源なれども、人数の多少によりて備数も多少なり、備数に多少あるによりて、古今の名将皆八陣の意を用いて、強ちに八の数に限らず。況や六十四陣をや。只奇正の法に鍛錬して、進退の変を詳かにし、遠近の(3)歩数にて虚実の図をはずさざるを陣法の極意として、勝利を得ずと云うことなし。されども孫子は勝つとは云わずして敗るることなしと云えるは、六十四陣の法を主として云えるなり。六十四陣の法全からずとも、其の意を以て用いれば、勝利を得ることなれども、勝敗は相因るものにて、勝つ所に敗れある道理なり。故に敗るることなきを極意として、六十四陣の法全からざれば、如何様の変に逢いても敗れずと云うこと定め難きゆえ、孫子は六十四陣の法を主とすと見るべきなり。尚奇正の極意は末に見えたり。

(1) 敵に逢うところを前として、左右後は立つことなり：「逢う」は「対する」の意味である。全体で「敵に対するところを前にして、左右後を決める」ということである。
(2) 却月：半月
(3) 歩数：歩は長さの単位。歩数のことではない。

「六十四陣の法全からずとも、其の意を以て用いれば、勝利を得ることなる」というのは納得のいかないことである。六十四陣の意で以て攻めても、相手が全き六十四陣で固めていたり六十四陣の意できちんと固めておれば勝つことはできない。畢竟負けないことは己にあるから、己の努力でできることである。勝つことは敵の失にあるから、失のない敵には勝つことはできない。奇正で敗れることが無いようにすることはできるが、必ずしも勝つことができるものではない。

102　兵之所加、如以碬投卵者、虚実是也、

bīng zhī suǒ jiā、rú yǐ xiá tóu luǎn zhě、xū shí shì yě、
兵の加わる所、碬以て卵に投じる如きは、虚実是なり、

これは右の分数形名奇正にて、必然の勝ちあることを云えり。兵とは吾が軍兵なり。所加とはと

りかくる先きを云う。碫は礦石也と注してといし也。王晢が説には、たんの音によみて鍛の字と通ず、この時は⁽¹⁾きたいたる鉄なり。何れにても通ずるなり。卵は鳥のたまごなり。吾が軍兵のとりかくる先は、鉄石をたまごに投げ付ける如く、何のぞうさもなく敵を打ち⁽²⁾ひしぐは、虚実なりと云うこころなり。虚は空虚にて、外がわばかりありて内は⁽³⁾うつけて何もなきことなり。実は内のみいりたしかにて、一点の空虚なきことなり。軍の勝負は虚実にあり。実を避けて虚を打つこと軍の定法なり。然るに右の分数形名の二つよく調りたる備にて、しかも奇正の法を心悟する時は、我が備はいつも実して、敵は変じて虚となるゆえ、鶏卵を⁽²⁾ひしぐ如くなりと云えるなり。なお虚実のことは孫子十三篇にみちみち、なかんづく虚実の篇につまびらかなり。

(1) きたう：高温に熱した金属を打って強くする　(2) ひしぐ：おしつけてつぶす
(3) うつけ：「うつく」の連用形。「うつく」は「中がからになる」意味。

「軍の勝負は虚実にあり。実を避けて虚を打つこと軍の定法なり」これが兵法というもの、戦いの仕方なのである。こちらの実で敵の実にあたり、こちらの強さを示そうとするが如きは兵法を知らない人のすることである。

103　凡戦者以正合為奇勝、

　　fán zhàn zhě yǐ zhèng hé wéi qí shèng、
　　凡そ戦は正以て合い奇を為して勝つ、

　為奇勝と云うを、一本に以奇勝に作る、義理⁽¹⁾大抵同じことなり。されども正兵はもとよりあるものなり、故に以てと云う。奇兵は元より正兵奇兵と分けることもあり、又時に臨みて奇兵をなすこともあり。臨機応変のこころ多ければ、為すと云う方まされり。古本に従うべし。

(1) 大抵：おおかた

　「正以て合い、奇以て勝つ」とすると、奇で勝つことができることになる。軍形篇に「勝つべからざるは己に在り、勝つべきは敵に在り、故に善く戦う者は能く勝つべからざるを為せども、敵の必ず勝つべからしむこと能わず。」とあるのと矛盾することになる。「正以て合い、奇を為して勝つ」とは、正以て合い、奇を為すことができれば勝つという意味である。こちらが奇兵として攻めたことであっても、敵がそれを前もって察し準備しているなら、それは奇兵にならない。これは奇を為すことができなかったのである。だから勝つことができない。ここは「正以て合い、奇以て勝つ」でなく、「正以て合い、奇を為して勝つ」でなければならない。そして「奇を為して勝つ」とは、奇を為すことができれば勝つという意味である。

　上の文に分数、形名、奇正、虚実の四つを説けども、分数、形名は奇正をなさんための下つくりなり。虚実は奇正の上にあらわるるゆえ、此の篇は畢竟奇正を主とす。故にここに奇正を挙げて是をとけり。凡戦者以正合、為奇勝とは、総じて合戦は正兵を以て敵に相手ぐみ、敵の是にくい付くを待ちて、奇兵をなして勝つ、是合戦の大法なり。千変万化しても皆この意を出ず。尤も正兵ばか

りにて勝つこともあれども、それは味方はつよく敵は弱く、強弱⁽¹⁾対揚せぬ時のことなり。それとても奇兵の備はなくてかなわずと知るべし。此の本文に凡戦者とかきたる意、総じて合戦の仕様、この奇正を離れぬことを云えり。

(1) 対揚：つりあうこと

> 「凡そ戦は正以て合い、奇を為して勝つ」これが兵法の神理である。何を正と言い、何を奇と言うかと言うと徂徠の言うように「敵に相手ぐむを正兵とし、変化するを奇兵とす」である。凡そ戦いのある所、凡そ争いのある所、この一句が神理になる。

合戦の勝負は遠きことにて、其の理を説くとも空談のようになりゆき、⁽¹⁾治世には人その実際を得がたし。譬えば両人相闘う上にて云わんに、両人立ち向かいて敵味方の気の組みあう所は正兵なり。此の⁽²⁾気先を以て闘えば、⁽³⁾から⁽⁴⁾じあいになりて、全き勝負を得がたし。是正兵ばかりにて奇兵なきゆえなり。気の組み合う所を引きはずして、気のあわぬ所より打つ時は、吾が剣彼が不意に発して、実を以て虚を打ち、全き勝を得る。是奇兵なり。

(1) 治世：治まった世、太平の世　(2) 気先：気の進む所　(3) から：その動作が本来の目的を果たしていない
(4) じあい：「しあい」の「し」を濁音にしたもの。「しあい」は「為し合い」

又一等を下して所作の上にて云わば、左身を出すは正兵なり、敵これに相手ぐむ時は、右へかわりて勝つは奇兵なり。其の外の所作も大概この意を出ず。

又短剣の奥義は、独往独来して表裏もなく⁽¹⁾所作もなきは器小さきなれば、吾精神十分にゆきわたり不足なる所なきゆえ、上に云える強弱対揚せざる敵に、正兵ばかりにて勝つと同じ道理なり。されども⁽²⁾左手静かにして守るは奇兵の備え自然にしてあるなり。

(1) 所作：為すところ
(2) 短剣は片手で持つ。右利きなら当然右手で持つから、左手は使わず、静かにして相手の奇兵に備えている形になる。

又左右の足を用いる上にて云わんも、左足の踏み定まるは正兵にて、右足にて蹴るは奇兵なり。是奇正は自然のものにて、是を離るることあたわざる道理なり。

又両人にて一人の敵を伐たんに、両人一度にかかる時は両人にても一人の如し。奇正の変なきゆえなり。一人は敵と⁽¹⁾わたし合いて、今一人傍より打つか、又背より伐つ時は、奇正の変にて両人が両人の用をなすなり。

(1) わたし合う：相手になって斬り合う

是等は皆平生誰人も知ることにて、浅き道理なれども、浅きを推して深きに至らば、奇正の理おのづから其の妙所を得べし。

> 戦争に勝った側は我が軍は強いから勝ったのだとか、我が軍は勇敢だから勝ったのだとか、我が軍は正義だから勝ったのだとか言う。我が軍は不意打ちをしたから勝ったのだということ

兵勢　第五 | 135

はあまり言わない。戦いは正々堂々とその強さを競うものであり、不意打ちは卑怯であり、勇士のすることでないというような価値観がある。それでたとえ不意打ちで勝っても、不意打ちで勝ったということを誇らしげに言わない。ところが孫子は「戦いは奇を為して勝つ」つまり「戦いは不意打ちをして勝つのだ」と言うのである。最高の兵法書である孫子が、「戦いは不意打ちで勝つものだ」と断言するのである。ここに戦いというものの考え方を根本的に変えなければならない。戦争はその強さを正々堂々と競うものではないのだ。ただ相手の不意を打って勝つものなのである。

104　故善出奇者、無窮如天地、不竭如江河、

gù shàn chū qí zhě, wú qióng rú tiān dì, bù jié rú jiāng hé,

故に善く奇を出す者は、窮まり無きこと天地の如し、竭きざること江河の如し、

よく奇を出すものとは、奇正の法に熟したるもののことなり。上には奇正を並べ云いて、ここには奇兵ばかりを云いたるは、畢竟軍の勝を取るは奇兵なるによりてなり。されども奇正は一方すてられぬものにて、正兵なければ奇兵の用をなすこと能わず。正兵を本にして変に臨みて奇兵を出すこと、嚢の中より物を出すが如くなるゆえ奇を出すと云う。奇兵をよく出すことは、正兵を以て敵に対する所より、無尽の妙用を出すなるゆえ、善出奇と云えば、自ら正兵を兼ねるなり。それゆえ奇兵ばかり云いたる様なれども、是より下みな奇正を並べ説きたると心得べし。無窮如天地、不竭如江河とは、奇正の妙用のきわまり尽きることなきを賛嘆したる語なり。天地より万物を生ずること、開闢以来億万世を(1)ふれども、生々してやまず。これぎりにて是より上は生ぜずと窮り限ることはなし。又江河とは、江は(2)江水とて、中華の西のはずれ岷山（びんざん）と云う山より出て、中華を横にわたりて東海へ流れ入る。北にては黄河、南にては江水を、中華第一の大河とするなり。河は黄河なり。江水黄河の水つくると云うことなし。奇正の変もその如しと云うこころなり。

　　(1) ふれ：「経る」の已然形。現在は「へる」と読むのが一般的　(2) 江水：揚子江のこと

105　終而復始日月是也、死而復生四時是也、

zhōng ér fù shǐ rì yuè shì yě, sǐ ér fù shēng sì shí shì yě,

終りて復た始まる日月是なり、死して復た生ず四時是なり、

是も上の無窮如天地、不竭如江河と云う意を押し広めて、日月四時を例えにして、奇正循環の意を明せり。奇正循環とは下の本文にあり。循環は環を(1)なづるなり。(2)環はかんなり。かんをなでさぐりて見るに、始めもなく終わりもなし。奇正の法もその如く、奇正は離れて二つなるものに非ず。奇中に正あり、正中に奇ありて、奇変じて正となれば正又変じて奇となる、正変じて奇となれば奇又変じて正となる。たとえて云わば、日入れば月出で、月入れば日出で、終わりては始まり、始まりては終わり、これぎりにて日の再び出ぬと云うことなく、これきりにて月の再び出ぬと云うこともなし。又春夏秋冬の四時、万物春生じて冬死す、されども今年ぎりにて死したるもの、又生ぜぬと云うことなし。死しては生じ生じては又死す。かくの如く、日月四時の始めもなく終わりも

なき如く、奇正の変化もつくることなきなり。

- (1) なづる：下二段活用の動詞「なづ（撫づ）の連体形。「なでる」の意味。
- (2) 環：輪状で中央に丸い穴があり、穴の直径と周囲の肉の幅が等しい宝石。指などにつけて飾りとした。

106 声不過五、五声之変不可勝聴也、色不過五、五色之変不可勝観也、味不過五、五味之変不可勝嘗也、戦勢不過奇正、奇正之変不可勝窮也、

shēng bù guò wǔ, wǔ shēng zhī biàn bù kě shèng tīng yě, sè bù guò wǔ, wǔ sè zhī biàn bù kě shèng guàn yě, wèi bù guò wǔ, wǔ wèi zhī biàn bù kě shèng cháng yě, zhàn shì bù guò qí zhèng, qí zhèng zhī biàn bù kě shèng qióng yě,

声五に過ぎず、五声の変(1)勝て聴くべからず、色五に過ぎず、五色の変勝て観るべからず、味五に過ぎず、五味の変勝て嘗むべからず、戦勢奇正に過ぎず、奇正の変勝て窮むべからず、

- (1) 勝て：ことごとく

是は声と色と味とを喩えにして、奇正の変化きわまりなきことを云いて、上の文の無窮如天地、不竭如江河と云う句の意を反覆して説けり。

声不過五とは、天地の間の物の声、百千万と云う数をしらねども、畢竟して云う時は、宮商角徴羽の五音の外に過ぎ超える音なし。故に古の聖人この五を以て一切の音をすべくくる。宮は土の音にて至りて重く濁る音なり。商は金の音にて、宮の音につづきて重く濁る音なり。角は木の音にて重からず軽からず、清からず濁らぬ音なり。徴は火の音にて、清くして軽き音なり。羽は水の音にて、至極清く至極軽き音なり。唇舌(1)牙歯喉の音に配当すれば、唇の音は羽なり、はひふへほまみむめも是なり。舌の音は徴なり、たちつてとらりるれろなにぬねの是なり。牙の音は角なり、かきくけこ是なり。歯の音は商なり、さしすせそ是なり。喉の音は宮なり、(2)あいうえおやいゆゑよわいうえを是なり。五声の変とはこの五声の変化したる所を云う。不可勝聴也とは、ききつくされぬと云うことなり。五声の変化に至りて、宮の中にも宮商角徴羽あり、商の中にも宮商角徴羽あり、角の中にも宮商角徴羽あり、徴の中にも宮商角徴羽あり、羽の中にも宮商角徴羽ありて、五々二十五声になる。又其の中に各五音あり。又其の中に各五音あり。その変化無尽なるに至りて、一々にきき分け覚ゆることもならず。なかなかききつくされぬなり。是を五声之変不可勝聴也と云うなり。

- (1) 牙歯：「牙」と「歯」を対する時は、「牙」が奥歯、「歯」が前歯になる。
- (2) あいうえおやいゆゑよわいうえを：底本、孫子詳解ともこのように記述されている。しかし中世から戦前までの五十音図は一般的には、「あいうえおやいゆえよわゐうゑを」である。道済校『孫子国字解』はすべてカタカナで書かれており、「アイウエヲヤイユヱヨワイウエオ」になっている。ア行にヲを使い、ワ行にオを使っているのが興味深い。

色不過五とは、物の色さまざまあれども、畢竟其の要をすべくくる時は、青黄赤白黒の五色にこえず。五色之変不可勝観也とは、五色の変化に至りて、五色をまじえ合わせて種々の色となし、其の品一々に見尽くすことも能わぬ程になるを云うなり。

現代の知識としては、色は赤，緑，青の3原色を0～255の値で指定し、色を表示できる。「赤の値：緑の値：青の値」の形式で表すと、五色は次のようになる。

青：　　0：　0：255
黄：　255：255：　0
赤：　255：　0：　0
白：　255：255：255
黒：　　0：　0：　0

つまり現代の知識では、黄、白、黒は赤、緑、青の組合せで表現できる。「色五に過ぎず」でなく、「色三に過ぎず」なのである。

　味不過五とは、物の味にさまざま品あれども、畢竟其の要をすべくくる時は、⁽¹⁾鹹苦酸辛甘の五味にきわまりて、此の五つの外へこえたる味はなし。是味不過五なり。鹹は⁽²⁾しわはゆきなり。苦はにがきなり。酸は⁽³⁾すきなり。辛はからきなり。甘はあまきなり。五味之変と云うは、その鹹苦酸辛甘の五味をまぜあわせ安排をする時は、其の味の品幾千万と云う数を知れず。不可勝嘗也とは、其の⁽⁴⁾数品きわめて多ければ、一々にことごとく嘗めつくすこと能わぬとなり。

　　(1) 鹹：塩からい味　(2) しわはゆき：「しわはゆし」の連体形　「しおからい」の意味
　　(3) すき：「すし」の連体形。漢字で「酸し」とも書く。「すっぱい」の意味　(4) 数品：数と種類

　戦勢不過奇正とは、合戦の勢を云う時は畢竟奇正の二法に超えて、外に別の法なしと云うことなり。奇正之変不可勝窮也とは、奇正の二法の外に別に合戦の法なしと云えば、心安きことのようなれども、其の奇正の二法の変化するに至りて、前に天地江河日月四時を例えにし、又五声五色五味を喩えにして云える如く、窮りなき変化ありて、一々に窮め尽くすこと能わずと云う意なり。たとえば八陣を以て云う時は、前後左右の四陣を正とし、四の隅（すみ）を奇とす。又八陣を皆正とすれば、⁽¹⁾中営奇を握りて是に応ず。一陣の内又八陣ありて、奇正各分かる。其の一陣を以て云う時は、其の陣正にして其の将の⁽²⁾手回りを奇とす。かくの如く正の中に奇正あり、奇の中に奇正あり。幾重も幾重もかくの如し。これを奇正の変の極め尽くされぬ所なり。

　　(1) 中営：中央の陣営　(2) 手回り：主将のかたわら近く守護する兵士

　「戦勢奇正に過ぎず」はまた一句で戦いのやり方を言い尽している。戦いは勢で相手を押しつぶして勝つものだが、戦勢をつけるのは、奇正に過ぎないと言うのである。相手の知らない奇兵がなければ戦いに勝つことはできない。

107　奇正相生、如循環之無端、孰能窮之哉、

　　qí zhèng xiàng shēng, rú xún huán zhī wú duān, shú néng qióng zhī zāi,
　　奇正相生じ、循環の端無きが如し、孰か能く之を窮めんや、

　是は上の終而復始日月是也、死而復生四時是也と云えるを受けて、奇正循環の妙を説けり。上の

段に云える如きは、重々無尽なりと云えども、もとより定まりたる奇正にて、奇正の奥義を尽さず。この段の意は奇正に定まりたる体なきことを云えり。此の意を唐の太宗⁽¹⁾発明して、正を以て合い奇を以て勝たんとするに、敵わが正を正と見、奇を奇と見ば、吾奇を正とし、正を奇として是にかつ。敵わが正を奇と見奇を正と見ば、吾正を正とし奇を奇として是にかつと云えり。かくの如くなる時は、奇正は時に臨みて変化することにて、かねて定むべきに非ず。かねて定むる時は敵より是をはかる。時に臨みて変化するゆえ、敵はかること能わず。奇を変じて正とし、正を変じて奇とし、生じ生じてやむことなし。たとえば正を以て敵に合わせ奇を以て勝つ時、奇敵と合う時は、奇は正となり正又奇となる。故に本文に奇正相生、如循環之無端と云えり。もとよりかねて定めたることなければ、敵なにとして是をはかり知らんや。故に孰能窮之哉と云えるなり。是孫子一篇の至極なり。よくよく味わうべし。其⁽²⁾玄旨尚虚実篇に詳らかなり。

(1) 発明：物事の意味や道理を明らかにすること　(2) 玄旨：奥深いむね

> 相手にこちらの奇兵を絶対にわからないようにするには、相手に因って奇兵を置けばいいのである。相手が奇兵はないと確信している所に奇兵を置けばよいのである。

108　激水之疾、至於漂石者勢也、鷙鳥之疾、至於毀折者節也、

jī shuǐ zhī jí, zhì yú piào shí zhě shì yě, zhì niǎo zhī jí, zhì yú huǐ zhé zhě jiē yě,

激水の疾き、石を漂すに至るは勢なり、鷙鳥の疾き、毀折に至るは節なり、

この篇は兵勢篇なるに、上の文には奇正を云いて勢と云うことを云わず。然るに正兵を以て敵へつめかけ、⁽¹⁾いやともに敵に戦わせて、奇兵を以て是に勝つこと、是必然の勢なり。故に奇正即ち勢なるによりて、ここに至りて勢を説けり。勢を以て敵を制して是をうつに節あり。故に又節を説けり。

(1) いやとも：いやが応でも

激水とは⁽¹⁾せきかえる水を云う。疾とははやきことなり。せきかえる水の⁽²⁾さかまく勢のはやく速やかなるにては、大石をもただよわし流す程に至る。是軍に勢を用いるゆえんなり。水はやわらかにして静かなるものなれど、勢をかりてはさかまきかえるなり。石は重きものなれば、水にうかばず流れざること其の常なれども、激水に⁽³⁾せかるればおし流さるること、是又水の勢によりてなり。軍も少人数にて多勢に勝ち、弱兵にて強兵に勝つこと、かくの如しと云える喩えなり。敵は石なり。味方の兵は水なり。是を激せしむるは勢を用いる上にありと知るべし。

(1) せきかえる：せき＋かえる。四段活用の動詞「せく（急く）」の連用形＋四段活用の動詞「かえる」の連体形。「せく」の意味は「はげしくなる」。「かえる」は動詞の連用形についてすっかりその状態になることを表す。「煮えかえる」というように使う「かえる」である。
(2) さかまく：水流がぶつかり合って激しく波立つ
(3) せかるれば：せか＋るれ＋ば。四段活用の動詞「せく」の未然形＋受身の助動詞「る」の已然形＋接続助詞「ば」。「せく」はこの場合は「せきたてる」の意味。接続助詞「ば」は已然形に接続して「その条件の

下にいつもある事柄の起こることを示す」。

鷙鳥と云うは鷹、隼、鷲、(1)鵰のるい、鳥獣をとる鳥をすべて鷙鳥と云うなり。毀折とはやぶりくじくとよみて、鷙鳥の物をうちつかむことを云うなり。鷹隼鷲鵰の類の(2)おとしかくる勢甚だ速やかにして、鳥獣をやぶりそこなうに至るは、節にかなうゆえなり。節とは節度にてほどよき図に中ることなり。鷲鷹の物をとるによき図にかなうと云うは、鳥の伏して居る所をとらず、地をとび離るるさかいを撃つなり。いまだ地をとびなれぬ内は、彼いまだ発動せざるによりて、彼が所作見えねば、彼が体定まらず。定まらざるを打つ時は其の変かり難し。今鷙鳥の物をとることこの図をはずさざるゆえ、(3)百度発して百度もあやまたず。是節を得るゆえなり。軍もその如し。敵の旗、正兵に向うて気の組み合いたる所を奇兵を以て打つ時は、彼別に変化することを得ざるゆえ、吾が打つ所かれが虚なる所にて、石を以て鳥の子を打つが如し。もしいまだ敵の気の我が正兵に向かわぬ所を打つ時は、敵わがかかるを見て別に変化するのみならず、彼は動かざるに我は(4)はや動くゆえ、我却って虚なり。ことによりて我に奇正の別なくなりて、敵寡を以て衆をうつ術を奮うことを得べし。是勢の上に、又節と云うことを説けるゆえんなり。

(1) 鵰：鷲は「こわし」、鵰は「おおわし」である。
(2) おとしかくる：「落とし掛く」の連体形。「掛く」は「事物をある所で部分的にとらえる」
(3) 百度発して百度もあやまたず：現代語では「百度発して一度もあやまたず」と書くのが普通である。
(4) はや：すでに

> 相手の動きがわかると、その動く所に伏兵を置くことができる。動かない相手には伏兵の置きようがない。だから相対している場合、先に動いたほう、先に動きをつかまれたほうが負けることになる。

109 是故善戦者、其勢険、其節短、

shì gù shàn zhàn zhě、qí shì xiǎn、qí jiē duǎn、
是故に善く戦う者は、其の勢険、其の節短し、

是は上に勢と節を説けるゆえに、又ここにその勢と節の用い様を云えり。上に説ける道理ゆえに、合戦をよくする人は、兵の勢は険を用いて其の節は短きをよしとすと云う意なり。

険は(1)さかしともけわしともよめども、和訓にて其の義通じがたし。曹操、李筌、張預が註には険猶疾也（xiǎn yóu jí yě　険猶疾のごときなり）と云えり。疾はとしとよみてはやきことなり。此の註(2)親切ならず。もし果たしてとき意ならば上の文に激水之疾鷙鳥之疾と云えるにて理きこえたるに、又文字をかえて、ここに其の勢険と云うに及ばざることなり。梅堯臣が註には、険即迅（xiǎn jí xùn　険なれば即ち迅）と云えり。険なる時は(3)としと云う意にて険はときゆえんなり。此の説まされりと云うべし。王晢が註に、険者折以致其疾也、如水得険隘而成勢（xiǎn zhě zhé yǐ zhì qí jí yě、rú shuǐ deǐ xiǎn ài ér chéng shì　険は折りて以て其の疾を致すなり、水険隘を得て勢を成すが如し）と云えり。この意は、険と云うはもと地形険阻なることなり。隘はせばきなり。地

形岩ぐみ峻しく、岸の間せばく、水の流れとおり難く、折れ曲がりたる所にては、水かくの如くなる地形にせかれて、はげしき勢をなすなり。その如く合戦の勢も、くじく所より極めてはげしき勢を致すことなり。くじくと云うは折ることにて、ひとふし、ふしを付けることなり。総じて気のかしらは強く、半ばを過ぎれば気ぬくるものゆえ、敵間いまだ遠きに(4)ひとのしにかかる時ははげしき勢をなさず。故に馬を入るる時は敵間近くのりかけ、それより乗り(5)ひらき勢を取り、(6)ひずみより乗り込むなり。(7)歩立なれば(8)折敷き、折敷く中より立ち上がり、(9)一さんに切りかかる類なり。

(1) さかし：けわしい　(2) 親切：深く思うこと　(3) とし：速い　(4) ひとのし：ひといきで行うこと
(5) ひらく：閉じているものをあける。この場合は敵が守って閉じているのをあける。
(6) ひずみより乗り込むなり：敵の守りに生じたひずみから乗り込む。敵との間が遠いのに一気に攻めると気が抜けるから、まず近くまで乗り込んで、敵の守りをこじあけ、勢いを取り、敵の守りに生じたひずみから攻めるのである。
(7) 歩立：歩兵
(8) 折敷き：「折敷く」の連用形。「折敷く」は右の膝を曲げて腰をおろし、左膝を立てた姿勢で座る
(9) 一さんに：わき目もふらずに急ぐさま

険の字の(1)本意易の坎の(2)卦のこころなり。坎の卦は(3)坎中連とて、上下陰にて中に一陽あり。陰は静かに柔らかに止まりて動かずかがみて伏する所に、陽は動きて進み、つよくするどにはげしき意なり。故に険と云うは、至極静かなる内より忽ち動き、至極柔らかなる内より忽ち剛く、屈みて伏し止まりてしこりたる内より、忽ち迅速の勢を発するこころもちなり。此の意を会得せば、険の字の妙義神悟すべし。

(1) 本意：真意　(2) 卦：陽爻─と陰爻－－であらわれる象
(3) 坎中連：坎は☵であり、上下が－－であり、中が─である。中が連なっている形だから、「中連」になる。
　　離は☲であり、上下が─であり、中が－－である。中が断たれた形だから、「中断」になる。

　　坎（☵）の卦は人の身の処し方を教えていると思う。実際は智があり、能がある。ところが外から見ると智もなく能もないように見える。このように身を処していると災いに引き込まれることが少ない。老子第28章に言う「其の雄を知りて其の雌を守る」の心である。

其節短とは、奇兵を以て敵を打つべき図は短きをよしとす。短とは(1)間数のつまることを云う。敵と我とのあいだの間数つまる時は、吾がいきおい抜けずして力全き故なり。張預が註に、進んで撃つことは五十(2)歩を節として遠すぎたるはあししと云えり。大抵一歩を一間と見て、五十歩は五十間なり。されどもこれは李靖が太宗問対より出たることにて、彼本文を案ずるに、三十歩より五十歩に至ると云えば、(3)三十間より五十間なり。(4)馬軍は五十歩と云えば五十間なり。然れば張預が説は騎兵のことを云えり。尤も(5)本文は進んでうつ上にて其の節を云えども、総じて節は皆勢を強くする道なれば、道理通ずべし。

(1) 間数：間（約1.8メートル）を単位としてはかった長さ
(2) 歩：長さの単位。歩数が50歩と言っているのでない。
　　「古は周尺八尺を一歩とす」であったため、

    1歩＝8周尺
    周尺＝今の曲尺×0.71963　だから
    1歩＝8×今の曲尺×0.71963
    1歩＝今の曲尺×5.76
    「周の末には、或いは六尺を一歩とし、或いは六尺四寸を一歩として、其の制諸国同じからず。秦に至りて一統して、六尺一歩に定めたり。」であったため、
    1歩＝6周尺とすると、
    周尺＝今の曲尺×0.71963　だから
    1歩＝6×今の曲尺×0.71963
    1歩＝今の曲尺×4.31778
    1間＝今の曲尺×6　だから、徂徠の言うように「大抵一歩を一間と見る」ことができるのである。
 (3) 三十間より五十間：30×1.8＝54メートル　50×1.8＝90メートル　だから54メートル～90メートル。打つべき敵と90メートル以上離れていると、距離がありすぎ、敵の所に達するまでにいきおいが抜けるからよくないのである。
 (4) 馬軍：騎兵　(5) 本文：「この文」　太宗問対から引用している文をさしている。

110　勢如彍弩、節如発機、

shì rú kuò nǔ、jié rú fā jī、
勢は弩を彍るが如く、節は機を発するが如し、

　是は上段を弩弓に例えて云えり。上の段其勢険と云えるは、弩弓をはるが如しとなり。つねの弓も同じことなり。古は弩弓を盛んに用いたるゆえ、弓と云わずして弩と云えり。弓を射るに持ちてはなつ勢(1)折きて疾きを致す道理なり。其節短とは機を発するが如しとなり、機は弩弓の引きがねなり、弩弓の引きがねを切りてはなすこと(2)まぢかく引きうけてはなつ時は百発百中して、しかも其のつよきに例えたるなり。

 (1) 折き：「折く」の連用形。「折く」は「折れる」意味。「折きて疾きを致す」は水が折れ曲がり疾くなることを言っている。
 (2) まぢかく：「間近し」の連用形。「間近し」は距離がきわめて近いこと。

> 　徂徠は明言していないが、節如発機は引き金を発するのは一瞬であり、その速いことの譬えとしたのだろう。

> 　「善く戦う者は、其の勢険、其の節短し、勢弩を彍るが如く、節機を発するが如し」。つまり、「善く戦う者は、勢が険しく、節が短い。勢は弩を彍るようで、節は弩を発するようだ」。これは戦いの仕方をよく教えている。まず弓を張るように勢を十分に高める。そして弓を発するように瞬時に攻める。勢が十分につくまでは決して攻めてはならないのである。攻める時は瞬時に攻めるのである。

111　紛紛紜紜闘乱、而不可乱也、渾渾混混形円、而不可敗也、

fēn fēn yún yún dòu luàn, ér bù kě luàn yě, hún hún hún hún xíng yuán, ér bù kě bài yě,

紛紛紜紜闘い乱れて、乱るべからざるなり、渾渾混混形円にして、敗るべからざるなり、

　是は分数形名よく調りて、奇正虚実の変を知りたる備のことを云うなり。何氏は闘う勢を説くと云い、杜牧、張預は陣法なりと云えり。李靖が太宗に対えたるには、八陣の法変化して敵を制するに及んでは、則紛紛紜紜闘乱而法不乱、混混沌沌形円而勢不散、此所謂散而成八、復而為一者也（zé fēn fēn yún yún dòu luàn ér fǎ bù luàn, hún hún dùn dùn xíng yuán ér shì bù sǎn, cǐ suǒ wèi sǎn ér chéng bā, fù ér wéi yī zhě yě　則ち紛紛紜紜闘い乱れて法乱れず、混混沌沌形円にして勢い散らず、此れ謂う所の散じて八と成り、復して一と為る者なり）と云えり。然れば分数形名よく調り、奇正虚実の変を備えたるは即ち陣法の至極、即ち八陣にて変化して敵を制す、即ち敵と闘う上なれば、何れの説も皆通ずるなり。
　(1)但し陣法と云うは、備立のことなり。常に営を陣小屋と云うによりて、営を布くことを陣取と云い、それよりして陣取の法を陣法と覽(み)るは心得違いなり。

(1) 陣法は備立のことである。備立は戦いに望んでの兵士の配置である。営を布くことを陣取と言うので、陣法を陣取の法と考えるのは、誤りである。

　黄献臣が説に、この段のことを分数形勢の外のことのように云いたるは、分数形勢をはなれて陣法なしと云うことを知らず、誤りなり。
　紛々紜々とは、紛紜と云う語を重ねたるものなり。紛紜とはものの多くして乱るる形なり。それを打ち重ねて紛々紜々と云いたるは、乱れたることをつよく云える詞なり。闘乱とは敵味方鋒を交えて闘う時は、備の形必ず入り乱るるものなるゆえ、その事を云えり。不可乱とは敵より乱ることのならぬと云うことなり。渾々混々とはまろき貌なり。諸本に混々沌々に作る、同じ意なり。まろき貌と云うは、強ちに備を円く立てると云うことには非ず。円転自在にして滞りなきことなり。それゆえに曹操は出入有道斉整也（chū rù yǒu dào qí zhěng yě　出入道有り、斉整なり）と云えり。斉整と云うは、行列のそろい調りたることには非ず、(1)約束の調りたることを云う。李靖が語は円所以綴（yuán suǒ yǐ zhuì　円は綴(つづ)る所以なり）と云えるこころなり。綴はつづると読む、離ればなれなるものを、糸などにて綴りつけてはなれぬ様にする意なり。闘い乱れて紛々紜々として行列も乱れ、らちもなき様に見ゆれども、散乱せぬはこの綴と云うものにて乱れぬなり。綴とは即ち分数の法なり。

(1) 約束：たばねること

　五人を伍と云いて五人に一人の筆(ふで)がしらあり。備を立てる時は四人のものは筆頭の(1)四維にありて、左と前の間を左の一とし、左と後の間を左の二とし、右と前の間を右の一とし、右と後の間を右の二とす。押し行く時は、筆頭先に立ちて、次に左の一、次に右の一、次に左の二、次に右の二と次第するなり。闘う時は筆頭場を見はからい進んで立つ時は、筆頭の左に左の一、其の左に左の二、筆頭の右に右の一、其の右に右の二とならびて一文字の如し。五伍二十五人を一組として、小

組頭あり。是又備を立てる時、押し行く時、闘う時、右に同じ。二組合わせて五十騎一備なり。何れも上に同じ。如何様に乱れても、一伍五人は一所になりて離れず。五伍の筆頭五人は、進退分合皆小組頭に随いて、心ままに進退することなし。小組頭二人は一備の士大将を守りて、士大将討死すれば五十騎皆討死するなり。かくの如く法令約束調う時は、人数のつぎめ離れぬゆえ、断絶散乱することなく、円転自在なり。是を李靖、円所以綴其旋、綴斉則変化不乱（yuán suǒ yǐ zhuì qí xuán, zhuì qí zé biàn huà bù luàn　円は其の⁽²⁾旋を綴する所以なり、綴斉えば変化して乱れず）と云えり。かくの如く分数たたずして、只五十騎を一備とするとばかり覚えて、五十人を一所に聚め置きたるばかりにては、闘い乱るる時は必ず混乱することなり。⁽³⁾

(1) 四維：四方のすみ　(2) 旋：ふるまい
(3) 伍　5人　筆頭あり
　　組　1組＝5伍＝5×5＝25人　小組頭あり
　　備　1備＝2組＝2×5伍＝10伍＝10×5＝50人　士大将あり
　　1人の士大将を2人の小組頭が守る、1人の小組頭を4人の筆頭が守る、5人の筆頭を4騎が守る。だから1人の士大将が討死すれば50騎が皆討死することになる。これは法が整い、50騎が秩序立って動いている場合である。命がほしいと勝手に逃げる者があると、一番下の兵士が生き残っているのに士大将が討死することが起こり得る。

又李筌は混沌合雑也、形円無向背也（hún dùn hé zá yě、xíng yuán wú xiàng bèi yě　混沌合雑なり、形円向背無きなり）と注して、前後の差別分かれぬこととし、王晢は形円にして測られざる貌なりと注し、何氏は形円とは行列なきなりと注し、張預は混沌を交錯なりと注して、入りまじりたることとす。是にても義理通ずれども、上の紛々紜々闘乱と云うと同意になるなり、只杜佑が注に渾々として車輪転がり行き、沌々として歩み⁽¹⁾驟き奔り馳すと云い、梅堯臣は、形首尾なく、応ずること前後なく、陽旋陰転すると注せり。皆分数形名よく調いたる備の、進退分合の約束乱れず、人数のつぎめはなれず、円転自在なることを云いて、孫子が意にかなえるなるべし。

(1) 驟き：「うごつく」は「うごく、うごめく」の意味。

又形円なると云う字に泥みて、⁽¹⁾備の形を円形に立てることなりと云う説あり。大いなる誤りなり。必ず用うべからず。備に方円曲直鋭の形ありと云うは、備、数を立てる時地形によりて、丸くも、四角にも、長くも、三角にもなるなり。多くの備の総体の⁽²⁾なりのことなり。一備の形を云うに非ず。たとい一備の形を円く立てたるが利あり、⁽³⁾鋒矢に立てたるがよきことありとも、木などにて物の形を作りたる如きなるものに非ず。進みて闘う時は何時も一文字にならではならぬものなり。是皆軍法の実際を得ざるもの、図式に泥みて備に形ありと思うなり。

(1) 備：隊　(2) なり：形　(3) 鋒矢：鋭い矢

又本文の意を、備をまんまるに立てて、隊伍行列の分め見えぬようにして、敵を惑わす術なりと見る説あり。尤も兵は詭道なれば、箇様なることもあるべけれども、孫子がこの段の本意は、陣法の全体を云いたるものなり。その如き一⁽¹⁾いろ一しなのことを云いたるに非ず。用うべからず。

(1) いろ：品目

又形円と云う円は、円蜜の義なりと注せる説もあり、密はもののつき合いてすかぬことなり。是又大いなる誤りなり。備に人数をすきまなく立てば、堅固なるべしと思うは、⁽¹⁾白人の了簡なり。孔明が陣法に、陣間に陣を容れ隊間に隊を容れると云いて、大備小備ともに四方を備だけあけ、一備の内にては人間に人を容るるとて、人の間には人の一人居るほど明くることなり。又白刃を曳くに足れりとも云えり。⁽²⁾抜身の⁽³⁾矛剣をあとへ引くほど間を明くることなり。かくの如くせざれば前後左右の働き不自由にて、友崩の失あり。馬を入るるには、必ずまばらなる備に入ることなかれと古老も云えるぞや。司馬法に、陣行唯疎、戦惟密（zhèn xíng wéi shū、zhàn wéi mì　陣行は唯疎、戦は惟密）と云えり。備はすきたるをよしとし、戦う時は精力のそろいてすきまなきをよしとすと云う意なり。この意を会得せば円密の注誤なること明らかならん。

(1) 白人：しろうと　(2) 抜身：さやから抜きはなした刃
(3) 矛剣：矛と剣。矛は長い柄の頭に刃をつけた兵器。

　一段の意は闘い乱れたる時は紛々紜々として、埒もなく、前後左右入り乱れたる様なれども、分数形名奇正の法よく錬熟したる備は、その円転自在なること、形円なるものをころばすに、渾々沌々として滞りなきが如くにして、敵より是を乱ることも敗ることもならぬと云うこころなり。

　太宗問対の中に、此の本文を八陣に引き合わせて、散而成八、復而為一（sǎn ér chéng bā、fù ér wéi yī　散じて八と成り、復して一と為る）と云いたるを誤り⁽¹⁾会して、本文の紛々紜々闘乱、而不可乱と云うは、散而成八こと、渾渾混混形円、而不可敗と云うは復而為一ことと云う説あれども、是亦大いなる誤りなり。八陣に分かれたるところ、行列隊伍分明なれば、紛々紜々と云うべからず。復而為一と云うを、混々沌々に引き合わせたるは形円と云うに泥みたるものなり。李靖が語の意は分合自在なることを云いて、即ち円転して滞らぬ意なりと知るべし。

　陣法のことはなお握奇八陣の法をよく会得し、太宗問対をよく⁽²⁾味わい、七書に普く通達し、⁽³⁾武備志の陣図の内、⁽⁴⁾兪大猷が陣法など考え合わせば其の妙所に至るべし。武備志の内にも愚を使うの計にて、古今の種々の陣図を載せたり。惑うことなかれ。

(1) 会す：理解する
(2) 味わい：原文は「味へ」になっている。「味ふ」は四段活用である。するとここの「味へ」は命令形でなければならない。命令形でも通じないことはないが、ここは連用形と考えるほうが自然である。現代語でも助動詞「た」につけて「おいしいものが味わえた」と言う。助動詞「た」は連用形につくから、「味わえ」が連用形である。また「おいしいものが味わえる店」と言う。これは「味わえる」が連体形であることを示している。「味わえ」が連用形で、「味わえる」が連体形になるのだから、「味わえる」という下一段活用する動詞があると考えなければならない。原文の「味へ」は、下一段活用の動詞「味へる」の連用形である。しかしそのまま「味へ」とすると、現代では四段活用の動詞「味ふ」の命令形に取られてしまう。それで、四段活用の動詞「味ふ」の連用形「味ひ」（現代仮名遣では「味わい」）に改めた。
(3) 武備志：明の茅元儀により編纂、刊行された。全240巻に及び、膨大な図譜を添付する。
(4) 兪大猷：明の人　和寇、群盗を平らげた。

112　乱生於治、怯生於勇、弱生於強、

luàn shēng yú zhì, qiè shēng yú yǒng, ruò shēng yú qiáng,

乱は治に生じ、怯は勇に生じ、弱は強に生ず、

　是は上の段に、分数形名奇正よく調りて、乱れても乱れざる備のことを云いて、⁽¹⁾至極を明かせるによりて、此の段には至極の上を、又⁽²⁾一重説きたるなり。乱とは、隊伍行列乱れて、号令約束調わざることなり。治とは隊伍行列よく調りて、号令約束明らかに、手もつれすることのなきを云う。怯はつたなしとよみて臆したることなり。勇は武勇なり。弱はよわく力なきことなり。強は威力のつよきことなり。上の段に云える、紛々紜々闘乱而不可乱也、渾々混々形円而不可敗也と云えるは、分数形名奇正までよく調りたる備なれば、治勇強の三を備えて必勝の備立なり。されども虚実の奥義に徹して見る時は、一定の実なく、一定の虚なし。故に敵将武功なれば味方の実を変じて虚とし、敵の虚を変じて実とす。味方の将武功なれば、味方の虚を変じて実とし、敵の実を変じて虚とす。天道循環して春夏あれば秋冬あり、秋冬あれば春夏あり。日出れば入り、入れば又出ず。月に⁽³⁾盈昃あり。潮に進退あり。人に呼吸あり。是を天地の道は更るがわる盈虚をなすと云う。故に乱は治の内より生ず、治を恃んで怠ることなかれ。怠る所に乱生ず。敵の治に屈することなかれ。治極まれば乱生ず。怯は勇の⁽⁴⁾たゆむ所に生ず。勇を恃めば吾気のいつかたゆみたることを知らず。敵の勇気もぬくる所あり。弱は強につきて離れぬものなり。吾強きところに弱みあり。敵の弱きところも侮るべからず。治勇強は実なり。乱怯弱は虚なり。虚は実より生ず。虚もよく実に変ず。よく此の理に通徹すれば、円転自在にして兵⁽⁵⁾機のはたらくこと、盤を走る⁽⁶⁾珠の如くなるべし。然れば円の一字まことに兵勢の至極なるゆえ、此の段より一篇の終わりまで、専らこの円の字を説けり。味わうべし。

(1) 至極：この上なくきわまったこと　(2) 一重：衣服をさらに一枚重ねて着ることから、一層の意味
(3) 盈昃：月の満ち欠け　(4) たゆむ：衰える　(5) 機：はたらき　(6) 珠：球形のもの

　乱は治の内より生ず、治を恃んで怠ることなかれ。怠る所に乱生ず。敵の治に屈することなかれ。治極まれば乱生ず。徂徠のこの一句は本当に役立つ一句である。敵が非常に強いと私達はとても勝てないとあきらめてしまう。しかし強極まれば弱が生じるのである。相手が強くてもひるまず、弱が生じ乱が生じるのをじっと待つのである。

　李筌が説に、本文の治乱を国家の治乱のことにして云えり。尤も道理は通ずべけれども、この本文は陣制の上を云いたるなり。李筌が説用いがたし。
　曹操、杜牧、梅堯臣、王晢、何氏、張預が説には、何れも本文の意を敵をたばかる意と見たり。手前の備治まりたる所よりは、よく備の乱れたる様にして敵を欺くことなると云うことを、乱生於治と云う。手前の士卒勇なる所よりは、よく臆したるまねをして敵を欺くことなると云うことを、怯生於勇と云う。手前の備強き所よりは、よく弱きふりをして敵に見することもなると云うことを、弱生於強と云うと見たるなり。面白き説なれども、僅かに一辺を説き得て、兵勢の深意にかなわず、故に従わず。

113　治乱数也、勇怯勢也、強弱形也、

zhì luàn shù yě、yǒng qiè shì yě、qiáng ruò xíng yě、

治乱は数なり、勇怯は勢なり、強弱は形なり、

　上の文に治乱勇怯強弱のことを云いたるを受けて、治乱勇怯強弱の本を明かせり。治乱数也とは、数は分数なり。軍中の法令のよく調りて、埒もなく乱るることなく、すみずみすえずえまでよく調うと云うは、前に云える分数の上にあることなり。分数定まらざれば、士卒をしめくくる所なきゆえ乱るるなり。分数定まる時は段々に頭を付け、頭に頭を付けてしめくくるゆえ、百万の人数も掌に握る如くなると云う意なり。勇怯勢也とは、士卒の武勇と臆するとは、勢にのるとのらぬとの差別なり。勢にのりて働く時は臆したるものも皆武勇になり、きおいぬくる時は勇士も臆すると云う意なり。水の石を漂わす喩え、上の文に詳らかなり。強弱形也とは、其の軍の強きと弱きとは、其の形の見ゆると見えぬとにあり。常の人は人数も多く馬(1)物具もきらびやかにして、様子(2)こうごうしく見ゆるを強しと思い、さなければ弱しと云う。それは外のかたちに取り付きて、真実の強弱に非ず。真実のつよみと云うは、敵より何とも伺いはからるれぬを云うなり。伺いはからるる所あらば弱き所なりと知るべし。是強弱のまことの形なり。形篇を考えて、孫子が形の字の意を知るべし。

(1) 物具：器具　(2) こうごうし：とうとくておごそかである

　兵員の数、武器の質と数を比較して各国の軍隊の強弱を測ることが多い。例えばインターネット上には、アメリカ軍は兵力150万人、戦車8000両、戦闘機4500機、爆撃機180機、空母11隻、原子力潜水艦71隻であり、中国軍は兵力230万人、戦車8800両、戦闘機1570機、爆撃機80機、空母1隻、原子力潜水艦9隻と報じている。これから兵力は中国軍が多いが、中国軍は戦闘機、爆撃機、空母、原子力潜水艦でアメリカ軍に劣ることがわかる。これから米中が戦争をすれば、地上戦では中国軍が有利だろうが、空と海の戦いになればアメリカ軍が有利だろうと推測する。ところが徂徠はこういう見方は外の形に取り付いた常人の見方で真の強弱でないと言う。真の強弱は相手からうかがいはかることができるかどうかで決まると言う。その軍がどう動くか、相手から予測できないほうが強いのである。軍の強弱を考える時にこういう観点はあまり持たない。しかし孫子はこれが真の強弱を決めるものだと言うのである。

　会社の強弱を考える時、私達は何を基準にするだろうか。利益の大きさ、技術力、資金力、従業員数、ブランドなどであろう。しかし孫子的に考えるとその会社が何をしようとしているか、外からどの程度わかるかによって会社の強さが決まる。

　現在利益が大きくても事業には波があるから、収益が大きく落ち赤字に転落する可能性がある。現在技術力を持っていても、新しい技術が開発されればその技術は使いものにならなくなる可能性がある。現在資金があっても、事業が赤字に転じ、大きな損失が続くと資金はやがて底をつく。従業員がたくさんいても、大きすぎて小回りができず、大きな収益を逃したり、従業員の人件費が大きくて収益が大きく落ちる可能性がある。ブランドがあっても大きな不祥事があると、ブランドが大きく傷つく可能性がある。

　このように考えてみるとその会社が何をしようとしているかどの程度わかるかということ

は、会社の強さを表す少なくとも一つの基準になる。

　李筌が説に、治乱数也と云うを、時の[1]運数なりと見たり、然らば軍の勝負も時の運と見ば何ぞ兵の道を用いんや。兵家のこころに非ず。杜牧、梅堯臣、張預が説には、治めて乱るるは数也、勇にして怯きは勢也、強にして弱きは形なりとよみて、手前をよく治めて外を乱れたるように見せ、実には勇なるに外を臆して見せ、実には強けれども外を弱くして見することと云えり。強て道理を面白きようにときたる説にて、文句の通りに見たる説に非ず。従い難し。開宗の説には、乱れたるを治るは数也、怯きを勇にするは勢なり、弱きを強くするは形なりとよむ。むつかしき見ようなり。本説のとおりにてこの意もこもるなり。

(1) 運数：運命

114　故善動敵者、形之敵必従之、予之敵必取之、

gù shàn dòng dí zhě, xíng zhī dí bì cóng zhī, yú zhī dí bì qǔ zhī,

故に善く敵を動かす者は、之に形して敵必ず之に従う、之に予えて敵必ず之を取る、

　上に段々分数、形名、奇正、虚実の変を詳らかに説き、円転自在に勢を取るゆえんを明かして、ここに至りて勢を以て敵を制することを云えり。此の段のこころ右に云える如く、治乱、勇怯、強弱、皆吾がするままになることゆえ、敵を動かすことわが心のままなり。分数治まりて強勇なる敵は伐つべからず。是を伐たんとせば、是を動かすべし。動く時は敵の虚ここにあり。是うつべき所なり。動かずんば形の見えぬ敵なり。伐つべからず。されども兵の勢をよく知りたる人にあらでは、よく敵を動かすことなるまじ。此の本文に善動敵者と云えるは、兵の勢をよく知りたる人なりと知るべし。

　兵の勢をよく知りたる人の敵を動かすは、如何様にして動かすと云わんに、形之と予之となり。形之とは勝負の形のあらわるる所を形と云う。この軍は勝つべし、此の軍は負くべし、ここをうたば勝つべしと云うすがた模様の見ゆることなり。されば形之と云うは、敵のここを撃ちて勝たんと思いて、備を動かすようにしかくることを云う。これは軍に功者なる人は誰も知りたることにて、誰も敵を動かして其の虚を撃たんと思えども、それに動く敵あり、動かぬ敵あり。この方より形之して敵を動かすに、敵必ずこれにのりて動くことは、善動敵者ならではならぬことなり。故に善動敵者、形之敵必従之、予之敵必取之と云うなり。従うとは、敵わが形する所に従いて備を動かすことを云うなり。予之とは、何にても敵のこのむこと敵の利とすることを敵にあたうることなり。この方の失策にて敵の利となることをこれ取れとて予えんに、敵てだてにのる時は、これを取る。方便にのらぬ時は取らず。必ず敵にとらする様にすることは、よく敵を動かす人ならではならぬことなり。是皆勢を知ると知らざる上にありて、勢を知る人は、二重三重前方より、末にかようになりゆかずしてかなわぬと云う勢を以てしかくるゆえ、不功者なる敵この勢に使われて、[1]いやともにわれに動かさるることを云えるなり。

(1) いやとも：いやが応でも

　古来の注に、形之と云うを、多くは弱き形を敵に見することと云えり。されどもそれのみに限る

べからず。或いは強き形を敵に見せて敵をちぢませ、或いは弱き形を敵に見せて敵をおごらせ、又智慮深く味方の動きを待つ敵ならば、味方の動きをあらわして見せ、何にても敵の動くことをあらわして見することを云うとみるべし。(1)一概に拘るべからず。予之と云うをも、古来の注には、多く金銀米穀のるいを予うることと説きたれども、これも金銀米穀土地人民又は要害の地など、何にても味方に得れば味方の利となり、敵に得れば敵の利となることの、両方より争うべきものを、味方の料簡ちがい、或いは心付かず、或いは手とどかずして、是を取らぬように敵に思わするを、予之と云うなり。是又一辺に拘るべからず。

(1) 一概：一端

115　以利動之、以卒待之、

　　yǐ lì dòng zhī、yǐ zú dài zhī、
　　利以て之を動かし、卒以て之を待つ、

之は上に形之予之と云うに就きて、その仕方を云うなり。以利動之と云うは、上の文に形之予之と云うも、畢竟敵の望むことを以て敵を動かすなり。利とは敵の望むことを云うなり。軍を興して合戦に及ぶと云うは、もと争う所あり。故に智慮深く軍に(1)功者にて、妄に動かぬ敵なりとも、其の心の望むこと必ずあるべきなり。この彼が望むことを以てこれを動かさば、などか動かざるべき。是兵の勢をよく知りて、敵を動かすことの上手なる人の、よく敵の守りを変ずる道なりと云う意なり。

(1) 功者：上手

以卒待之と云う卒の字を、李靖が太宗問対には、本の字に作る。本と云うを張預が注に、正兵なりと云えり。直解には上の文の治乱勇怯強弱の語にかけて、真治真勇真強の本と見たり。又古来諸家の説に、やはり卒の字にして精卒勁卒などと見たり。精卒はしらげたる士卒と云うことにて、すぐりたる軍兵を云うなり。勁卒はつよき士卒なり。尤も利を見て敵の動く所をば、すぐりたる軍兵を以て、敵の動きを待ち受けて是を撃つべきことなれば、義理は通ずるようなれども、本文にもなき精の字勁の字を足して見ること、孫子が本意にかなうまじく思わる。又精の字勁の字を加えず、唯士卒のことと見る時は、奇兵を以て勝つ意になるなり。正を以て合い、奇を以て勝つこと、軍の通法なればさもあるべけれども、正兵を以て(1)ひしぎて勝つこともあるべし。奇兵ばかりには限るまじければ、是又通ぜぬなり。又直解の説に従いて、真治真勇真強の本と見る時は、道理は深妙なるようなれども、畢竟理学者の舌端なり。用ゆべからず。張預が説に従いて、正兵と見ることも、是又正兵ばかりには限るまじければ用ゆべからず。今案ずるに、古本の卒の字は文字のかきあやまりにて、李靖が本の字に従うべし。本と云うは軍形篇に昔之善戦者、先為不可勝、以待敵之可勝と云える、是敵に勝つの根本なり。敵の利とすることを以て敵を動かして、敵動くは是敵に勝つべき所なり。されども吾は敵にかたれぬことをして敵の動きを待つべし。是以本待之なり。多くは利を以て敵を動かさんとしては、却って味方の形あらわれて、敵にうたるることあるべし、故に孫子心を付けて丁寧に教え誡めて、以本待之と云えるなり。誠に兵の勢いに通達する人に非ずんば、かくまではと思わるるなり。

(1) ひしぐ：押しつぶす

　徂徠は卒を「唯士卒のことと見る時は、奇兵を以て勝つ意になるなり。」と言っている。しかし卒は文字通り見れば、兵卒のことであり、正兵も奇兵も含んでいると考えられ、奇兵に限る必要はない。ことさらに卒を奇兵の意味に取り、正兵で勝つこともあるから、これは通じないと非難する徂徠の議論はどうかと思う。たとえ奇兵の意味に取るにしても、「凡そ戦は正以て合い、奇を為して勝つ」と兵勢編に言っているのだから、奇兵で待つと考えても意味は通じる。徂徠自身が「尤も正兵ばかりにて勝つこともあれども、それは味方はつよく敵は弱く、強弱対揚せぬ時のことなり。それとても奇兵の備はなくてかなわずと知るべし。」と説明している。たとえ正兵で勝つとしても、奇兵はどうしても必要なものだから、奇兵で待つといっても別に不自然ではない。

　徂徠は卒は本の誤りで、「本以て待つ」にすべきだと言う。この本とは、軍形篇の「昔の善く戦う者は先ず勝つべからざるを為す、以て敵の勝つべきを待つ」を勝つ「本」だと言う。兵勢篇の一句を説明するのに、遠くの軍形篇の一句を引いてくるのは、どうかと思う。さらに孫子の本文には、これが勝つ本だとは書いてない。これは徂徠の考えに過ぎない。ここの徂徠の解釈は自分の解釈で強引に解釈したものと言わざるを得ない。

　元の通り「利以て之を動かし、卒以て之を待つ」でよく、卒は文字通り「兵卒」の意味ととる素直な解釈でいいと思う。

　「以利動之、以卒待之」はわずか8文字である。しかしこの8文字に兵法の極意が凝縮されている。魚を釣ろうとすれば必ず餌をつけなければならない。餌のないむき出しの釣針に魚が食いつくはずがないのである。餌という利で魚を動かし、釣針という卒で待つ。だから魚が餌に食いついた時に魚を釣り上げることができる。餌という利がなければ魚を釣ることは決してできない。人と争う時も同じである。利でその人を卒の待っている所へ動かす必要がある。人は倒される前に「しめた、得をした」と思うものなのである。魚が釣られる前に「しめた、得をした」と思うのと同じである。「得をした」と喜んで動くような人でないと、その人を倒すことは容易でない。利ほど害なるものはないのである。自分が利と思うもの、そこに自分が打ち負かされ、倒される大きな害が待ち構えている。

116　故善戰者、求之於勢、不責之於人、

　　gù shàn zhàn zhě, qiú zhī yú shì, bù zé zhī yú rén,
　　故に善く戦う者は、之を勢に求めて、之を人に責めず、

　篇の首より段々に上に説ける如く、兵の勢と云うもの尤も肝要なるゆえ、合戦の上手と云うものは、唯この兵の勢の上にて軍の勝負を求めて、人の材能器量の上に付きて、軍に勝つことを求むることをばせぬとなり。故求之於勢、不責之於人、と云えり。責めると云うももとむることなり。古より聖王賢君名将何れも人材を第一とすることなるに、孫子がかく云える深意は、兵の勢を論ずる

に付きて、人材の求めようを教えたるなり。尤も士大将物頭より士卒に至るまで、皆それぞれに其の器量備わりたる人を持ちて合戦をせば、⑴いみじきことなるべけれども、かくの如くによき人ばかりを持たんことあるべからず。其の上⑵おのが兵の勢に拙きことをば知らずして、吾が下の士大将物頭士卒の⑶かげにて軍に勝たんと思うこと、誠につたなきことなり。兵の勢をよく知りて士卒を使う時は、臆せるものも勇になり、弱き備も強くなる。是名将の作略なり。其の上人に求むると我に求むると、其の心入れ各別なることなり。深く味わうべし。

⑴ いみじ：すばらしい　⑵ おのが：自分が
⑶ かげ：恩恵　現代語では、接頭辞「お」をつけて「おかげ」として使う。

117　故能択人而任勢、

gù néng zé rén ér rèn shì、
故に能く人を択びて勢を任ぜしむ、

上に云える如く、名将は軍の勝ちを兵の勢に求めて、下の剛臆を責めざるゆえ、合戦をよくする人はよく人を択ぶなり。能と云う字に心を付くべし。愚かなる大将は、択人と云えばよき人ばかりをすぐり、剛なる人ばかりをすぐりて、是にて軍に勝たんとす。それゆえ下へせめ求むることつよくして、人をとがめ人を責む。これ甚だ滞りたることにて、力を以て勝たんことを求むる道理になるなり。かくの如くなるを孫子は責之於人と云うなり。又人を択ぶことを知りたれども、よく人を択ぶとは云われぬなり。名将はよく兵の勢に通達して、こり滞ることなし。故に智あるものをば将とし、勇なるものをば⑴先登とし、力強きものに旗を守らせ、⑵下卒には飛び装具を持たせ、⑶上卒には⑷短兵を持たせ、臆したるものには物を守らせ、それぞれに人を使う。唐の太宗、味方の弱き備を敵の強き備に当て、味方の強き備を敵の弱き備に当て、弱き備を以て敵の強き備を引き動かし、強き備を以て敵の弱き備を打ち破り、其の勢を以て敵の強き備も破れたることあり。是よく勢を用いて、よく人を択びたるなり。然れば択と云うは、えらびすぐりてよきばかりを取るに非ず。とくとえりわけて、智愚剛臆をそれぞれに使うことなり。

⑴ 先登：一番のり　⑵ 下卒：劣っている兵卒　⑶ 上卒：優れている兵卒
⑷ 短兵：相手に接近して使う短い武器。（弓、長槍に対して）刀剣、手槍などを指す。

任勢と云うは兵の勢をその人々に任とさすることなり。任とさするとは背に物を荷わするこころなり。例えば弱き卒を先へ出すは、わざと崩れて敵をおびかん為なり。強き卒にわざと崩れよと云い含めて、敵を⑴おびかする時は、敵愚将なれば之にのる、功者なれば、真に崩ると偽りて崩るとの⑵際を見分けて、是を追わず。今弱卒を出して敵にあたらする時、弱卒なるゆえ、崩るるは是真の崩れにて偽りに非ざれば、敵も伺うこと能わずして、是を逐う時、強卒をそなえ置いて、虚を撃ちて是に勝つ。是人を択び分けて、其の人々の強弱剛臆の上に兵の勢を持たするこころゆえ、背に荷わする道理にて、勢を任ぜしむと云うなり。此の段も古来の説に、択人と任勢とをふたわけにして説きたり、一篇の文勢に暗くして、孫子が深意を失えり。従うべからず。

⑴ おびかする：おびか＋する。四段活用の動詞「おびく」の未然形＋使役の助動詞「す」の連体形。「おびく」は「だましてさそう」意味。

兵勢　第五 | 151

(2) 際：境界

> 　聖王、賢君、名将が人材を第一とするという時の人材はその人に一任する、あるいは助言を求める人材である。この場合の人は将の下の兵卒だが、兵卒は将の指示通りに動くだけである。将が兵卒に一任したり、兵卒の助言を求めたりすることはない。ただし参謀として将が使っている人材は別である。将は参謀には助言を求める。参謀はここの人に含まれていないと考えるべきである。ここで言う人に求めるのは、人に参謀としての能力を求めることではないのである。戦争は上の命令が絶対であり、兵卒に一任したり、兵卒の助言を求めることは最初からありえない。孫子がここで人に求めないと言う必要もない。ここで言う人に求めるのは、兵卒が敵より武術、体力に長じ、たくさん敵を殺し、敵の土地を奪うことである。善く戦う将は勢で勝とうとし、兵卒の武術、体力に頼って勝とうとしない。だから兵卒に敵より武術、体力に長じていることを求めないのである。勢を得るように兵卒を選ぶだけである。

> 　この一文は人の使い方を教えている。軍隊は強くなければならない。だから人を選ぶことになれば、誰もが屈強な若者で武術に巧みな者を選びたがる。ところがこれは人を選ぶことでないと言うのである。それぞれの能をよく知り、その能に適した仕事を与えることが人を選ぶことだと言う。戦いにわざと負けて敵兵にそれを追わしめて伏兵で勝つことはよくなされることである。最初に負ける時に強い兵を使うと負けにくい。偽りて負けると敵に偽りて負けたことに気づかれる恐れがある。それでまず弱兵をあてるのである。これならまず負ける。それで伏兵の所までおびき出しやすい。敵に気づかれることも少ない。弱兵も非常に役に立つのである。
> 　会社は各自の売上にノルマを課し競争させることが多い。ノルマを達成できないとボーナスは減額され、最悪の場合リストラの憂き目を見る。売上が多いというのは、確かに大事な能力である。しかしそれは能力のすべてでない。各自の能力をよく知り、それに適した仕事を与える。それが人を使う上で大事なことである。

118　任勢者其戦人也如転木石、木石之性安則静、危則動、方則止、円則行、

rèn shì zhě qí zhàn rén yě rú zhuǎn mù shí, mù shí zhī xìng ān zé jìng, wēi zé dòng, fāng zé zhǐ, yuán zé xíng,

勢に任ずる者は其の人を戦わしむるや木石を転すが如し、木石の性安なれば則ち静かに、危うければ則ち動き、方なれば則ち止まり、円なれば則ち行く、

　上の文に択人而任勢と云うを受けて云えり。任勢者とは名将を云う。戦人とは士卒に合戦をさすることなり。名将の士卒に合戦をさするは、兵の勢をその士卒の背に負わせて戦わすること、たとえば木と石を(1)まろばす如きなり。その木石をまろばすと云う喩えは、如何なることなるに、木石の性は安ければ静かに、危うければ動くなり。安と云うは平地に置くことなり。木にても石にても、平地におく時はおちつき安らかなるゆえ、平地のことを安と云うなり。静と云うは動かぬことなり。

危とは⁽²⁾かた下りなる場を云うなり。かた下りなる場に置けば仆るるものゆえ、危と云いたるなり。されば木石の本性平かなる所に置けば動かず、⁽³⁾ふろくなる所に置けば動くなり。是場所によりて兵の勢を取る喩えなり。方則止、円則行とは、四角なる木石は、下のすわりよきゆえころばしても止まりて動かず、円き木石は下のすわりふろくなるゆえ、ころばせば走り行くなり。是士卒の上に付きて兵の勢を取る喩えなり。

(1) まろばす：ころがす
(2) かた下り：かた（片）は接頭辞で二つそろったものの一方の意を表す。「片思い」と使う「片」である。この場合は下りだけあるのである。
(3) ふろく：平らでない

119　故善戰人之勢、如轉円石於千仞之山者勢也、

gù shàn zhàn rén zhī shì、rú zhuǎn yuán shí yú qiān rèn zhī shān zhě shì yě、

故に善く人を戦わしむるの勢、円石を千仞の山に転ばすが如きは勢なり、

上のたとえを受けて云えり。上に例えたる如く、名将のよく勢を以て士卒を使いて合戦をさすること、丸き石を⁽¹⁾千仞の山よりころばし落とす如くにて、其の勢するどにして、是をふせぎとどむること能わざるは、兵の勢に通達する故なりと云う意なり。千仞は大抵千間なれば、極めて高きことを云いて、上の文に云える危うき場なり。石⁽²⁾円かに場も千仞の山なれば、即ち上に云える危則動、円則行の道理にてたとえたり。是を軍の上にて云わば、形名分数奇正の変に錬熟したる軍兵は、円き石の如し。兵の勢を以てよき場所に備るは、千仞の山に置くが如し。是に兵の勢を背に負わせて是を使うこと、手を以て彼の石をまろばすが如し。然れば石を鳥の子に投げ付くる如くにて、敵これを支ゆることあたわず。是別の子細に非ず、皆兵の勢なりと云う意にて、勢也と云う二字以て、一篇を結べり。此の篇の結語と軍形篇の結語と似たる様なれども、軍形篇ははかられぬ所より、迅速の妙用を発することを云い、この篇は兵の勢を以て円転自在なる意を云いて、⁽³⁾主意⁽⁴⁾各別なり。されども形勢の二つは離れぬものゆえ、軍形篇の結語にも勢の意を帯たり。

(1) 仞：
　　間＝1.818メートル
　　だから
　　1000仞＝1000間＝1000×1.818＝1818メートル
　　赤城山は1828メートルである。千仞はほぼ赤城山の高さである。
(2) 円か：丸いさま　(3) 主意：主旨　(4) 各別：それぞれが別であること

虚実 第六

虚実の字意は上の篇の解に見えたり。全体の虚実を云う時は、明将の備は実なり、闇将の備は虚なり。然れども臨時の虚実を云う時は、明将の備も虚なることあり、闇将の備も実なることあり。虚実は移り易りてやまず、⁽¹⁾循環の端なきが如し。兵の勢を以て是を制する時は、実も変じて虚となり、虚も変じて実となる。されば敵にかまわずして、務めて己を実するは軍の本体なり。実を避けて虚を撃ち、実なれば守り、虚なれば攻めるは、軍の常法なり。よく敵の実を虚になし、味方の虚を実になすは、軍の妙用なり。其の元は上篇に云える分数形名より調りて、士卒を使うこと手足を使うごとく、分合自在なる上に、よく奇正の勢を以て敵を使う時は、虚実掌にありて、必勝の道を⁽²⁾得。故に兵勢篇の次に此の篇あるなり。曹操の注に、能虚実彼己也（néng xū shí bǐ jǐ yě 能く彼己を虚実にするなり）と云えり。彼は敵、己は味方なり。敵をも味方をも、虚にするも実にするも我心のままにする意にて、誠に虚実の至極なり。故に唐の太宗も、⁽³⁾朕観諸兵書、無出孫武、孫武十三篇、無出虚実（zhèn guàn zhū bīng shū, wú chū sūn wǔ, sūn wǔ shí sān piān, wú chū xū shí 朕諸の兵書を観るに、孫武に出ずる無し、孫武十三篇、虚実に出ずる無し）とのたまえり。十三篇の髄脳この篇にありと知るべし。

(1) 循環：循環は環をなでることである。環は輪状で中央に丸い穴があり、穴の直径と周囲の肉の幅が等しい宝石で、指などにつけて飾りとした。「循環の端なきが如し」は孫子の兵勢篇に出てくる言葉である。
(2) 得：得る
(3) これは「李衛公問対」中の巻に記述されている。

　曹操の「能く彼己を虚実にする」という一句は名言である。これで兵法の真髄を言い得ている。曹操が達人であることがわかる。三国志演義で最大の悪役として描かれたため、曹操の評判はかんばしくない。しかし人は評判でなく、その人自身を見て評価しなければならない。

120　孫子曰、凡先処戦地而待敵者佚、後処戦地而趨戦者労、

sūn zǐ yuē, fán xiān chù zhàn dì ér dài dí zhě yì, hòu chù zhàn dì ér qū zhàn zhě laó,

孫子曰く、凡そ先に戦地に処りて敵を待つ者は佚す、後に戦地に処りて戦に趨く者は労す、

　是は主客の勢を以て、虚実の理を説けり。凡とは総じてと云うことなり。戦地とは、戦いて勝利あるべき地形なり。

　先処戦地とは、戦いて勝利あるべき場所へ、敵の陣取らぬ先に、此の方より陣を取り備を立つることなり。待敵とは敵の来るを待ちうくる意なり。佚は安佚にて、骨折らず辛労なき意の字なり。味方の疲れをも息め、ゆるゆると支度をして敵を待ちうくる意を云うなり。戦いて勝利あるべき地形を、敵にとられぬ先に此の方より陣を取りて、敵の来るを待ちうくる時は、士卒の疲れをもやすめ、ゆるゆると支度をもし、又何もかも⁽¹⁾しまい、ひまなれば敵の様子をもよく見て、打つべき図をものがさず。又地の利を此の方へ⁽²⁾取りつれば、諸事の⁽³⁾てづかいもよし。敵の攻め来るも此の方の不意に非ず。かねて思いもうけたる図に敵を引きつけ、心のままにはからうなり。

(1) しまう：し終える
(2) 取りつれば：取り＋つれ＋ば。四段活用の動詞「取る」の連用形＋助動詞「つ」の已然形＋接続助詞「ば」。「つ」は動作、状態が完了した意味である。「ば」は已然形に接続するとその条件の下にいつもある事柄の起こることを示す。
(3) てづかい：配備すること

　後処戦地とは、戦いて利ある場を敵に取られたるゆえ、あとから其の場に陣取ることなり。趣戦とは(1)ゆきがかりの合戦をすることなり。労すとは骨折辛労することなり。味方の疲れをやすめず。支度(2)てづかい、ゆるゆるとすることならず、何事もゆきづまり(3)せわしなく、手のまわりにくき意あり。戦いて利あるべき場を敵に取られ、あとから其の場へ行きて陣取る時は、敵ははや陣取り備を立て固めて居りたるゆえ、ゆきがかりに合戦を敵よりしかけんも(4)こころもとなければ、心ひまなく、(5)油断もならず、疲れをも息む間なく、諸事の支度てづかいもせわしくて、ゆるやかなることなく、何かに心とられて敵を打つべき図もおのずからぬくることあるべし。心さわがしければ目も見えぬものゆえ、敵を察することも詳らかなることを得がたし。是畢竟主客の勢と云うものにて、先に場を取りたるは主となり、後から来るものは客となる。主は亭主、客は客人なり。亭主は何事に付きても勝手てづかいよく、客人は諸事不自由なるものなり。主は実にして客は虚なり。主客に労佚の分かちありて、主はつねに佚し、客はつねに労する(6)さかい、会得すべきことなり。

(1) ゆきがかり：行きがけ　(2) てづかい：配備すること　(3) せわしなし：いそがしい
(4) こころもとなし：不安である　(5) 油断：ゆったり　(6) さかい：ものの分かれ目

> 「心さわがしければ目も見えぬ。」私もびっくるするようなことが起こり、心が大きく動揺している時に、自動車を駐車させようとして塀にあてたことがある。心が大きく動揺している時は周囲が見えていないのである。不意を撃たれると心が大きく動揺する。それで周囲がよく見えず適切な対応ができない。この点からも不意打は非常に有効なのである。

　本文に待敵とあるを見て、軍はとかく懸るより待つに利ありと云う人あり。尤も以陰制陽、以静制動（yǐ yīn zhì yáng, yǐ jìng zhì dòng　陰以て陽を制し、静以て動を制す）の道理にて、待つ方に利多きものなり。是軍には必ず勝負あるものにて、人々勝つことを好むこころ盛んに、又合戦の勝負は瞬息をまたぬものにて、間ぬけぬれば必ずおくれになること多き上に、急迫なる場合にて、見切り定めたしかならねば、(1)大形(おおかた)は身命をすてて無二無三に切りかかりて、勝利を得ること多きゆえ、少し軍をしなるれば、武勇に任せて押し懸るようになりゆくものなり。かくの如き敵を制するには、待ち軍に利あること老功の将のすることなり。されども懸ると待つとは皆軍の所作にて、懸るは陽、待つは陰なり。陰陽一つもかけてかなわねば、懸待(かけまち)何として一偏に拘るべき。孫子が本文のこころは、其の主意、先処戦地と後処戦地との分かちにありて主客労佚の勢を第一に説きたり。われ先に場を取れば、手前にせわしきことなきゆえ、ゆるゆると敵の虚を察して、懸りてなりとも待ちてなりとも、心の儘になることなり。此の心持を本文に待つと云いたるなれば、待軍とばかり心得べからず。懸るも待つも皆待つなりと心得べし。畢竟この待と云う字の神理は、下の文の致人と云うにて、よくよく神悟すべきことなり。

(1) 大形は：現代語では「大方は」と書く。

121　故善戦者致人、而不致於人、

gù shàn zhàn zhě zhì rén、ér bù zhì yú rén、

故に善く戦う者は人を致して、人に致されず、

　此の文は上の文を結びて、虚実の神理を説けり。是は虚これは実と、敵味方の上にて定まりたる虚実を説かば、死底の虚実にて、活底の虚実に非じ。虚実の神理はよく敵の実を虚にし、味方の虚を実にするなり。されば活動自在ににて虚実は吾掌中にあるなり。是この本文の意なり。上の文はこの本文の神理を喩り知らしむべき為に、一端を挙げたるものと知るべし。上の文の意にて、此の文の意尽きると思うべからず。致人と云い、不致於人と云う致の字は、至らしむると云う意なり。至らしむるとは呼びよする意なり。呼びよするとは引き付けることなり。不致於人とは敵の方へ引き付けられぬことなり。上の文に云いたる如く敵よりさきに場を取り、敵をよき図に引き付けて撃ち取るは、善く戦うもののすることなり。敵に場をとられて後に其の場へ赴かんは、敵に引き付けられたるものにて、善く戦うもののせざることなり。

　剣術を以て喩えんに、敵味方立ち向かい、敵よりにても味方よりにても、一歩さきへ踏み出したる方の打つ太刀は中らず、後に一歩踏み出したるものの打つ太刀は中る位あり。是間あい同じと云えども、一方さきへ踏み出すにて間あいつまるゆえ、後に出る方の太刀中るなり。軍もその如し。敵味方間を備だけおきて互いに相対し、何れも傍らに奇兵を備えて横槍を入れんとするに、懸る方負くるなり。懸る方向いの奇兵へ間近くなるによりて、横を入れられて負くるなり。此の外、敵をおびき横を入れて勝つるい、皆敵をよき図に引き付けて勝つなり。されども敵かようなる場へうかうかと踏み出して、横を入れらるることあるべからず。此の方より横を入れんとする時は、敵より又其の横を押さゆべし。されば箇様なる場へ敵を引き付けて、輙く打て取ると云うは、合戦の上手の、よく兵の勢を我物にして、敵の(1)いやながら進むように仕かけて、敵に進まするに非ずんばかなうべからず。故に善戦者致人と本文に説きたることにて、戦の上手ならではならぬことなり。

(1) いやながら：いや＋接続助詞「ながら」　「いや」は漢字では「否、嫌」であり、「好まぬこと、欲しないこと」である。「ながら」は「〜にもかかわらず」の意味である。全体で「好まないことにもかかわらず」の意味である。

　致人と云える奥義は、敵をかからすることばかりには限らず。懸らせて勝つべき敵なれば、懸らせて撃ちて取り、引かせて勝つべき敵なれば、引かせて撃ちて取り、敵の旗を東へ向けてよき時は東へ向けさせ、西へ向けてよき時は西へ向けさせ、如何様とも、此の方の自由に敵を取りてまわすことなり。かくの如くなれば、実なる敵をも心ままに虚になすべき故、吾はいつも実にして、敵はいつも虚なり。故に李衛公も、(1)千章万句、不出乎致人而不致於人而已（qiān zhāng wàn jù、bù chū hū zhì rén ér bù zhì yú rén ér yǐ　千章万句、人を致して人に致されずを出でざるのみ）と云えり。よくよく会得すべし。

(1) 「李衛公問対」中の巻に記述されている。

李筌が注に、本文の致人と云うを、人の労を致すと見て、敵をつからかすことに云えり。不致於人と云うを、人の佚を致さずと見て、敵を安楽にしておかぬことと云えり。義理狭くなるのみに非ず、労佚の字を加えて、孫子が語になき意を添えたれば、従うべからず。

　「致人而不致於人」のわずか7字は兵法の神理と言われる。兵法の千章万句はこの一句を出ないとさえ李衛公は言っている。荘子山木篇に「物物而不物於物 wù wù ér bù wù yú wù 物を物として物に物とせられず」という一句がある。「致人而不致於人」と同じようなことを言っている。一番目と三番目の「物」を「致」に変え、二番目と四番目の「物」を「人」に変えると、「致人而不致於人」になる。物や人に使われていると負けることになるのである。
　私達の生活を考えてみるに、しばしば物や人に使われた生活を送っている。会社で出世するために日々努めて働いている人は多い。これは地位という物に使われている、人の評価に致されていることである。兵法から見れば明らかに敗れる形である。金を儲けるために懸命に働いている人も多い。これは金という物に使われている、金に致されているのである。これも敗れる形である。

　「人を致して人に致されず」は確かに神理であるが、現代語では「致す」のイメージが少しわきにくい。「致」を「動」に変えると意味がわかりやすい。つまり「人を動かして人に動かされず」である。相手を自分の動かしたいように動かすことができるが、相手に動かされることがないのである。

122　能使敵人自至者利之也、能使敵人不得至者害之也、

néng shǐ dí rén zì zhì zhě lì zhī yě, néng shǐ dí rén bù deǐ zhì zhě hài zhī yě,

能く敵人をして自ら至らしむるは之を利すればなり、能く敵人をして至るを得ざらしむるは之を害すればなり、

　上に敵を引き付けることを説きて、この段にはその如く人を此の方へ引き付ける道を説けり。敵人とは敵のことなり。自至とは、此の方よりはいろわぬに、敵の方より独り来ることを云うなり。但しこの至ると云う字、此の方へかかり来ることばかりに限らず、いずくなりとも兎角にゆくことを云うなり。能使敵人自至とは、此の方よりはいろわぬに、敵のこのみ来るようにさすることを云うなり。利之と云う之の字は、敵をさして云うなり。利すとは勝利を見することなり。されば敵にかかるするとも、ひかするとも、又如何様になりとも、敵にさすべきと思いて、思うようになることは、如何様にすればかくの如く自由になるぞと云うに、そのわが思うように敵がなして、敵に勝利のある様に敵が思えば、敵わがさせたきと思うことをするなり。能使敵人不得至とは、敵の此の方へ攻め来らぬ様にすることを云う。其の外いずくへなりとも、わが好まぬ所へ敵を働かせぬことをも云う。又何事にても敵にさせぬことをも云うべし。害之の之も敵をさして云う。害すとは害のある様にしかけて見することなり。敵に此の方へせめ来らすまじと思い、又何くへなりとも、わが好まぬ方へ敵をやるまじく思い、又何にても敵にその事をさすまじく思うに、思うままに敵の此の方の好まぬ方所へ来らずゆかず、此の方の好まぬことをせぬ様にすることの自由になるは、如何様

にしてなるぞと云えば、其の事をすれば、敵に害あるように思わすれば敵其の事をばせぬなり。敵味方共に利のあることをばなして、害のあることをばせぬものゆえ、利害を以て敵を使う時は、敵此の方の思うようになる。是敵を此の方へ引き付ける術なり。

(1) いろう：いじる

　利之也と云うを、古来の注に、財宝の利を以て敵を⁽¹⁾誘むくことなりと云える説あり。財宝ばかりに限るべからず。地の利よりして、ここに陣取らば勝利あるべきと見ゆる所などを知らぬ様に思わせて、敵よりこれを取らんと争い来るようにするなども、利之なり。又軍に負けて見するも、味方のまけは敵の利なれば、利之なり。総じて何にても敵のこのむ所と見るべし。

(1) 誘むく：日本書紀　巻第八に「誰ぞの神ぞ徒に朕を誘くや」とあり、誘くを「あざむく」と読む。

　又敵に害あることと云うは、昔戦国の時分、梁の恵王趙の国へ攻め入り、趙の国の都邯鄲城を囲み、邯鄲危なかりければ、趙王より斉の宣王へ⁽¹⁾後詰めを乞う。斉の宣王の将軍田忌、人数を率いて邯鄲城の後詰めをせんとしける時、孫臏が計にて、邯鄲の後詰めはせずして、梁の都へ攻め入りければ、梁の軍兵わが国の都危なしと聞きて、邯鄲の囲を解き、軍を本国へ返す所を、馬陵と云うところにて、梁の国の将軍龐涓を撃ち取りしことあり。又三国の時、魏の曹操、河北と云う所へ出陣せしを伺い、黒山と云う所の賊徒武陽城をせめければ、曹操これには構わず山中へわけ入り、賊徒の本城を攻む。賊徒是を聞きて武陽城をうち棄てて軍をひきかえす所を、伏兵を以て途中にて之を破りしことあり。この類みな敵の大切に思う所を攻めて、彼が害となることをするなり。

(1) 後詰め：味方を攻める敵軍をその背後より取り巻きて攻めること

> 　これは人を動かす術と考えてもいいだろう。人にこのようにさせたいと思うなら、それをすることがその人に利であるように見せればよいのである。人にこれをさせたくないと思うなら、それをすることがその人に害であるように見せればよいのである。そうすれば動かない人も動かすことができる。

> 　能く敵人をして自ら至らしむるは之を利すればなり、能く敵人をして至るを得ざらしむるは之を害すればなり。人の動かす方法を教える名言である。人は利と思うことをし、害と思うことをしない。人に利と思わしめれば人は必ずそれをするし、人に害と思わしめれば必ずそれをしない。

123　故敵佚能労之、飽能飢之、安能動之、

gù dí yì néng laó zhī, baǒ néng jī zhī, ān néng dòng zhī,

故に敵佚するも能く之を労し、飽くも能く之を飢やし、安も能く之を動かす、

　この三句は上の文に、利害を以て敵を使うことを説けるを受けて、かくの如く利害を以て使う時は、敵わが心ままなることを云えり。敵佚するとは、敵の疲れず精力ゆたかにあまりあることなり。

飽くとは敵の兵糧沢山なることなり。安きとは敵の堅く守りて動かぬことなり。上文に云える如く、良将は利害を以て敵を使う術を得るゆえ、精力ゆたかにてたやすく撃ちとり難き敵なりとも、よく心ままに是を疲らかし、其の精力を弱まして是を撃つ。兵糧ゆたかなる敵なりとも、よく心ままに其の兵糧を失わしめて、弊にのりて是を撃つ。堅く守りて動かぬ敵なりとも、よく心ままに是を動かして動く所を撃ちとる。是皆利害を以て使うゆえ、わが心のままになるなり。

　篇の首よりここまでは、文勢一貫して皆敵を致す術を説けり。敵をこの方へ引きつけて、わが思うままに敵をまわすことは、先ず敵の情によく通達して、敵の利とするところ、敵の害とする所を知るべし。敵の利とする所とは、敵の好むことなり。敵の害とする所とは、敵のいやがることなり。敵のこのむこと敵のいやがることを以て敵を使うと云うは、わが虚は敵の好む所なり、虚を撃たんとするは敵のいやがることなり、地の利と兵糧はこのむ所なり、地の利兵糧を奪わんとするはいやがることなり、屈服降参するは彼が好む所なり、武名を失わしむるは彼がいやがることなり。此の外何にても利を見せて進まして、害を見せて退かしむる時は、敵の進退わが掌にあるゆえ、疲れぬ敵もつからかすべし、兵糧ゆたかなる敵もうやすべし、動かぬ敵も動かすべし。敵はわれに使われて、われは敵を使うこと⁽¹⁾傀儡をまわす如くなれば、我はいつも主になり、敵はいつも客になり、主客の勢立つ時は、敵はいつも虚にして、我はいつも実なり。実を以て虚を撃つこと、石を以て卵に投ずるが如くなり。是篇首より此の段までの主意なり。然るに古来の注に多く一段一段に⁽²⁾義理を取り、別々に見るゆえ文勢⁽³⁾くたぐたになりて、孫子が主意あらわれず。其の説に従うべからず。

　　(1) 傀儡：あやつり人形　(2) 義理：意味　(3) くたぐた：ずたずた

　敵佚能労之と云う例証。南北朝の世の末に、随の高祖北方の帝位に上りたまえども、南方いまだに手に入らず。この時南方の帝を陳の後主と云う。天下久しく南北に⁽¹⁾分かりて、南国ことに⁽²⁾豊饒なりければ、随の高祖の臣高熲が計にて、南国⁽³⁾収納の時を伺い、軍兵を⁽⁴⁾催し南国へ攻め入らんと⁽⁵⁾沙汰させけり。南朝にて其の風説を伝え聞き、軍兵を集め、砦、要害を守らしむ。されども合戦をはじめず。日数を送りて取り合いをやめ、敵休息すれば、又軍兵を催して攻め入らんと沙汰させ、幾度もかくの如くして騒がせ、其の疲れたる図を計りて攻め破りしことあり。呉の伍子胥が楚の国を攻めける時も、敵出陣すれば引き、敵ひけば打ちて出て、南を攻めんとして北を攻め、敵北に向かえば南へ取りかけ、一年の内に楚国より七度まで人数を出させて疲らせしことあり。このるい皆労之の⁽⁶⁾略なり。

　　(1) 分かる：分かれる　(2) 豊饒：産物、食物等が豊に多いこと。豊富
　　(3) 収納：農作物などを取り入れること　(4) 催す：呼び集める　(5) 沙汰：風説　うわさ　(6) 略：はかりごと

　又敵を飢やす術は、多くは敵の⁽¹⁾小荷駄をきり取り、或いは米蔵へ火をかけ、或いは⁽²⁾刈田をし、⁽³⁾麦禾をふませなどする類なり。随の代の末に、李密と云うもの黎陽城に籠りしを、随帝より宇文化及と云う人を大将としてこれを攻めしめたる時、化及が愚将にて、しかも糧少なきことを知りて、李密和を乞い降参しければ、化及喜び油断して、士卒に心ままに兵糧をくわせけり。兵糧やがて尽きるを伺いて、李密これを追い払いしことあり。又司馬景王、諸葛誕を寿春城にて囲みし時も、城中の糧少なきことを察して、⁽⁴⁾寄手も兵糧尽きたりとて、引き支度をしたるに、諸葛誕油断して兵糧のしまつをせず。糧尽きて落城せることあり。是等も敵をうやす策の一つなるべし。

(1) 小荷駄：兵糧、武具などを戦場に運ぶ荷馬隊。またその荷や馬　(2) 刈田：田の作物を刈る
(3) 麦禾：麦と稲　(4) 寄手：攻め寄せて来る軍隊

124　出其所必趨、趨其所不意、

chū qí suǒ bì qū、qū qí suǒ bù yì、
其の必ず趨く所に出で、其の意わざる所に趨く、

　所必趨と云うを諸本に所不趨に作る、今集注本に従う。其所必趨、其所不意とある、この二つの其の字は敵を指すなり。出其所必趨と云うは出敵所必趨と云うことなり。所必趨と云うは、敵の(1)是非ともに馳せ向かう所を云う。出と云うは、如此の方角へわが人数を出して、敵と戦いを取り組むなり。趨其所不意と云うは趨敵所不意なり。所不意と云うは意ならぬ所と云うこころにて、敵の思いがけぬ所を云うなり。趨とは走り趨く意なり。前の出と云うは、人数を出して戦いを取り結びたるばかりにて、わが心にここを(2)専途とするにはあらぬなり。出と云う時はあらわにさし出すこころあり。この趨くと云うは、将の心にここを(3)専要として、敵の思い付かぬ内に、急ぎてここへ走り赴くなり。其所必趨と云うは敵の表なり。其所不意と云うは敵のうらなり。敵の是非ともに働くべき所へ、われも人数を出して敵に組合い、敵の表をしかと引向けて、さて人数をまわして敵の思いがけぬ方より急に赴きて打ち取ると云うを、出其所必趨、趨其所不意と云うなり。

(1) 是非とも：是にしても非にしても　必ず
(2) 専途：勝敗や運命を決する大事な分かれ目。この意味では「先途」と書くのが普通である。すぐ後に同じような意味で専要と出てくることもあり、専途と書いたのだろう。
(3) 専要：極めて重要なこと。肝要

　この段より末、乖其所之也と云うまでは、虚実の神理を説きて、前の段の主客の上にて虚実を説きたるを受けて、其の骨髄を明かせり。骨髄と云うは不意なり。不意は敵の虚にして、不意を伐つ時は味方いつも実なり。されども不意は裏なり。うらあれば必ず表あり。表に組み合うものなきに、其のうらを伐たんとせば、わがうらと思うものいつのまにか表になりて、敵却ってわが不意を伐つべし。是(1)天地盈虚、与時消息（tiān dì yíng xū、yǔ shí xiāo xī　天地は(2)盈虚し、時と(3)消息す）と易に説ける道理にて、虚実掌を返すが如し。あぶなきことなり。表に組み合うものあれば、敵うらを(4)気遣う意つくとも表の(5)かせぎ急なれば、うらまでは手及ばずして、わが不意と見たる所、いつまでも不意なり。是又致人而、不致於人の妙用なり。故に軍の勝ちは趨其所不意と云うにあれども、敵を制する妙用は、出其所必趨と云うにあるなり。よくよく味わうべし。

(1) 天地盈虚、与時消息：易経の豊（䷶）にある。前後も書くと、次のようになる。「日中則昃、月盈則食、天地盈虚、与時消息、而況於人乎、況於鬼神乎　rì zhōng zé zè、yuè yíng zé shí、tiān dì yíng xū、yǔ shí xiāo xī、ér kuàng yú rén hū、kuàng yú guǐ shén hū　日中すれば昃き、月盈つれば食く、天地盈虚し、時と消息す、而るに況んや人に於てをや、況んや鬼神に於てをや、」
(2) 盈虚：満ちることとからであること。
(3) 消息：時運が循環し、増減がやまないこと。陰気の消えることが消で、陽気が生じることが息である。
(4) 気遣う：心配する。　(5) かせぎ：戦い

然るに諸本に本文を出其所不趨、趨其所不意とかけるは、この意を知らぬなり。諸本の如くなれば、二句共に一意にて、文勢快き様なれども、不意を掌に握る術なければ、孫子が本意に非ざるべし。又必の字を不の字と文字似たれば集注の古本は伝写の誤ならんかと云う人もあれども、曹操の注に使敵不得相往而救之也（shǐ dí bù deǐ xiàng wǎng ér jiù zhī yě　敵をして相往きて、之を救うことを得ざらしむなり）とあり。相往くとは両方へゆくことなり。表に取り結ぶところあればうらへゆくことの能わぬ意なり。又何氏が注には、令敵人須応我（lìng dí rén xū yīng wǒ　敵人をして須く我に応ぜしむべし）と云えり。是専に敵の必ず趨く所へ人数を出して、我を敵に応ぜしめて、敵と味方との気をしかと組み合わせて、其のうらを撃つ意なり。曹操何氏が注既に如此なれば、古本は必の字を用いて、⑴刊本の誤に非ざること明らかなり。

　⑴ 刊本の誤に非ざる：「刊本」は「印刷された本」のことだが、この場合は「印刷の時の誤りでない」という意味

　出其所必趨、趨其所不意の十文字も兵法の極意が凝縮された一句である。これを必の字を不の字の誤りとし、出其所不趨、趨其所不意とする本がある。「其の趨かざる所に出で、其の意わざる所に趨く」として、同じ意味の句を二つ並べている。必にするのと、不にするのとでは、その意味の深さは天地ほどの差がある。達人の言に接しても、凡人は自分のわかる範囲でしか理解できないから、その深意を汲めなくなる。古典も後人がわかりやすく説明したものだけを読んだり、師についた人の言うことだけを信じて原典を読まないと、その後人が理解した範囲のことしか伝わらない。これでは古典の深意が伝わらないのである。

125　行千里而不労者、行於無人之地也、

xíng qiān lǐ ér bù láo zhě, xíng yú wú rén zhī dì yě,

⑴千里を行きて労せざる者は、無人の地を行けばなり、

　⑴ 千里：1000里は日本の里で言うと100里〜133里になる。日本の1里＝3.927kmだから、100里〜133里は、393km〜522kmである。つまり千里は現在の距離感覚で言えば400km〜500kmである。東京、大阪の距離が約500kmである。だから千里はほぼ東京、大阪間の距離である。

　是は上に不意のことを云いたるに付きて、不意の極効を云えり。極効とは至極のしるしと云うことなり。しるしとは事の成就する所を云うなり。不意は敵の虚にて、虚を撃つ時はわれにたてつくものなき道理なる其のしるしの至極と云うことなり。行千里とは、敵国の内を千里ほどはるばると行くことなり。不労とは何の辛労骨折もなきことなり。敵国の内を千里ほどもはるばると人数を押し行かば、たとい弱敵なりとも、彼れも人数を出し是を⑴ささえふせがんとすべし。それを打ち⑵なびけて通らば、千里の間には若干の辛労なるべきことなるに、何の辛労骨折もなく押して通ると云うは、無人の地を行く故なり。無人の地とは人のなき所を云うなり。是は敵の険阻要害をたのみにして、用心をせぬ方角より押し行く時は、たとい千里の地を行くとも、人なき所を行くが如し。われに敵対し、われを妨げてこそ人とも云うべけれ。わが押し行く先の人ども、曾てわれに敵対せず

んば、人なき所を行くというものなり。この如くなればたとい千里の路を押しゆくとも、なにの辛労かあらんや。

　(1) ささえ：下二段活用「ささう」の連用形。「攻撃などを防ぎ止める」意味　(2) なびく：従わせる

　昔三国の末に、魏の方より鍾会（しょうかい）、鄧艾（とうがい）両人を大将として、蜀の後主を退治せしむ。鍾会は剣閣の本道より人数をむけければ、蜀の大将姜維人数を率いてふせぎ戦う。其の時鄧艾陰平と云う所より山中へわけ入り、(1)毛氈（もうせん）にてわが身を包みて、(2)はるかの(3)山岸（やまぎし）をころび落ち、人もなき所を七百里とおりて、蜀の都成都まで攻め入り、たやすく是を退治す。是敵要害を頼みて、この方角よりは、曾て敵の来るべきことに非ずと思いたる方より攻め入りたるなれば、趨其所不意と云う道理にかなうゆえ、千里を行くも何の労もなくて、人なき道を行く如くなりしなり。

　(1) 毛氈（もうせん）：毛と綿糸とをまじえて粗く織り、圧してつくった織物　(2) はるか：距離が遠く、隔たっている
　(3) 山岸（やまぎし）：山の切り立った所、がけ

　其の後唐の太宗、李靖を西海道の大総管となし、吐谷渾（とこくこん）と云うえびすを平らげしむ。李靖空虚の地二千里が間を通りて、輙（たやす）く吐谷渾を平らげしはこの類なり。

　不意は敵のこころつかぬ所なれば、是に過ぎたる所なし。敵の虚をうつことは、(1)包丁が牛をさくに、刃を骨節の間空虚の所に施すゆえ、力も入らず刃もこぼれず、一刀を以て千牛をさけども、とぎたてたる刀の如しと云いける道理にて、是を軍法の至極とす。敵の意つかぬところより行けば、敵われに敵対せず。敵対するものなければ独り往きて独り帰る故、その効の至極を云う時は、千里の地をゆけども、曾て労することなきなり。

　(1) ここは、荘子　養生主篇の引用である。原文は次のようである。
　　今臣之刀十九年矣、所解数千牛矣、而刀刃若新発於硎、彼節者有間、而刀刃者無厚、以無厚入有間、恢恢乎其於游刃必有余地矣、是以十九年、而刀刃若新発於硎、
　　jīn chén zhī daō shí jiǔ nián yǐ、suǒ jiě shù qiān niú yǐ、ér daō rèn ruò xīn fā yú xíng、bǐ jiē zhě yoǔ jiàn、ér daō rèn zhě wú hòu、yǐ wú hòu rù yoǔ jiàn、huī huī hū qí yú yóu rèn bì yoǔ yú dì yǐ、shì yǐ shí jiǔ nián、ér daō rèn ruò xīn fā yú xíng、
　　今臣の刀は十九年、解く所は数千牛、而して刀刃は新たに硎より発せるが若し、彼の節なる者は間あり、而して刀刃は厚み無し、厚み無きを以て間有りに入る、恢恢乎（かいかいこ）として其の刃を遊（たやす）するに於いて必ず余地有り、是を以て十九年にして刀刃は新たに硎より発せるが若し。

　まったく敵のいない所を行くことができるのはかなりまれなことだろう。しかしできるだけ敵の少ない所を選んで行くのは当然のことである。
　世の中に必要な物や能力に優劣があるだろうか。のこぎりと金づちとでどちらが優れていると言えるだろうか。人間が生活するためには、のこぎりも必要だし、金づちも必要である。両方ともなくてはならないものである。人間の能力も同じである。英語のできる人と中国語のできる人とでどちらが優れていると言えるだろうか。これは優劣の問題でなく、能力の種類が違うだけである。英語のできる人も必要だし、中国語のできる人も必要である。両方ともなくてはならないものである。このように物や能力はいろんな種類のものが必要とされる。それでで

きるだけ生産者の少ない物の生産に携わったり、できるだけ数の少ない能力をつけるのが競争相手が少ないから有利になる。企業活動ではニッチな物の生産に携わるニッチ戦略がこれである。能力の場合も、英語だけできる人、中国語だけできる人の数はかなりいる。英語と中国語のできる人は少ない。ここを狙うのが能力開発のニッチ戦略である。

126　攻而必取者、攻其所不守也、守而必固者、守其所不攻也、

gōng ér bì qǔ zhě, gōng qí suǒ bù shǒu yě, shǒu ér bì gù zhě, shǒu qí suǒ bù gōng yě,

攻めて必ず取るは、其の守らざる所を攻めるなり、守りて必ず固きは、其の攻めざる所を守るなり、

これは攻めると守るとの上に付きて、不意の理を説く。即ち虚実の精微なり。攻而必取とは、敵の城を攻めて必ずこれを攻めとり、攻めるとなりて落ちぬ城のなきことを云うなり。攻其所不守と云う其の字は、敵を指して云う。敵の守らぬ所を攻めると云うことなり。総じて城を攻めるに、落ちざるは何故におちぬなれば、我は是を落とさんとし、敵はこれを落とされじと守る。敵と味方と力を以て争うによりて、石と石とうち合わするが如くなれば、両方とも損じ破れて、全きことを得がたし。故に名将の城を攻めるは、敵の守らぬ所を攻めるなり。是争のなき場にて、是を落とすに力を用いず、石を以て卵に投げるが如し。

さていかようなるを、敵の守らぬ所を攻めるとは云うとなれば、杜牧が説に、警其東撃其西、誘其前襲其後（jǐng qí dōng jī qí xī, yòu qí qián xí qí hòu　其の東を警めて其の西を撃つ、其の前に誘いて其の後を襲う）と云えり。警めるとは、鐘太鼓を鳴らして攻め支度をすることなり。襲うとはしのび入りて撃つことなり。東の方より鐘太鼓を鳴らし、或いは火矢大筒を打ちかけ、攻むべき様に見せかけ置きて、引きちがえて西より攻め、或いは前方より敵をいざない引き出して、後より忍び入りて攻め落とすたぐいなり。

昔後漢の光武の将軍に耿弇と云うもの、張歩と云う敵を攻めける時、張歩が持ちの城に西安と云う城、臨淄と云う城、其の間(1)四十里あり。西安城は小さけれども要害堅固なり。臨淄は大きなる城なれども攻めやすき所ありけり。耿弇軍中に下知して攻具を支度させ、五日過ぎて西安を攻むべしと云い渡し、敵方より生捕たりし(2)囚を、油断したるふりにてにがしけり。西安にて是をきき、用心きびしく守りければ、耿弇(3)明日(4)早天に臨淄に押し寄せたり。彼の(5)生捕のにげかえりたるが云いたる詞を信じて、城中油断したるところ一もみに攻め落とす。臨淄の城落ちければ、西安堅固なりと云えども、近所に助けなくして独立の勢なり難く、一城を落として二城共に手に入りたることあり。

(1) 四十里：ここの1里は日本の里で言うと0.1里～0.133里になる。だから40里は日本の里で4里～5.32里になる。日本の1里＝3.927kmだから、40里は15.7km～20.9kmになる。
(2) 囚：捕虜　(3) 明日：翌日　(4) 早天：早朝　(5) 生捕：捕虜

後漢の末の世に朱雋と云うもの、黄巾の賊の大将韓忠を宛と云う所にて攻めける時、太鼓を鳴ら

して西南の方より取りかけ、手痛く攻めければ、賊徒力を一つにして是をふせぐ。朱儁精兵五千を引率して、潜に東北の方より城を(1)乗り、遂に其の城を手に入れける。是皆杜牧が注の意なり。

　(1)　乗る：のぼる

　王晢が注には、敵の守らぬ所を攻めるは敵の虚を攻めることなり。敵の虚と云うは大将に材能なく、兵具調(とと)らず、要害堅固ならず、法令油断あり、後詰めいまだ来らず、兵糧不足なることなりと云えり。此の意は城を攻めるに敵これを守らずと云うことなし。敵に右の如く虚ある時は、守れどもその守りのとどかぬ所あり。是を敵の守らぬところと云うと云えり。是又杜牧が説より(1)一重(ひとかさね)深き説なり。

　(1)　一重(ひとかさね)：衣服をさらに一枚重ねて着ることから、一層の意味

　李靖が説には、守るを以て攻めるとすると云えり。城を攻めて落とさんとのみ思うは、攻めるを以て攻めるとするものなり。攻める術を尽くすと云うとも、敵又守る術を尽くして是を拒ぐ。今それを引きかえて、曾て城を攻めず、唯吾が(1)陣屋(じんや)を守りて居る時は、敵案に相違して是に応ずる術を知らず。吾と争うことを得ず。この中に勝つところある意なり。是又今一重深き説なり。

　(1)　陣屋(じんや)：軍隊の陣営

　張預が説には、吾が攻めること九天の上に動く如くなる時は、敵守る術を失うゆえ、是すなわち敵の守らぬ所を攻めるなりと云えり。是軍形篇の語を用いて注せり。

　杜牧、王晢、李靖が注、皆一理ありと云えども、てだて(1)表裡の末に流る。張預が説に至りては、敵に求めずして我に求む、独往独来の妙所を得たり。

　(1)　表裡：表裏と同じ。表と内心との一致せぬこと

　守而必固とは城を守りては必ずこれを守り届け、守るとなりて敵に落とさるると云うことなきことなり。守其所不攻と云う、其の字は敵を指して云う。敵のせめぬ所を守ることなり。総じて城を守るは敵の攻めるに応じて是を拒ぎ落とされじと争う。たとえて云わば、攻めるは打つ太刀なり。守るはうけ太刀なり。きられじきられじと敵の太刀をうくれば、うけ太刀になりて其の勢敵の下にかがみ、敵の上に超えず。ついに敵に制せらる。故に名将の城を守るは、敵の攻めぬ所を守るなり。是又争いのなき場にて、敵これを攻めることを得ず。

　さてその敵の攻めぬ所を守ると云うは、如何様のことを云うとなれば、杜牧が注には、不攻尚守、何况其所攻乎（bù gōng shàng shǒu, hé kuàng qí suǒ gōng hū　攻めざる尚守る、(1)何况んや其の攻めるをや）と云えり。この意は敵の攻めぬ所を守ると云うは、敵の攻めぬ所までをも守ると云う意と見たり。敵のせめぬ所までをも守るなれば、敵の攻めるに付きて拒ぎ守るに非ず。攻める所攻めぬ所と云う差別なく、すきまなく守るなり。その守ること敵をふせぐに非ずしてわれを守るなり。是敵につかわれず、敵につかぬ道理ゆえ、敵の下にかがまず、うけ太刀にならず、敵の上に立ちこゆれば、如何様にせめても落とさるることなしと云う意なり。

　(1)　何况：「况」は「況」の俗字。現代中国では簡体字として、况を使う。「何况」は「況」と同じく、「いわんや〜をや」と訓読体で読む。

漢の景帝の時、七国の謀反をしずめんとて、周亜夫と云う将軍、昌邑と云う所に陣城を取る。七国の兵東南の方より攻めければ、周亜夫下知して西北の方を守らせたり。人皆怪しみけるに、東南の方の戦の最中に、敵精兵を引率して急に西北の方より攻めけれども、⑴兼ねて備えありければ、敵の計におちざりけり。是杜牧が注の意なり。

⑴ 兼ね：下二段活用の動詞「兼ぬ」の連用形、「現在のみならず将来のことを考える」。現在では漢字をあてると「予て」と書く。「かねて」とひらがなにしたほうがわかりやすい。

王晳が注には、守以実也（shǒu yǐ shí yě　守るに実を以てするなり）と云えり。実を以て守るとは、其の将材能ありて、兵具調い、要害堅固に、用心きびしく、後詰の⑴手づかいよく、兵糧沢山に、士卒の心一致することなり。此の意は守ると攻めるとは相対するものにて、如何様に守りても敵これを攻めずと云うことなし。右の如くに一点の虚なく、実を以て守るは、敵の攻めるに付きて守るに非ず。ただ吾を守るわけにて、敵の攻めること届かぬ所あり。故に敵のせめぬところを守ると云うものなりと云う意なり。右の杜牧が説と大抵同じ意に帰すれども、説きよう意味探し。

⑴ 手づかい：軍勢を配備すること

李靖が説には攻めるを以て守るとすると云えり。是は敵の攻めるを拒ぐはうけ太刀の道理にて、相手なき場に非ず。是を守るを以て守とすると云うなり。城に籠らず⑴引き違えて切りていで、合戦を以て勝利を得る時は、たとい敵を一挙に追い反さずとも、敵案に相違し、此の方の兵威に気を奪われて、計皆違うものなり。名将は城を盾にして防戦をすると、故老の云える意、此の説にかなえり。是守ると攻めると一理なる道理を云えり。尤も面白き説なり。

⑴ 引き違う：方向を変える。

張預が説には、よく守るものは九地の下に蔵ると云えり。九地の下にかくるる時は吾に攻むべき形なし。敵なにに取り付きて是を攻めんや。さればわが守るは彼が攻めぬ所なれば、是敵のせめぬ所を守ると云うものなりと云う意なり。

右の諸説の中に、張預が説は、兵の至理を明かして誠に極妙の談なり。よく其の理を得ば、天下に独歩せん。されども其の道理を説くとも其のわざを得がたからん、王晳が説は、攻めるも守るも皆わが本を調える上にありと見たり。是軍の本体にて、種々の妙用も是を本にせざれば、たしかなる勝利は得がたし。されども其の言句に泥まば、作用の上にゆきわたらじ。李靖が説は攻めると守るとのわざに滞らず。攻めるも守るも一理なれば、其のわざも二つならぬことを明かして、兵の作用に於て其の妙所を得たり。王晳が説を体とし、李靖が説を用として、張預が説の深意にかなうべし。杜牧が説は、浅く文面につきて云いたるものなれども、浅きとて棄つべきに非ず。浅く⑴あざときことなりとも、其の時々の宜しきにかないて勝利をさえ得るならば、深き説にはまさるべし。総じて古人の合戦の上にて、てだて謀のあさはかなる様なることのあるを見ては、今時の人は是を⑵さみしてあざ笑うなり。されども其の時の宜しきに合いたれば⑶こそ、万世に云い伝うれ。たとい深く巧みなる計ごとなりとも、時の宜しきにかなわずんば、何の益かあらん。故に今浅き説をも深き説をも、高き説をも卑き説をも、並べ挙げるなり。よむ人浅きをも、深きをも、高きをも、卑きをも、其の理を貫通して、わが理とし、其のわざを全くして、わがわざとせば、孫子が意をも

是よりして得べし。徒に是は高し、是は卑し、是は浅し、是は深しと評判をするのみならば、兵の実用なくして、趙括がよく父の書を読みて、父も難ずることあたわざりしかども、卒に白起に敗られ、身死し国危うくして笑いを万世に伝えたる類なるべし。

(1) あざとき：形容詞「あざとし」の連体形。「思慮が浅い」の意味。
(2) さみし：サ行変格活用の動詞「さみす」の連用形。「見下さす」の意味。
(3) こそ：「こそ」は結びに已然形が使われる。「伝う」は下二段活用であるから、已然形は「伝うれ」である。

> 「兵法は実際に役に立つものでなければならない。たとえどんなに神妙な議論であっても、実際に戦いに負ければ何の役にも立たない。」と徂徠は言う。兵法の議論に巧みであったが、実戦では敗れた趙括の例をあげている。
>
> 現代では議論をすることを重んじ過ぎると思う。単によく言うだけで、実戦では負ける者が多い。もっともらしい議論をする株式評論家は多い。ところが株式の実際の動きが読めず大損をしている。もっともらしい健康議論をする医者は多い。ところが自分の健康さえ維持できていない。もっともらしい政治議論をする政治家は多い。ところが10年を経てあの政策はよかったと思うものは少ない。

127　故善攻者、敵不知其所守、善守者、敵不知其所攻、

gù shàn gōng zhě, dí bù zhī qí suǒ shǒu, shàn shǒu zhě, dí bù zhī qí suǒ gōng,

故に善く攻める者は、敵其の守る所を知らず、善く守る者は、敵其の攻める所を知らず、

是は上の文を反覆して、その妙所を賛嘆せり。善攻者、敵不知其所守と云うは、善攻者とは、上の文に云える攻而必取者なり、攻めるとなれは必ず敵の城を攻め落として、攻めるにおちぬ城なき名将は、敵の守らぬ所を攻めるゆえ、其の城を攻めること敵の(1)料簡に(2)わたらず。故に敵その守りようを知らぬなりと云う意なり。善守者、敵不知其所攻と云うも、善守者とは上の文に云える守而必固者なり。守るとなればよく其の城を守りとどけて、敵に落とさるると云うことなき名将は、敵の攻めぬ所を守るゆえ、其の城を守ること敵の料簡にわたらず。故に敵その攻めようを知らぬなりと云う意なり。

(1) 料簡：推しはかり考えをめぐらすこと　(2) わたる：とどく。及ぶ

孔明小勢にて仲達に囲まれける時、軍門を掃除させ、其の身は(1)楼上にのぼりて琴を弾じて居りければ、仲達攻める料簡を失いしは、孫子が云える敵不知其所攻なり。

(1) 楼：遠くを見わたせるように高くつくった建物

又仲達、孟達を攻めるに、千里の山川を八日に越えて、其の城を囲みしかば、孟達守るべき方略を失う。是又孫子が云える敵不知其所守なり。皆名将の妙用、(1)聞見に(2)渉らぬ所なり。

(1) 聞見：聞くことと見ること　(2) 渉る：とどく。及ぶ

128　微乎微乎至於無形、神乎神乎至於無声、故能為敵之司命、

wēi hū wēi hū zhì yú wú xíng, shén hū shén hū zhì yú wú shēng, gù néng wéi dí zhī sī mìng,

微なるかな微なるかな形無きに至る、神なるかな神なるかな声無きに至る、故に能く敵の司命と為る、

　是は上の段の意を賛嘆せる語なり。微は微妙なり。微乎微乎とはくりかえして嘆美せる語なり。至於無形とは、愚将の軍はその計あらわにして見えやすく、良将の軍は其の計ふかくして見え難し。其の至極に至りては、一点もはかり伺うべき形なきに至ることなり。神とは神妙不思議なることなり。神乎神乎とは是もくりかえして嘆美せるなり。至於無声とは、形なきものは見えねども、声あれば⑴聞こうるなり。軍略神妙の至極に至りては、声もなく、臭いもなく、曾て其の攻め来るを覚えず。是を無声と云うなり。されば無形と無声とは同じようなることなれども、静かにして守る方にて云えば、いづくを攻むべきと云う形も見えぬを、微妙の至極とし、動きて攻める方にて云えば、いつ来たりしと云うことを知られぬを、物の声なきに例えて、神妙の至極とす。動くも静かなるも、守るも攻めるも、敵の料簡に落ちず、敵是をはかり伺うこと能わぬは、敵の司命なりと云う意なり。司命は前に注せる如く、天の司命星と云う星は、人民の吉凶禍福を司りて、万民を活かさんも殺さんもこの星のままなり。右の如きの将は、敵を活かさんもころさんも、其の心のままなれば、能為敵之司命と云えるなり。

　⑴　聞こうる：下二段活用の動詞「聞こう」の連体形　「聞こえる」の意味

129　進而不可禦者、衝其虛也、退而不可追者、速而不可及也、

jìn ér bù kě yù zhě, chōng qí xū yě, tuì ér bù kě zhuī zhě, sù ér bù kě jí yě,

進みて禦ぐべからざるは、其の虛を衝けばなり、退いて追うべからざるは、速にして及ぶべからざるなり、

　是は進退に付きて不意の妙を云えり。進むとはかかることなり。不可禦とはふせぎとどむることのならぬことなり。其虛とは敵の虛なる所なり。衝くとは勢いを以て言いたる詞にて、戦うに及ばず、進みかかる勢いを以てつきやぶる意なり。軍の勝利は世間にはやる⑴雙紙に、古の勇士のことを大力或いははやわざ、或いは剣術槍弓の上手にて、一人にて多くの敵を打ちて勝利を得たるなどとかきたる様なる、⑵細かなることに非ず。只虛実を以て勝利を得ることなり。実する時は、衆力一致して其の強きこと石の如し。虛なる時は多勢なれども其の力分散して、卵の脆きが如し。石を以て卵になげつくる勢を形容して、衝其虛と云いたることなり。退くとは人数を⑶くり上げることなり。不可追とは跡を慕うことのならぬことなり。速とははやきことなり。不可及とは追いつかれぬことなり。

　⑴　雙紙：草双紙のこと。草双紙は江戸時代の通俗的な絵入りの読物
　⑵　細か：取るに足りないほど小さいこと
　⑶　くり上げる：「くり上ぐ」のこと。「くる」は漢字をあてると「繰る」。「引いて手元に寄せる」の意味。「上ぐ」は「撤去する」の意味。それで「くり上げる」で「手元に引き寄せ撤収する」の意味。

されば名将の懸る勢いを防ぎ止むることなり難きは敵の虚なる所を衝くゆえなり。虚とは即ち不意なり。わが思わぬ所ほど力の出されぬことはなし。故に敵の料簡のつかぬ所を、衆力一致の勢いを以て衝きやぶる時は、敵これをふせぎとどむることならぬなり。是名将のかかるは虚実の妙所を得て、敵の不意にかかるゆえなりと云う意なり。

　又名将の引く時に、敵これを追うことのならぬのは何故なれば、はやくして追いつかれぬ故なり。そのはやきと云うは如何様なるを云うと云うに、本文に速而不可及也と云いて、唯はやきとばかり見ゆるなり。諸家の注に、もののはやきと云う道理を明らかに説きたるものなし。李筌が説には、必輜重在先、行遠而大軍始退、是以不可追（bì zī zhòng zaì xiān, xíng yuǎn ér dà jūn shǐ tuì, shì yǐ bù kě zhuī　必ず輜重先に在りて、行くこと遠くして大軍始めて退く、是を以て追うべからず）と云えり、輜重は⑴小荷駄なり、大軍は総軍のことなり。必ず小荷駄を先へ引きて、小荷駄の遥かに引きたらんころおいを見て、総軍一度に引くゆえ、その引くこと物⑵かろくして敵慕うことならぬと云う意なり。されども是は軍法の調りたる軍の常法なり。この本文は兵機の妙を云いたるものなれば、李筌が説その妙を得たると云いがたし。杜牧が注には、既攻其虚敵必敗、敗喪之後安能追我（jì gōng qí xū dí bì baì, baì sàng zhī hòu ān néng zhuī wǒ　既に其の虚を攻め敵必ず敗る、敗喪の後安んぞ能く我を追わん）と云えり。敗は敗軍なり。喪はうしなうとよみて、人数を多くうたれたることなり。是は上の句に衝其虚也とある意をつづけて見て、敵の虚を攻めて、敵既に敗喪する上なれば、敵われを追うことあたわずと云えり。一旦聞こゆる様なれども勝負常なし。敗れたりとて敵を追うことの能わざるに非ず。名将はよく敗卒を以て、⑶勝ちこぼりたる敵の引きぎわを打ち、利を得ること多し。

　⑴小荷駄：兵糧、武具などを戦場に運ぶ荷馬隊。またその荷や馬
　⑵かろくして：かろく＋して。ク活用の形容詞「かろし」の連用形＋接続助詞「して」
　　接続助詞「して」は連用形に接続する。「かろし」は「軽い」の意味。
　⑶勝ちこぼる：勝ってくずれる。勝ったということで、喜び統制がききにくくなっているのだろう。

　人は敗れた時に、自分は駄目だと思い自暴自棄になることが少なくない。しかし敗れた時にこそ大きな勝機がある。敗れたのを見て相手が驕り、油断し、備えに手を抜けば、ここが相手の虚となり反撃のできる所となる。「勝ちこぼりたる敵の引きぎわを打ち、利を得ること多し」なのである。

　むかし曹操、人数を率いて張繡が城を囲める時、城堅固にして落ちかねければ、囲める城を⑴まきほぐし引きけるを、張繡後より襲わんとす。夏詡これを止めけれども張繡きき入れず。果たして夏詡が云いける如く、曹操かねて伏兵を設けて、敵に慕われぬ計をなしけるゆえ、張繡が軍兵却て曹操にうたれぬ。其の時、張繡、夏詡に問いける、公すでに味方の敗れんことを知りつれば、又必ず味方の勝つべき道を知るべしと云う。夏詡答えて敗卒を以て襲えと云う。張繡其の教えにしたがい敗られたる士卒を率えて、又曹操を追いかけ襲いて是を敗りける類なり。然れば杜牧が説も、いまだ兵機の妙に達せず。

　⑴まきほぐす：城を取り巻きて攻めるに落ちざる時、その軍をとき退く

陳皞が説には、逐利而退、敵不知所追也（zhú lì ér tuì, dí bù zhī suǒ zhuī yě　利を逐いて退く、敵追う所を知らざるなり）と云えり。逐利而退とは、勝利の場をぬかさず引くことなり。敵を追い崩して勝利を得んに、其の場をぬかず引く時は、敵の機先に引くゆえ、敵慕うことならぬなり。梅堯臣が注には因其弊則莫我追（yīn qí bì zé mò wǒ zhuī　其の弊に因れば則ち我を追う莫し）と云えり。是も同意なり、其弊とは敵の弊なり。敵を追い崩し其弊に乗りて引く意なり。右の二説兵機の妙を得たりと云うべし。されども戦を取り結ばずとも、人数を引き上ぐることあり。陳皞、梅堯臣は、とかく敵を追い崩して引くことを云いたれば其の義狭くして広くわたらず。

今案ずるに、本文に速と云える一字にて、其の義明らかなりと思わる。この速と云うは敵に対して云える速なるなり。足のはやきことには非ず。其の将飛行⑴の術を得たりとも、士卒はつねの人なり。敵のあしの遅速も、味方の足の遅速も同じことなり。故に足のはやきことに非ず。敵に対して云える遅速とは、敵より味方を引くべしと料簡したる後に引くなれば、敵ははやく味方はおそき道理にて、敵の料簡に落ちるゆえ、孫子が云える速なるに非ず。敵のいまだ心つかざる前に引く時は、敵の不意に引くゆえ、味方は先敵は後なり。是を速と云えるなるべし。かくの如くなる時は、味方引きて後敵始めてこれを知るゆえ追いつくこと能わず。是を速而不可及也と云う。如此なれば陳皞、梅堯臣が説も、おのずからこの内にこもるなり。是名将の引くは虚実の妙所を得るゆえ、敵の不意に引く道理なり。然ればかかるも引くも皆不意なる時は、我は先敵は後、我は実敵は虚になりて、万全の道を得るなり。

(1) 飛行：空を自由自在に飛ぶこと

「退而不可追者、速而不可及也」の徂徠の説明は徂徠の注釈が優れていることをよく示している。まるで二千年の時を経て孫子が蘇ったかのようである。敵より素早く判断し退却する。その判断が速いから敵は追いつくことができないのである。

兵法は必勝と確信して戦うのだけれど、読み違え、時の不運があり、負けることもある。負けるという判断は速やかにし、すぐに退却しなければならない。将の真価は負けいくさの時、どれだけ素早く退却を判断するかでわかると言っても過言でない。事業も同じことである。負けいくさの時にはできるだけ早くその事業から撤退し損失を最小限に食い止めなければならない。そこに経営者の真価が見える。

130 故我欲戦敵雖高塁深溝、不得不与我戦者、攻其所必救也、我不欲戦雖画地而守之、敵不得与我戦者、乖其所之也、

gù wǒ yù zhàn dí suī gāo lěi shēn goū, bù děi bù yǔ wǒ zhàn zhě, gōng qí suǒ bì jiù yě, wǒ bù yù zhàn suī huà dì ér shǒu zhī, dí bù děi yǔ wǒ zhàn zhě, guāi qí suǒ zhī yě,

故に我戦いを欲すれば敵塁を高くし溝を深くすると雖も、我と戦わざるを得ざるは、其の必ず救う所を攻めればなり、我戦いを欲せざれば地を画して之を守ると雖も、敵我と戦うを得ざるは、其の之く所に乖けばなり、

上に進むと退くとの、敵の不意に出ることを云いたるをうけて、ここには又攻めると守るとの敵の料簡に落ちざることを云えり。それゆえまた故と云う字を以て、上を承けたり。高塁深溝とは、城にても陣城にても、要害を構えて堅く守りて合戦をせぬことなり。塁とは塀石垣の⁽¹⁾総名なり。溝は堀なり、塀石垣を高く⁽²⁾築き立て、堀を深く掘るは、皆とじこもり居りて戦いをすまじき為なり。右に云える如く、進むことも退くことも敵の機先に出れば、敵に制せられぬ道理ゆえ、攻めるも守るも皆わが心ままなり。われさえ合戦をせんと思えば、たとえ敵は石垣を高く築き、堀を深くほり、要害を構えて其の中に籠り、我と戦うまじく思うとも、戦わぬことはならぬこと也。

(1) 総名：総称　(2) 築く：築造する　土や石をつき固めて積み上げる

如何様にすれば敵に是非とも戦わするぞと云うに、攻其所必救也ときは、われと戦わずして居ることはならぬとなり。其とは敵を指す。敵の必救う所と云うは、或いは敵の主君、或いは敵の妻子、或いは敵のたのみ力にするものを攻め、或いは敵の往来せずしてかなわぬ路を塞ぎ、或いは敵の兵糧をこめ置きたる所を奪わんとし、或いは敵の兵糧運送の路を塞ぎ、或いは敵の故郷へ帰る路をたちきり、何にても敵の大切に思う方を攻めれば、敵何ほど戦わずしておりたく思うとも、戦わではならぬなり。是を攻其所必救也と云うなり。

昔、司馬仲達、遼東を攻める時、公孫文懿、大河を阻てて堅く守りて、⁽¹⁾そうなく攻め入るべき様なし。又其の河を越えて敵の働くようにせんと思えども、文懿、仲達が老将なることを知りて、合戦に利あるまじく思い、戦わずして味方の軍勢を疲らかし、其の弊にのりてうたんとて、曾て取りあわざりければ、仲達此の本文の意を用いて、文懿が⁽²⁾根城襄平と云う所をのり取らんと、まっすぐに襄平へ攻め入る。文懿之を聞いて⁽³⁾せんかたなく取り合いに及び、打ちまけたることあり。

(1) そうなく：たやすく　(2) 根城：根拠とする城　(3) せんかたなし：仕方がない

又唐の中頃淄青の⁽¹⁾節度使田悦、帝威をないがしろにし、謀反の企てあるにより、馬燧⁽²⁾討手に向かいけるに、兵糧少しと聞きて、田悦陣城を堅めて曾て戦わず。馬燧諸軍に下知して十日の糧をととのえしめ、軍を進めて倉口と云う所に陣を取り、田悦が陣城とは、洹水と云う河一筋を隔てて対陣せり。馬燧が方の諸将、此の度の戦いは兵糧少なきを難儀に存じつるに、⁽³⁾剰え僅か十日の糧ばかりを持たせて、のこる兵糧を棄て、深く敵地へ入りたまうこと心得がたしと云う。馬燧答えて曰く、総じて兵糧少なき時は速に勝負を決するをよしとす。田悦、今、淄州、青州、兗州三方の軍兵と云い合わせ、おのおの所々に陣城を構えて合戦を好まぬは、味方の糧少なきを知り、徒に日数

虚実　第六

を送らせて、兵糧の尽きるを待ち三方より挟み打ちにすべき計と見えたり、もし味方、淄州、青州、兗州の敵を押さえんとすれば、人数少なくして勢を分かつべからず。兵法に攻其必救と云うことありとて、夜半に兵糧をつかい、⁽⁴⁾雞鳴より前に太鼓を鳴らし、角を吹き、我が陣屋を打ちたち、洹水に傍うて、田悦が本城魏州を指して攻め入りけり。案の如く田悦あとより淄州、青州、兗州の軍兵四万人を引率して橋をわたりて追いかけ、草野に火をかけて働きけり。馬燧⁽⁵⁾諸軍を⁽⁶⁾おりしかせ、前なる草野を⁽⁷⁾百間ばかり刈らせ、勇士千余人を先陣に立てて、敵の来るを待ちけり。田悦が軍兵追い付きける頃は、草野の火も消えて、諸勢を長追いして気の衰えたる図を見切りて、馬燧が諸軍起き立ちて切りかかる。田悦敗軍して引く。馬燧かねて下知して田悦方の軍兵の渡りし橋を焚かせけるを、知らずしてもとの路へかかり引きけるが、渡るべき橋はなし。⁽⁸⁾跡よりは味方の大軍崩れかかり、洹水に流れて死するもの二万人、軍に大利を得たることあり。是皆此の文の意なり。

　(1) 節度使：官名　(2) 討手：討伐に向かう人々　(3) 剰え：そればかりか
　(4) 雞鳴：一番鶏の鳴く頃　午前2時頃　(5) 諸軍：もろもろの軍
　(6) おりしく：右の膝を曲げて腰をおろし、左膝を立てた姿勢で座る
　(7) 百間：1間＝1.82メートル　だから百間は182メートル　(8) 跡：後方　この意味では「後」が普通である。

　画地とは地にすじを引くことなり。画地而守之とは何の要害と云うこともなく、是より内はこの方の陣屋の構えなりと、只地にすじを引きたるばかりなることを云うなり。本文の意は、我が心に戦うまじくさえ思えば、たとい地にすじを引きて界にして、是より内は味方の構えなりと云うとも、敵そのすじの内へ入ることもならず。何ほど戦いたく思うとも、われと戦うことはならぬなりと云う意なり。
　それは如何様にしてその如くに、敵に戦わせぬことのなるぞと云えば、乖其所之なり。其とは敵を云う、之とは向かうことなり。乖くとはわきへそむくることなり。敵のこの方へ向かう心を⁽¹⁾引き違えて、わきへ向かうようにする意なり。是も敵の意外に出ることをする時は、敵の心それに移りあやしみ疑うゆえ、殊の外に気遣うて、容易に攻めることならぬ意なり。

　(1) 引き違う：方向を変える

　前漢の李将軍匈奴の大軍に囲まれ危うかりし時、李将軍士卒に下知して、馬の鞍をおろして休息させければ、匈奴疑いて戦わざりしなり。
　又三国の時、趙雲数十騎にて曹操の大軍に出合い、戦いながら引きてわが陣城へ引き入り、軍門を押し開き、旗をふせ、太鼓をうたず、静まりかえりて居りたりければ、伏兵あらんかと畏れて曹操軍を引きしこともあり。
　又曹操呂布と対陣せし時、曹操の軍兵⁽¹⁾刈田に出たるをねらい呂布⁽²⁾陣所に押しよせたり。曹操の陣所に人数僅か千ばかりありけるが、早速陣所を出でて備をたて、半ばは⁽³⁾隄のかげに隠れければ、呂布戦わずして引けることもあり。

　(1) 刈田：田の作物を刈る　(2) 陣所：軍隊の陣営　(3) 隄：土手

　此の外前に挙げし孔明が琴を弾ぜし類、皆凡慮の外なることをして、敵の意外に出るゆえ、敵戦うこと得ざるなり。

李筌が注には、乖の字をあやししと読みて、敵のあやしむ様なることをすることと云えり。意はさることなれども、乖の字をあやしとよむこと穏やかならず。本文の意⁽¹⁾とけ難ければ従うべからず。

(1) とく：説明する

杜牧が注には、敵を疑わする時は、敵最初われを攻むべきと思いし意とちがいて、攻めずして去ると見たり。その時は之を来ると見て、其所之と云うを敵の来たりし所と云う意にするなり。通ずるようなれども、敵に疑わすると云うを本文の文面の外に添えて見ねばきこえぬなれば、是又従いがたし。

劉寅が説には、其所之とは敵の攻め来る路を云いて、乖其所之とはてだてを以て敵を疑わせて、敵の⁽¹⁾あらぬ方へゆく様にする時は、此の方へ攻め来る路をわきへそむかするわけなりと云えり。⁽²⁾義理宜しけれども、所之と云うを攻め来る路とばかり見たる所、せばき様なり。

(1) あらぬ：違っている　見当違いの　(2) 義理：意味

131　故形人而我無形、則我専而敵分、

　　gù xíng rén ér wǒ wú xíng, zé wǒ zhuān ér dí fēn,
　　故に人に形して我形無し、即ち我専らにして敵分かる、

上に敵の料簡に落ちぬことを云うに就いて、これより下は、敵にはかられぬことを云えり。形人とは人と云うは敵なり。形するとは軍情を外へあらわして、敵より伺いはからるる様にすることなり。是真実に非ず。張預が注には、吾之正使敵視以為奇、吾之奇使敵視以為正（wú zhī zhèng shǐ dí shì yǐ wéi qí, wú zhī qí shǐ dí shì yǐ wéi zhèng　吾の正敵をして視て以て奇と為さしむ、吾の奇敵をして視て以て正と為さしむ）と云えり。此の説は奇正の上にて、偽りの形を見することと云えり。黄献臣が注には、示人以虚実之形（shì rén yǐ xū shí zhī xíng　人に示すに虚実の形を以てす）と云えり。此の説は虚実の上にて、偽りの形を敵に見することと云えり。説約には、虚張掩襲埋伏之形（xū zhāng yǎn xí mái fú zhī xíng　掩襲埋伏の形を虚張す）と云えり。掩襲は旗を巻き人数をかくして、敵の不意に取りかくることなり。埋伏は⁽¹⁾かまり伏兵を置くことなり。虚張とは実には掩襲もせず埋伏もなけれども、箇様にすべき様なる体を、うわべにてしかけて敵に見することなり。此の説は掩襲埋伏の上にて、偽りの形を敵に見することを云う。⁽²⁾講義には所可得而見者誤敵之術（suǒ kě děi ér jiàn zhě wù dí zhī zhú　得て見るべき所は敵を誤まるの術なり）なりと云えり。敵の方より伺い見らるる所は、此の方より偽りの形を敵に見せて、敵にしそこないをさするてだてなりと云う意なり。此の説は、前の張預、黄献臣、説約の説より広き説にて、宜しき様なり、とかく何にても敵の方より、味方を如何様に働くと伺いはからるる様に見せかけて、実にはその如くせぬことを云うと心得べし。

(1) かまり：忍びの物見　(2) 講義：施子美著「武経七書講義」のこと

我無形とは実には敵に伺いはからるる形は、我になきことを云うなり。張預が注には、以奇為正、以正為奇、変化紛紜使敵莫測（yǐ qí wéi zhèng, yǐ zhèng wéi qí, biàn huà fēn yún shǐ dí mò cè　奇以て正と為し、正以て奇と為す、変化紛紜敵をして測ること莫からしむ）と云えり。此の説は奇正の上にて、われに奇正の定形なきことを云えり。説約には秘其形不露、使敵人但疑我掩襲之形（mì qí xíng bù lù, shǐ dí rén dàn yí wǒ yǎn xí zhī xíng　其の形を秘して露わさず、敵人をして但だ我掩襲の形を疑わしむ）と云えり。此の説は掩襲の上にて、敵にわれを伺わせぬことを云えり。講義には所不可得而見者、制勝之道（suǒ bù kě děi ér jiàn zhě、zhì shèng zhī dào　得て見るべからざる所は勝ちを制するの道なり）と云えり。わが敵に勝つ道のいかようにして勝つと云うことの、敵より見られぬことを我無形と云うと云う意なり。此の説も前の張預説約の説より広き説なり。とかくこれもわが奥の手をば敵にしらせず、敵にはかられぬ様にすることを云うなり。

　右の諸注何れも敵をたばかることを云いたれども、是は[1]軍旅の至妙に非ず。孫子が心法と云い難し。軍の至理を論ずる時は、実なる時は形なし、虚なる時は形あり。吾実なる時は吾に伺うべき形なきゆえ、敵自然に誤りて、我になき形を見るなり。是敵の[2]眼花にてわれにある形にあらず。是を本文に、形人而我無形と云いたるなり。されども是は至極の実を以て、至極の虚を撃つ時のことにて、石を卵になぐる勢いなり。虚実は移りかわりて変化常なきものなれば、たとい湯武の軍なりとも、われにも臨時の虚あるべし、敵にも臨時の実あるべし。況やそれより下は。敵に又強弱さまざまあるなれば、詭道を以て敵を誤らしむること、又軍の常法となれり。故に張預、黄献臣、彭継輝、施子美等の説、何れも取り用いて其の用とすべし。

　(1) 軍旅：戦争　(2) 眼花：目がかすんで明らかでない

> 　施子美の「得て見るべからざる所は勝ちを制するの道なり」はわかりやすい。徂徠はこれも「敵をたばかること」と言っているが、単に見ることができないということだから、いつも「たばかる」意味にはなりえない。相手から見ることができないだけである。相手から見ることができないところで相手を倒すことでできるのである。
> 　現代戦の強力な武器にスパイ衛星がある。現代では雲があっても、また夜間でも地上の画像データが得られると言われる。スパイ衛星の登場により伏兵を置くことは昔よりはるかに難しくなっている。

　我専而敵分と云うは、我が力は専一にて、敵の力はわかるることなり。実にはわれにもなきことを、敵の方より眼花にて見あやまり、東よりよせくる、西より襲い来る、あそこにかまりあり、ここに横槍あり、あれも心もとなし、是もあぶなしと思い、人数を方々に分けて、手くばりをすれば、敵の人数わくるに従いて少なくなる。たとい人数をわけずとも、心を所々にくばれば、[1]満腹皆[2]疑団なるゆえ、其の働き専一ならず。虚の形あらわるる時は、われは人数をも分けず。虚を見て動くゆえ、其の働き専一なり。是を我専而敵分ると云う。

　(1) 満腹：腹にある全部　(2) 疑団：疑いのかたまり

> 　敵をたばかる、たばからないにかかわらず、敵はこちらを何かの形に取って疑わない。ところがこちらはその形がない。これを「人に形して我に形無し」と言うのだろう。「人に形して我にその形無し」と「その」をつけたほうがわかりやすい。また人がこちらを何かの形に取っ

てそれがこちらの真の形なら、それを別の形に変えることも「形無し」に含まれる。

　有能な人が人から無能と言われて怒ることがよく見られる。怒って自分の有能なことを見せびらかし、相手にその有能さを認めてもらおうとしているのである。これは相手に勝つという観点から見ると、極めて愚策である。相手は自分を無能という形で取っているのである。しかし実際は自分にその形はない。これは「人に形して我に形無し」の必勝の形になる。相手に無能と言われても笑って過ごすなら、やがてその有能さが相手の不意をつくことになり、相手は簡単に敗れる。

　「得て見るべからざる所は勝ちを制するの道なり」という施子美の注は味わい深い。相手に見えていない所、それで相手に勝つことができるのである。これはビジネスでも同じことである。しのぎをけずっている人に見えている所、ここでは相手に勝つことはできない。「そんなことがあるの」という人に見えていない所、ここで相手に勝つことができる。

　「形人」を徂徠は「人に形す」と読んでいる。しかし「人を形す」とも読むことができる。これも意味深い。相手を形にしてこちらは形がないのである。「無形」というのは、形が見えないという意味もあるが、形が移り変わるから形がないという意味もあるのだろう。水のようなものである。水は入れる容器に従ってどんな形にも変わる。これは形がないとも言える。相手は形が固定しているから、どこに弱点があるかわかりやすい。形が固定しているからその弱点がなくなることがない。だからその弱点を攻めれば倒すことができる。こちらは形が変わるから攻めにくいのである。

　「人を形し我に形無し」と読むとこれは「人を致して人に致されず」の言い換えとも考えられる。人を致すのはどのように致すかと言うと、人を形にするのである。人に致されないのはどのように致されないかと言うと、我に形が無いようにするのである。「形人而我無形」はわずか六字で兵法の骨髄を説いている。

132　我專為一、敵分為十、是以十攻其一也、則我衆而敵寡、

wǒ zhuān wéi yī, dí fēn wéi shí, shì yǐ shí gōng qí yī yě, zé wǒ zhòng ér dí guǎ,

我專らにして一と為り、敵分かれて十と為る、是れ十以て其の一を攻めるなり、則ち我衆にして敵寡なり、

是は上の文を承けて云う。上の文に形人而我無形、則我專而敵分と云えるに付きて、專なると分かるるとの得失を云えるなり。我專一なれば、人数をも分けず初めのままなるゆえ、いつもひとつにて居るなり。敵は人数を分ける時は、一つの物を分けて十にするなり。是はあながちに人数を十にわくると云うことには非ず。二つにも、三つにも、四つにも、五つ六つにも、七つ八つ九つ十にもわくべけれども、其の至極を取りて十と云うなり。たとえば敵味方何れも千ずつの人数の時は、我專為一なれば、始めの如く千なり。敵分為十なれば、千のものを十に分けて百ずつなり。是以十攻其一也と云うは、味方の千にて敵の十に分けたる一つを攻める時は、十[1]総倍の人数にて攻める

わけにて、以十攻其一也と云えり。敵の人数を十に分けたること、前の段の注に云える如く、味方にもなきことを敵が心つきて、人数を⁽²⁾引き分けて方々へ遣わすゆえ、千を十にわけたれば、九つは皆方々へちりて、一つ分のこりてあるを、味方のわけぬ勢にてかかるゆえ、千を以て百を攻める意なり。則我衆而敵寡と云うは、則とは如此なる時はと云う意なり。右の如く敵に人数をわけさせて、其の跡へかかる時は、味方多勢にて敵無勢になるゆえ、我衆而敵寡と云うなり。是もと⁽³⁾対待（たいたい）の人数なれども、形あると形なきとのちがいにて、⁽³⁾対待（たいたい）の人数が変じて、十総倍の人数になる道理なり。

　(1) 総倍：「層倍」は「倍」と同じである。層のかわりに総の字が使われることもあったのだろう。
　(2) 引き分く：くっついているものを離れさせる。分ける
　(3) 対待（たいたい）：対等　五分五分　この意味では対対と書くのが一般的である。

> 「人を形し我に形無し」と読む時は、ここの解釈は次のようになる。相手は形があるから、すでに兵を分けてしまっている。こちらはその形に因りて兵を分けるから、相手の弱い所にこちらの全兵力を置くこともできる。だから我衆にして敵寡である。

133　能以衆撃寡者、則吾之所与戦者約矣、

　néng yǐ zhòng jī guǎ zhě、zé wú zhī suǒ yǔ zhàn zhě yāo yǐ、
　能く衆以て寡を撃つ者は、則ち吾の戦う所は約なり、

　(1) 「与戦」は「与敵戦」の敵を略したものであるから、書き下し文は「与」を読まなかった。

　これは上の故形人、而我無形と云うより下を結べる語なり。能以衆撃寡者と云うは、上に形人而我無形、則我専而敵分、我専為一、敵分為十、是以十攻其一也、則我衆而敵寡と云うをうけたる詞なるゆえ、我は無形にて敵には有形と見せ、敵の人数を引き分け其の虚へかかることを、よく自由にする人を云うなり。かくの如く敵の人数を引き分けさせて懸る時は、敵の人数は少なくなりて、味方は本の如くなるゆえ、以衆撃寡と云うものなり。能と云う字に意を注ぐべし。我には伺わるる形なき時は、敵より眼花にてありもせぬ形をとらえて、其の用心に人数を分けるより、対待の人数却って抜群の相違になる。かくの如く敵を自由にすること、我に伺わるべき形なきことを得たる人に非ざれば能わぬことなり。此の位を、自由に手に入れたる人を指して云うと知るべし、
　吾之所与戦者とは、わが敵とたたかう所と云うことなり。約矣とは肝要なる⁽¹⁾ききめの虚を云うなり、是敵の虚を指して云うなり。敵は此の方をはかり知ることあたわぬゆえ、人数を方々にわけ、方々に手配りをして、ここぞ肝要なる所と云うことを知らず。われは敵の人数を分けさせて置いて、其の虚なる所を見すまして撃ちてかかる時は、一所を破りて、其の外はみな戦わずしてやぶるるなれば、是わが敵と戦う所は、肝要なる所一つを取りて、専一に是を攻めるなり。此の意を能以衆撃寡者、則吾之所与戦者約矣と云うなり。

　(1) ききめ：効力

この約の字を王晳が註には、大約の義と見たり。大約とは大数を以て云いたることと云う意なり。其の時は前の以十攻一と云うは、十と一との数に限るべからず。唯敵は人数を分けて、少勢になり、味方は人数を分けざれば多勢也と云うことを、以十攻一と云いたるものなりと云う意なり。此の注も道理なきに非ざれども、古人の書に⑴自分と注解をすべき様なし。其の上かくの如く見る時は、能以衆撃寡者、則吾之所与戦者約矣と云いたる⑵文義穏やかならねば、従うべからず。

　⑴自分と：自分から　⑵文義：文章の意味

> 「吾の戦う所は約なり」というのは、日々の生活に応用できることである。毎日、毎時、毎分、毎秒、肝要なることをしなければならない。肝要なることをし続けると得るものが大きい。時間がいくらでもあるように思い、どうでもいいことをし続けると得るものが小さい。

134　吾所与戦之地不可知、不可知、則敵所備者多、敵所備者多、則吾所与戦者寡矣、

wú suǒ yǔ zhàn zhī dì bù kě zhī, bù kě zhī, zé dí suǒ bèi zhě duō, dí suǒ bèi zhě duō, zé wú suǒ yǔ zhàn zhě guǎ yǐ,

⑴吾が戦う所の地知るべからず、知るべからざれば、則ち敵の備える所は多し、敵備える所多ければ、則ち吾が戦う所は寡し、

　⑴「与戦」は「与敵戦」の敵を略したものであるから、書き下し文は「与」を読まなかった。

　是は又上の文の意をくりかえし、推し広めて云えるなり。吾所与戦之地とは、わが敵と取り合うべき場所のことなり。不可知とは、敵の方より知られぬことなり。吾に形なきゆえ、わが敵と取り合うべき場所は、何れのところにて取り合うべきと云うことを、敵の方より知らぬと云う意なり。不可知、則敵所備者多と云うは、備えるとは手当てをすることなり。わが敵と取り合うべき場所は、何れの程と云うことを敵よりかねて知らねば、あそこも心元なく、ここも覚束なく、敵より方々所々へ手あてをするゆえ、敵所備者多と云えり。敵所備者多、則吾所与戦者寡矣と云うは、右の如く敵より方々所々へてあてをすれども、皆用もなき所へ、入らざることをするなれば、其の内一所の敵ならで、吾と戦うことあたわぬゆえ、吾と戦う敵は少なくなると云う意なり。
　前の故形人と云うより下、吾之所与戦者約矣と云うまでは、吾には実に形なくて、敵には偽りの形を作りて見することを云い、此の段より末は、吾に形なきことばかりを云いて、敵に偽りの形を作りて見することをば云わず。是吾に形なきところ、必勝の本体にて、孫子が極意ここにあり。子細は吾位いまだ形なき所にかなわずして、敵に偽りて形を作りて見せんとばかりするものは、形なき所にかないたる敵にあう時は、其の偽りて作る形が、却って敵にはからるる真の形となりて、虚ここに備わるゆえ、是負けの本なり。故に吾に形なき所を本体として、人に形する所は作用なりと知るべし。是独往独来の妙境なり。

虚実　第六 | 179

135 故備前則後寡、備後則前寡、備左則右寡、備右則左寡、無所不備則無所不寡、

gù bèi qián zé hòu guǎ, bèi hòu zé qián guǎ, bèi zuǒ zé yòu guǎ, bèi yòu zé zuǒ guǎ, wú suǒ bù bèi zé wú suǒ bù guǎ,

故に前に備えれば則ち後寡し、後に備えれば則ち前寡し、左に備えれば則ち右寡し、右に備えれば則ち左寡し、備えざる所無ければ則ち寡からざる所無し、

是も上の文に、敵吾と戦うべき場所を知らずして、無用の所へ手配りをすることを云えるをうけて、敵に使われて、方々へ手配りをすることの害を云えり。前の方を気遣いて前の方へあてをすれば、後の方の人数少なくなる、是後の方虚なり。後の方へ手当をすれば、前の方少なくなる、是前の方虚なり。左の方へ手あてをすれば、右の方少なくなる、是右の方虚なり。右の方へあてをすれば、左の方少なくなる、是左の方虚なり。無所不備とは、方々所々へあてをすることなり。無所不寡とは、方々所々の小勢になることなり。人数を分けて方々所々へ手当てをすれば、方々所々皆小勢になりて、方々所々皆虚なり。この虚なる所をうつ時は、吾は多勢にて敵は小勢なれば、勝つこと疑いなし。是皆吾形を敵知らずして、無用なる所へ手あてをして人数を配るゆえ、其の跡空虚になることを云えり。この道理を推して云わば、攻める時は守ることを知らず、守る時は攻めることを知らず、是皆吾に形あるゆえなり。攻めて攻めるに滞らず、守りて守るに滞らず、是を形なしと云う。てだてにて勝たんとたくむものは、其のうらに負備わる、故に兵の法は形なきを本とす。形なきの⁽¹⁾用所は人を致すにあり、此の篇の首に致人而不致於人と云える所、一貫して其の妙所に通ずべし。

(1) 用所：用いる所

136 寡者備人者也、衆者使人備己者也、

guǎ zhě bèi rén zhě yě, zhòng zhě shǐ rén bèi jǐ zhě yě,

寡は人に備えるものなり、衆は人をして己に備えしめるものなり、

是は上の吾所与戦之地不可知と云えるより下を結びて、形なき時は人数分かれずして多くなり、形ある時は人数分かれて少なくなる道理を説けり。人とは吾に対するものを指し云う詞にて、味方よりは敵を指し、敵よりは味方をさす。人数寡くなるは何故なれば、人が攻め来らんとて無用のところへ其の手当てする故なりと云う意を、寡者備人者也と云うなり。人数多くなるは何故なれば、わが攻め往くべきなりとて、⁽¹⁾そでもなき所へ敵が手当てをして人数をわくるゆえ、敵の人数少なくなる。吾が人数は元の如くなれども、敵の人数少なくなるによりて、おのずから吾が人数は、敵よりは多勢になると云うことを、衆者使人備己者也と云うなり。然れば畢竟此の篇の首に云える、致人而不致於人と云うが、虚実を吾が掌に握る所なり。

(1) そでもなし：漢字をあてると「然でも無し」。意味は「然るべきでない　違う」

137　故知戦之地、知戦之日、則可千里而会戦、

gù zhī zhàn zhī dì, zhī zhàn zhī rì, zé kě qiān lǐ ér huì zhàn,

故に戦いの地を知り、戦いの日を知れば、則ち千里に会戦すべし、

　故とは上の文の寡者備人者也、衆者使人備己者也と云えるを受けて、かくの如く、此の方より敵を自由に使うことなることゆえにと云う意なり。戦之地とは、敵と戦うべき場所なり。戦之日とは、敵と戦うべき(1)日限なり。知るとはかねてまえかたより知らるることなり。(2)千里は遠路を隔てたることを云えり。会戦とは合戦することなり。敵と戦うべき場所は何れの所、敵と戦うべき日限は幾日と、かねて前方より明らかに知る時は、千里の遠路を隔てたる先のことをも、かねて此の方より(3)きっぷを(4)極めてあぶなげなく、いつ幾日にどこどこにて合戦すべしと、前方より定めらるることなりと云う意なり。前の文には戦の地のことばかり云いて、此の段には戦の日のことも添えて云えり。其の意は戦の場所ばかりに限らず、戦の日限、其の外敵の大将はだれ、合戦のてだては如何様にすると云うことまでも、かねて知らるることなるゆえ、此の段に戦の日のことを添えたりと知るべし。

(1) 日限：限り定めた日数。期日
(2) 千里：1000里は日本の里で言うと100里〜133里になる。日本の1里＝3.927kmだから、100里〜133里は、393km〜522kmである。つまり千里は現在の距離感覚で言えば400km〜500kmである。東京、大阪の距離が約500kmである。だから千里はほぼ東京、大阪間の距離である。
(3) きっぷ：漢字で「切符」　為替の証書　(4) 極める：定める

　さてこの段の(1)肝文は、故と云う字にあり。敵之変化時に臨みてさまざまなるべきを、何として孫子がかく云えるなれば、畢竟上の文の意なり。上の文に備人と使人備己との差別を云えり。是篇首の致人と致於人との道理にて、孫子が妙用ここにあり。敵の変化無尽なること、孫子なればとて(2)通力を得たるに非ず。何としてこれを知らんや。然るに戦の場所日限何によらず、前方より千里さきまでをもかねて是を知りて、あぶなげなく合戦をして勝利を得ることは、敵を自由に此の方の心のままに使うことを得る時は、いずくにて戦わんも、いずれの日に戦わんも、皆々此の方次第なるゆえ、是を前方より明らかに知らるると云うなり。もし左様に敵を自由にすることならぬ時は、吾が掌に握らぬ敵なれば、たとい前方に明らかに知りたりとも、何として決定することを得んや。古今の注解皆この所を誤りて、戦の地、戦の日を知りて、後に勝のあるように云えり。大いなる誤りなり。唯張預が注に、能使敵人如期而来以与我戦（néng shǐ dí rén rú qī ér lái yǐ yǔ wǒ zhàn　能く敵人をして期する如く来りて以て我と戦わしむ）と云えり。味わうべし、思うべし。

(1) 肝文：肝要な文句　(2) 通力：神通力

　「古今の注解皆この所を誤りて、戦の地、戦の日を知りて、後に勝のあるように云えり。大いなる誤りなり。」ここも徂徠の注釈が卓越していることを示している。徂徠の注釈に従ってここを訳せば次のようになる。「少ないのは相手に対して備えるからだ。多いのは相手をこちらの思うように動かしてこちらに備えるようにさせるからだ。相手をこちらの思うように動かしているのだから、戦いの地もわかるし、戦いの日もわかる。それで千里さきでも戦うことが

できる。」

138　不知戦地不知戦日、則左不能救右、右不能救左、前不能救後、後不能救前、而況遠者数十里、近者数里乎、

bù zhī zhàn dì bù zhī zhàn rì, zé zuǒ bù néng jiù yoù, yoù bù néng jiù zuǒ, qián bù néng jiù hòu, hòu bù néng jiù qián, ér kuàng yuǎn zhě shù shí lǐ, jìn zhě shù lǐ hū、

戦の地戦の日を知らざれば、則ち左は右を救う能わず、右は左を救う能わず、前は後を救う能わず、後は前を救う能わず、況んや遠きもの数十里、近きもの数里をや、

　是は上の文のうらを云えり。致人の術を知らざるものは、敵わが不意に出るゆえ、先たちて戦地戦日を定めることはならぬなり。前後左右に備を立てて、相互に横を入れ救いあうようにかねて設くと云うとも、敵に不意をうたるる時は、左は右を救うことならず、右は左を救うことならず、前は後を救うことならず、後は前を救うことならぬものなり。まして近くは数里を隔て、遠くは数十里を隔てて先にある味方を救うこと、(1)なにとなるべけんや。故に致人の術を以て、虚実を掌に握る時は、敵の働き皆わが(2)案の内にて、不意をうたるることなし。

　(1) なにと：「なんと」と同じ。反語を表す。　(2) 案：予想

　通常、戦いの地、戦いの日両方まではわからない。戦いの地、戦いの日の両方がわからなくても十分に勝つことができる。戦いの地、戦いの日の両方までわかるのは、敵がこちらの思うように動かされている時だけである。敵をこちらの思うように動かしているなら、五百キロも離れている敵でも勝つことができる。
　戦いの地、戦いの日の両方がわからないのは、敵がまったくこちらの思うように動いていないということである。それでは左右前後が救い合うことができない。孫子はここで救い合うことができないと言い、負けるとは言っていない。「勝つべからざるは己に在り、勝つべきは敵に在り」だから、敵の動きがまったく読めなくても、手前を十分に固めておれば負けることはないのである。

139　以吾度之、越人之兵雖多、亦奚益於勝敗哉、

yǐ wú dù zhī, yuè rén zhī bīng suī duō, yì xī yì yú shèng bài zāi,

吾以て之を度(はか)るに、越人の兵多しと雖も、亦た奚んぞ勝敗に益あらんや、

　此の書は孫子が呉王闔虚に上(たてまつ)りし書にて、其の時分呉と越と隣国にてかたきの国なる故、越国のことを云えるなり。以吾度之と云う、吾とは孫子が自称せるなり。孫子が心を以て是をはかり見るにと云う意なり。越人之兵とは、越国の軍兵を云うなり。亦奚益於勝敗哉とは、勝負のたりにはならぬと云う意なり。前の文に説ける如く、致人の術を以て敵を制する時は、多勢も何の用にたたず、少勢同然になるものなるゆえ、孫子が心を以てつもりはかれば、越国の軍兵幾百万なりとも、此の

方の心のままに⁽¹⁾はからいて、互いに後詰めをすることならぬゆえ、人数の多きが勝負のたりにはならぬとなり。この吾と云う字を、呉の字にかきたる本あり、前後の文勢に合わず、従うべからず。越人之兵と云うを、人に越えたる兵と見たる説あり、是又従うべからず。

(1) はからう：とりはからう

140　故曰勝可為也、敵雖衆可使無闘、

　　gù yuē shèng kě wéi yě, dí suī zhòng kě shǐ wú dòu,

　　故に勝は為すべきなり、敵衆(おお)しと雖も闘うこと無からしむべし、

　是は上を結びたる詞なり。勝可為也とは、敵にかつことは自由に吾が心ままになることなりと云うことなり。右の如く多勢も用にたたぬものゆえ、越国の軍兵多勢なれども、是に勝つことは、なるほど自由になることなりと云う意なり。前の軍形篇には勝可知、而不可為と云えり。この文と相違のようなり。軍形篇の意は、ひろく軍理を説きて、敵にかたれぬ道を、軍の本とすることを説けり。此の本文は致人の術にて、敵をわが自由に使う道を説けるなり。文の主意各別なるゆえ相違せるようなり。されども軍形篇に勝可知而不可為と云える道理を会得すれば、此の本文に云える如く、勝はこの方の自由になることなりと知るべし。敵雖衆可使無闘とは、敵たとえ多勢なりと云うとも、其の多勢の軍兵が、われと戦うことのならぬ様になることなりと云う意なり。上の文に云える如く、偽の形を以て敵を使いて敵に備を分けさせ、其の虚を撃つ時は、敵多勢なれども、其の多勢の敵が戦の地戦の日を知らずして、皆⁽¹⁾てにあわぬゆえ、われと戦うことはならぬなり。如此に敵の多勢が皆むだことになる様にはからうゆえ、吾に十倍の大勢も、われ二十分の一の小勢になりて、敵に勝つことは心のままになることなり。さればこの敵雖衆可使無闘と云うは、勝可為也と云える所以なり。

(1) てにあわぬ：戦いに会わない

　この「勝は為すべきなり」と言うのは、前に「故」があるから、当然前の「吾以て之を度るに、越人の兵多しと雖も、亦た奚んぞ勝敗に益あらんや」の結語である。つまり越に対しては勝を為すことができると言っているのである。戦いすべてに対して勝を為すことができると言っているのでない。戦いすべてに対しては軍形篇に言うように「勝は知るべく為すべからず」である。已が実であり、相手に虚ができれば勝つことができるが、相手に虚ができないと勝つことはできない。だから勝は知ることができるが、必ずしも勝つことができるものでない。相手がこちらの計にのらない敵ならば、こちらの計で虚をつくることもできないからである。ところが孫子の分析によろと、越はこちらの計にのる敵だから勝を為すことができると言っているのである。

141 故策之而知得失之計、

gù cè zhī ér zhī deǐ shī zhī jì、

故に之に策(はか)りて得失の計を知る、

　上の文に致人の術にて吾は無形にして敵は有形なることを云えるを受けて、ここには致人と云えばとて、手をたたきて奴僕(ぬぼく)を呼び使うように、敵の使わるべきに非ざるによりて、先ずよく敵の情を知りて、後に人を致すの術を施すことを得る道理を云えり。策之と云える、之とは敵を指す。策るとはいまだ軍を起こさるる前に、(1)帷幄(いあく)の中にて敵をはかることなり。知得失之計とは、敵の計の得失いかんと知ることなり。得失とは宜しきにかなうことを得と云い、宜しきにかなわぬを失と云うなり。まず最初軍を出すべき前に、帷幄の中に於て、敵は如何様の計をなすべきと察して、其の計の宜しきにかなうとかなわぬとを以て、軍の勝負を知る、即ち始計篇の五事七計なり。

(1) 帷幄(いあく)：作戦計画をめぐらす場所。帷は垂れ幕、幄は引き幕のことで、陣営に幕をめぐらしたことから、作戦計画をめぐらす場所を言うようになった。

　昔漢の高祖の時九江王黥布(げいふ)謀反しけるに、高祖、薛公(せっこう)を召して尋ねたまえば、薛公対えて曰く、黥布上計を出さば、山東をば奪われたまうべし、中計を出さば、勝負はかり難し、下計を出さば、枕を高くして臥したまえと云えり。高祖いかようなるを上計中計下計と分かつやと問いたまう。薛公が曰く、黥布東は呉国を攻め取り、西は楚国を攻め取り、斉魯を一つにして、燕趙の国々へ(1)廻文(まわしぶみ)を(2)遣(や)り一味せしめ、吾が居城を固く守らんは上計なり。東は呉国を攻め取り、西は楚国を攻め取り、韓魏二国を一つにして、敖倉(ごうそう)と云える天下の兵糧を積みたる所を奪いて、ここにたて籠もり、成皐(せいこう)と云える要害の口を塞がんは中計なり、東は呉国を攻め取り、西は下蔡(かさい)を攻め取り、財宝を越国へ運び、其の身は長沙(ちょうさ)へ引き入れんは下計なりと答えたり。高祖重ねて問う、黥布が計右の上計中計下計の三つの内にては、何れにてか(3)あらんずらんと(4)ありければ、薛公、黥布は元来いやしきものなれば料簡卑劣なり、下計を出さんと云いける。果たしてそのはかりし如くなりき。

(1) 廻文(まわしぶみ)：回覧用の文書
(2) 遣(や)る：送る
(3) あらんずらん：あら＋んず＋らん。ラ行変格活用の動詞「あり」の未然形＋助動詞「んず」の終止形＋助動詞「らん」の終止形。助動詞「んず」は未然形につく。この場合は「まさに～しそうだ」という切迫した予想を表す。助動詞「らん」は終止形につく。推量を表す。
(4) あり：言われる。引用の助詞「と」を受け、「言う」の間接的表現でやや敬意がこもる

　又南北朝の時分、西魏の帝より于謹(うきん)と云う大将を遣わして、南朝の帝、梁の元帝を、江陵と云う所にて攻める時、于謹はかりて曰く、元帝江陵を打ちすて、南朝代々の都丹陽へはいりたまわば上策なり、居民を江陵城へこめて、後詰めを待ちたまわば中策なり、江陵の旁に羅郭(らかく)と云える要害(かたわら)あり、小城なり、これに籠らば下策なり、然るに江陵の民ども所を移すことを難儀に思うべし、元帝又(1)懦弱(じゅじゃく)にて決断なき人なれば、下策を用いらるべしと計りけるに、果たしてその如くなりしことあり。

(1) 懦弱(じゅじゃく)：弱いこと

又石勒と云ううえびすの大将、劉曜が洛陽城にありけるを攻めるとて、劉曜、成皐の要害へ人数を出さば上策なり、洛水の川ばたに人数を出さば中策なり、やはり洛陽城にこもらば下策なりとはかりけるに、劉曜、洛陽城にこもりて、遂に石勒に殺されたることあり。

総じて古今の名将、敵の得失を計りしこと多き中に、直解開宗に此の三つを挙げて、後来の手本とせり。

142　作之而知動静之理、

zuò zhī ér zhī dòng jìng zhī lǐ,
之を作して動静の理を知る、

之とは敵をさして云う。作こすとは杜佑、劉寅が説に、何にても此の方より敵にしかけて、敵のうごきを見ることなりと云えり。されども両説ともに[1]作為の義に見たり。今は作興の義に見てよく通ずるなり。動はうごくなり。静はしずかなりと読みて、動かぬことなり。理は情理なりと注せる字なり。情は[2]かたぎ、理は[3]すじめなり。軍かたぎのすじを云うなり。敵へ何事にてもしかけて敵を引き起こし、敵がそれに動くか動かぬか、動き様は如何様に働くと云うを以て、其の軍かたぎのすじを知ると云う意なり。右の策之而知得失之計と云うは、軍を起こさざる前に、この方にて料簡を以て敵をはかるなり。此の段は既に軍を起こして後、敵へ何事にてもしかけて、敵を引き動かすことを云えば、上の段よりは又[4]一重親切なるはかり様なり。

(1) 作為は「つくる」こと。作興は「ひきおこす」こと　(2) かたぎ：感情や行動に表れる特有の傾向
(3) すじめ：すじ道　(4) 一重：衣服をさらに一枚重ねて着ることから、一層の意味

杜牧張預が注には、作の字を激作の意に見て、敵将をせかせて、其の怒りの動きを見ることと云えり。怒りも敵の動きの一つなれば、非説とは云い難けれども、事せばき説なり。

直解には呉子が語を挙げて此の段の例証とせり。[1]呉子が語の意は、[2]軽きものの武勇なるに人数を[3]あずけて敵にとりかけ、偽り引きて敵をこころみに、敵のかかり来るてい、[4]坐作の節をたがえず、法令正しく、北るを追えども静かに追いて長追いせず、利を見ても見ぬふりをする敵は智将なり。備わぎ立ちて人声やかましく、旗乱れ士卒ばらばらになり、味方の北るを見ては足を限りに追い討たんとし、利を見て迷うは愚将なりと云えり。是も敵の動きを見る一術なり。

(1) これは呉子の論将篇に記載されている。　(2) 軽し：いやしい　(3) あずく：割り当てて与える
(4) 坐作：坐ることと立つこと。動作

又張預は、晋の文公、楚国と取り合いのありし時、楚国の使者宛春を留めて反さずして、楚国の総大将[1]令尹子玉を腹立たせ、軍を始めさせて勝ちたること、孔明か婦人の装束を仲達に送りたれども、仲達腹立たざることを、此の段の例証とす。是等も敵を動かす一術なりと知るべし。

(1) 令尹子玉：令尹は官職名で子玉が名前

李筌が注には、作の字を候の字に作る、候の字はうかがうとよむ、[1]雲気[2]風鳥を候うて吉凶を察することと云えり。買林王晢も候うと見たり。されども作の字の意味深きには劣るべし。

虚実　第六　185

(1) 雲気：雲霧の移動する様子　(2) 風鳥(ふうちょう)：鳥の形を刻んで屋上に設け風の方向を見るもの

張賁(ちょうひ)が本には、作の字を詐の字に作る、詐はいつわると読みて敵をたばかることなり。是にても通ずれども、上の動静之理と云うにかけて見る時は、作の字まされり。

143　形之而知死生之地、

xíng zhī ér zhī sǐ shēng zhī dì、

之に形して死生の地を知る、

之とは敵を指して云う、形するとは我が形を敵に示すことなり。わが形とは、何にても此の方のすきまを敵の伺いはかる所あるを云う。或いは強く見せ、或いは弱く見せ、或いは多勢に見せ、或いは小勢に見せ、或いは人数を分けて見せ、或いは合わせて見せ、或いは東へ働くべくみせ、或いは西へ働くべく見せ、ここより破らば破らるべし、あそこより攻めばせめとるべしと云うようなる所の、あらわれ見ゆるを形すると云う。伺うべき形なければ破るべきてだてを得ず。伺うべき形をあらわす時は、敵これに取り付けて手当てをなすものなり。是を以て敵の死生の地を知ることなり。死生之地とはここにてうてば死地にて、敵のうたるる場なり。ここにてうてば生地にて、敵のうたれぬ場なり。又事によりて死地にて却って生き、生地にて却って死することもあり。とかく此の方より示す形にのる所に、敵の形あらわるるゆえ、敵の生死分明にわかることなり。是を死生の地を知ると云うなり。

上の作之と云うにて、動かぬ敵は智将なり。されども手前を無形にして伺うべき所なき様にして居れば、勝負のさかい分かれず。又(1)かたの如きの智将は、必ず敵の変を待つものなるゆえ、此の方よりわざと伺わるる形をこしらえて、撃つべき虚をあらわす時は、必ず是をまことの虚と思いて、是にのること(2)治定(ちじょう)なり。ここにて敵の生死分かるれども、人は地を離れて働くことならず。合戦も地を土台にして士卒に地の上をはこばせて戦わすことなり。敵かたの如く智将なれば、たとい此の方の虚を見てそれにのりたりとも、分数形名(3)調(ととの)おりたる備をば、是を撃つともたやすく勝利を得がたし。唯地形のとりようにて、ここにてうてば必ず敵の敗るると云う図あり。故に本文に死生の地を知ると云いたるなり、地の字に意をつけて見るべし、合戦の専要とする所なり。

(1) かたの如きの：かたどおりの　(2) 治定(ちじょう)：必然的であること。必定　(3) 調(ととの)おる：ととのっている

陳皥孟氏、賈林、梅堯臣が注には、形と云うを敵の形と見たり。(1)文義穏やかならず。前後の文例とも違う。従うべからず。

(1) 文義：文章の意味

徂徠は、「此の方よりわざと伺わるる形をこしらえて、撃つべき虚をあらわす時は、必ず是をまことの虚と思いて、是にのること治定なり。」と言うが、これは少し見込みが甘すぎる。真の智将はそんな手だてにのらないだろう。

死生之地の地を徂徠は文字通り「地」と解釈しているが、ここは「場、状態」の意味に取る

> べきだろう。地の字に泥むべきでない。

144 角之而知有余不足之所、

jiǎo zhī ér zhī yǒu yú bù zú zhī suǒ、
之に角れて有余不足の所を知る、

之とは敵なり。角の字は漢書の律暦志に角は触也と注して、ものにふれさわることなり。これにふるるとは、人数を以て敵を一あてあてて見ることなり。有余はあまりありとよみて、つよきことなり。不足はたらずとよみてよわきことなり。

前の如く軍を出さざる前に、五事七計を以てこれを策りて、敵味方の得失を知り、敵に失多く味方に得多き時は軍に及ぶ。是策なり。其の後敵を動かして見るを作と云い、手前にうたるることをこしらえて見するを形と云う。それにものらぬ敵は知謀深き敵将にて、たやすく勝ち難し。されども知謀深けれども武勇のたらぬことあり。将の武勇あまりあれども、士卒の武勇たらぬことあり。士卒武勇なりとても、総軍あまねく武勇なることは得がたし。故に此の段の計は人数を以て直に敵の備をあてて見るなり。是を角と云う。これにて敵の備の内にて、何れの手がつよき、何れの手がよわきと云うこと知るなり。或いは強き所より攻めくずし、或いはよわき所より攻めくずす。この策、作、形、角の四つにて、敵の虚実をはかる時は、掌を指す如く知るることなり。たとえば医師の疾を(1)察するに、望、聞、問、切の四を以て其の疾の(2)情を知るが如し。

(1) 察するに：察する＋に。サ行変格活用の動詞「察す」の連体形＋接続助詞「に」。「察す」は「推し量って考える」の意味「に」は連体形につき、条件を示す。
(2) 情：ありさま、様子

昔後漢の光武、王莽を退治したまう時、みずから三千の兵を以て、王莽が方の総大将、王尋王邑が中軍の備を犯して、敵の有余を知りたまうことあり。又晋の世に謝玄と云う大将、劉牢之と云う者に五千の兵を与え、洛澗と云う所にて(1)苻秦の(2)備をあてて、其の手の大将梁成を討ち取り、敵の不足をしりたる類、此の段の意なり。

(1) 苻秦：国名。前秦とも言う。晋の時苻洪が関中を根拠地として三秦王を称してから、代々帝と称した。苻堅が苻洪の孫で、国は強盛になったが、晋の謝玄に大敗した。その後捕らえられ殺された。
(2) 備をあてて：現代語では、「備にあてて」と言う。

此の角の字を曹操、李筌、杜牧、梅堯臣、張預ははかるとよめり。劉寅この諸説を譏て、角の字をはかるとよむこと本據なしと云えり。(1)月令に仲春角斗甬（zhòng chūn jiǎo dòu yǒng (2)仲春(3)斗甬を角る）とあれば、本據なしとは云うべからず。されども敵味方をはかりくらぶるは、前に云える策のはかりの上にて済みたることゆえ、従うべからず。

(1) 月令：礼記の篇名 (2) 仲春：春三ヶ月の中の月、つまり陰暦の二月 (3) 斗甬：ます

劉寅又左伝の左右角之（zuǒ yòu jiǎo zhī　左右より之を角とる）と云う文を引きて、軍の左右

角を以て、敵の備を⁽¹⁾あつることと云えり。左右角と云うは、同じく左伝の范宣子が語に、軍をするを鹿を捕うるにたとえて、椅る、角とると云うことあり。それは鹿の足を取り、角を取りて捕える如く、軍に左右の備を立て、横を入れて勝つことなり。我が人数を以て敵をあてて、敵の強弱を知ることは、前よりもあつべし、後よりもあつべし。横よりあつるに限るべからざれば、劉寅がこの説、又従うべからず。

　⑴ あつる：下二段活用の動詞「あつ」の連体形。「当てる」の意味。

145　故形兵之極、至於無形、

　　　gù xíng bīng zhī jí、zhì yú wú xíng、
　　　故に兵を形にするの極は無形に至る、

　右に策、作、形、角の四の⁽¹⁾はかりを説けり。是細かにわくる時は四つなれども、畢竟この方の兵に形をこしらえて、敵に伺わする様にして、敵の形を引き出す術なるによりて、この段には形兵と云う二字にて、上の策作形角の四をすべくくりて云えり。形兵之極至於無形と云うは、右の如くさまざまと味方の形をこしらえ、敵に伺わるる様にして、敵の形を引き出すこと、無形なる場にかなわずんばなるまじきことなり。無形なる場にかなわずして、敵をはかるべき為に偽りて手前に形をこしらえば、無形なる敵に⁽²⁾値う時、其の形をこしらゆるところ遂に真の形となりて、敵に勝を取らるべし。例えば剣術にさまざまの⁽³⁾表裡を以て、敵を動かさんとする時、無形なる場によくかないたる人に値う時は、その表裡をする太刀、むだことになるのみならず、表裡をする所に過ちありて、この過ちにかたるるが如し。故に形兵の至極は、必無形の場に至らざれば至極に非ずと云えり。われ無形なる時は、われに伺うべき形なし。われに伺うべき形なけれども、軍は勝負を専とするものゆえ、敵の勝たんとする意より、吾になき種々の形を敵の⁽⁴⁾眼花にて見て、その眼花の形につきて敵に形できるなり。敵に形の出来るところ、即ち敵の敗北の所なり。この意を施子美も、吾雖不形之、而彼且以為形（wú suī bù xíng zhī、ér bǐ qiě yǐ wéi xíng　吾之に形せずと雖も、彼且に以て形を為さんとす）と云えり。然れば無形は敵に形するの至極なり。兵の極妙これに超えることなし。故にこれより篇の終わりまで皆この意なり。

　⑴ はかり：はかること　⑵ 値う：「遭遇する　思いがけなく出会う」意味
　⑶ 表裡：表裏　表と裏、外と内、前と後　⑷ 眼花：目がかすんで明らかでない

　「吾之に形せずと雖も、彼且に以て形を為さんとす」。これは名言である。知の浅い人は何でもわかったように思いたがる。実際は形がないのに、表面だけを見てこちらを何かの形に取り疑わない。このこちらを何かの形に取り疑わないのが相手の形になる。その形に因りて相手に勝つことができる。
　自然科学でも経済でも同じことが言える。自然を何かの形に取り疑わない。経済を何かの形に取り疑わない。実際の形と違うのだからそこで必ず失敗する。そこが敗形になる。

146　無形、則深間不能窺、智者不能謀、

wú xíng, zé shēn jiàn bù néng kuī, zhì zhě bù néng móu、

無形、則ち深間窺う能わず、智者謀る能わず、

　これは上に無形のことを云えるに付きて、是を賛嘆して云えり。深間とは軍に[1]すっぱを入れて、敵を伺うの間と云う。然れども間の極意はすっぱのものばかりに限らず。孫子の内にも、用間の篇あり。深間はふかき間なり。形なき所によくかないたる将をば、何ほど深き間なりとも、これを窺いはかること能わず。敵に如何程の智者ありとも、勝つべき謀を運すこと能わぬと云う意なり。まことに[2]聖人周身の防を備うと云うも、無形のふせぎなり。[3]邵康節の一念不萌所、鬼神莫得窺（yī niàn bù méng suǒ, guǐ shén mò deǐ kuī　一念萌さざる所、鬼神も窺うを得る莫し）と云い、禅家に魔外伺無門（mó wài cì wú mén　[4]魔外に伺う、門無し）と云えるも、皆この無形の位なり。されども無形は円形なり。円形は実なり。形名分数奇正の法よく錬熟せずんば、このさかいに至り[5]難くけん。たとえば四角なるものの角をおろせば八角なり。八角なるものの角をおろせば十六角なり。又その角をとれば三十二角なり。それより六十四角、それより百二十八角、だんだんに角を取れば後に一つの円形となる。円形は角なくして全体みな角なり。空理を談じて、趙括が徒に父の書を読める類に陥ることなかれ。

(1) すっぱ：戦国大名が野武士、強盗などの中から召し出して間諜または軍隊の先導などを勤めさせたもの。間者。スパイ。
(2) 春秋左氏伝序に「聖人包周身之防　shèng rén bāo zhōu shēn zhī fáng　聖人周身の防に包む」とある。
(3) 邵康節：邵雍のこと。康節は諡である。北宋の儒者。易に精通していた。
(4) 魔：魔羅の略。修行の妨げをする悪鬼
(5) 難くけん：難く＋けん。ク活用の形容詞「難し」の連用形＋助動詞「けん」。「けん」は「けむ」と書いてもよい。婉曲に表現するために用いている。

147　因形而措勝於衆、衆不能知、

yīn xíng ér cuò shèng yú zhòng, zhòng bù néng zhī、

形に因りて勝を衆に措く、衆知る能わず、

　これ無形の用いる所を云う。因形とは形は敵の形なり。味方の軍をも兼ねて云うべし、味方無形なりと云えども、大軍には大軍の形、小勢には小勢の形、攻めるには攻める形、守には守る形、又地形に付きてそれぞれの形あり。此れ皆自然に[1]具足したる形なり。かくの如く敵味方に自然の形あり。無形なる人は別に形をこしらゆることなし。敵味方それぞれの自然の形の上につきて、敵の形を[2]とりひしぐなり。措勝於衆とは、衆は味方の軍兵なり。措とはくばり置きもりつくることなり。味方の軍兵にそれぞれにこれはかくせよ、彼は何とせよと、合図約束をわり付けるを、勝利を士卒にくばり置きもりつくると云う意にて、措勝於衆と云う。されども士卒は如此して何の益になると云うことを知らぬゆえ、衆不能知と云えり。味方の知ることは敵も知る、味方の知らぬことは敵も知ること能わず。たとえば韓信が[3]嚢沙の計の時、味方の軍兵に下知して、ふくろに入れたる兵糧をすてさせ、その嚢の内へ砂を入れさせて、士卒何故と云うことを知らず。韓信を怪しめども、大将の命なればその通りにしたるが如し。かくの如く敵味方の自然の形によりて、自然の勝利を得

虚実　第六 | 189

ること、一点の私なき所にて、無形の妙用なり。深く味わうべし。

(1) 具足：十分に備わっていること
(2) とりひしぐ：押しつぶす
(3) 嚢沙(のうしゃ)：砂を袋に入れる。沙は砂の意味。嚢沙の計とは韓信が龍且と戦った時の作戦。1万余りの袋に入った食料を捨てさせ、その中に砂をこめさせた。それで河の上流をふさいだ。龍且を攻撃し、偽りて敗走した。龍且が追ってきて河を渡る時にふさいだ土嚢を取り除き、大量の水を流した。龍且の軍の大半が河を渡りきれない所を急襲し勝利を得た。

「形に因りて勝を衆に措く、衆知る能わず」という一句も味わい深い一句である。敵、味方の形に因って兵を動かすのである。ところが味方もなぜそのように動くのか知ることができないと言うのである。「味方の知ることは敵も知る。味方の知らぬことは敵も知ること能わず」と徂徠は注す。戦争の時軍議を開き、その軍議で多数決を取り、その多数決に従い戦いをしたらどうだろうか。味方の多数がわかることは敵もわかる。その攻撃は何の不意にもならない。敵の計算内の攻撃だから敵も十分に準備するから勝つことが困難になる。戦争においては民主的な多数決は敗北のもとである。戦争に勝つには味方さえ怪しむことをしなければならない。

このことは会社経営にも大いに示唆するものがある。会社の経営方針を決める時、よく会議を開き、その会議の雰囲気、多数が納得することに経営方針が決まることが多い。多数のわかることはライバル会社にもわかる。そのライバル会社にとって何の不意でもない。計算内のことである。これではライバル会社に勝つのは難しい。社長はむしろ誰もが反対するようなことをしなければならない。誰もが反対することは、ライバル会社もそういうことはしまいと思っているから、ライバル会社の不意になる。それが理にあたり大いに利益をあげるものなら、ライバル会社に大きな差をつけることになる。

これを政治に応用すると次のようになる。政治家は形に因りて国民に安寧をもたらすが、国民はなぜ安寧になったのかその理由がわからない。よく政治家の説明責任ということが言われる。政治家は国民が納得するようにその政策を説明する必要があると言うのである。国民の納得しないことをしてはならないのである。これは将棋の名人にその一手一手の説明責任があると言っているようなものである。素人の将棋愛好家にわかる手だけを指していたら名人戦で勝つことはできない。誰もがわからない、誰もが考えつかないような手を指してはじめて将棋の名人戦に勝つことができる。政治家が国民の納得することだけをするようになれば、それは必然的に謀の浅い施策となり、やがて国は滅亡する。論語泰伯篇に言うように「民は之に由らしむべし、之を知らしむべからず」である。この「知らしむべからず」は知らせるなと言っているのでない。知ることができないと言っているのである。

148　人皆知我所以勝之形、而莫知吾所以制勝之形、

rén jiē zhī wǒ suǒ yǐ shèng zhī xíng, ér mò zhī wú suǒ yǐ zhì shèng zhī xíng,

人皆我が勝つ所以の形を知る、吾が勝ちを制する所以の形を知ること莫し、

これは上の衆不能知と云えるに付きて、くりかえして云えり。人は一切の人なり。人皆知我所以

勝之形とはあとのたびは[1]背水にて勝ちたり、このたびは囊沙にて勝ちたりと、其の勝ちたる形をば人皆これを知るなり。而莫知吾所以制勝之形とは、制勝と云うは勝利を制作するなり。勝利を制作するとは、勝利を将の胸中よりつくり出すことなり。何故にこのたびは囊沙の計を用い、何故にあとのたびは背水の陣を用いたると云うことをば、人皆知らぬと云う意なり。何ゆえに知らぬなれば、無形の位なるゆえなり。

(1) 背水：韓信が三万の兵で趙の二十万の大軍を破った時に取った作戦。尉繚子天官編には、「背水陳為絶地 bèi shuǐ chén wéi jué dì 水を背にして陳すれば、絶地と為る 水を背にして陣を取ると、死に場所になる」とあり、水を背にして陣を取らないのが一般的であった。しかし韓信は孫子九地篇の「之を往く所無きに投ずれば、諸劌の勇なり」に従い、兵が往く所がないように水を背にして陣を取った。

149　故其戦勝不復、而応形於無窮、

　　　gù qí zhàn shèng bù fù、ér yīng xíng yú wú qióng、
　　　故に其の戦勝は復びせず、形無窮に応ず、

　戦勝不復とは、一度勝ちたる計を又再び用いると云うことはなきなり。応形於無窮とは、敵の形に応じて勝利の道さまざまとかわりて、窮りつくることなしと云う意なり。如此する時は勝利を得ると云う、窮りたることあれば無形に非ず。無形を以て勝つゆえ、度々同じ計を用いることなくして、敵の形に応じて窮りなき妙用を発すると云う意なり。

150　夫兵形象水、水之形避高而趨下、兵之形避実而撃虚、

　　　fú bīng xíng xiàng shuǐ、shuǐ zhī xíng bì gāo ér qū xià、bīng zhī xíng bì shí ér jī xū、
　　　夫れ兵の形は水に象る、水の形は高きを避けて下に趣く、兵の形は実を避けて虚を撃つ、

　無形の妙所を、喩えを設けて明せるゆえ、語の端を更めて発語の詞を置けり。兵形象水とは喩えなり。合戦の道は無形なり。たとえて云わば水の無形なる如しと云う意なり。されども水は地形の高き所をさけて[1]ひきき方へおもむく。その如く合戦の道は敵の実をさけて虚をうつ。兵も水も形なしと云えども、是その一定したるきっかけなり。

(1) ひきき：ク活用の形容詞「ひきし」の連体形。「ひきし」は「ひくし」の古形で「低い」の意味。

151　水因地而制流、兵因敵而制勝、

　　　shuǐ yīn dì ér zhì liú、bīng yīn dí ér zhì shèng、
　　　水は地に因りて流れを制す、兵は敵に因りて勝ちを制す、

　水は東へなりとも西へなりとも、南へなりとも北へなりとも、其の地形によりて流るるなり。制流とは制勝と云える制の字をかりて、水と[1]対待して云いたる詞なり。制の字に義理なしと知るべし、兵又水の如く敵の形によりて、それぞれに勝利を制作す。敵の形さまざまなれば、勝利の道もさまざまなり。もと一定したる勝ちはなきと云う意なり。

(1) 対待：向かい合って立つ

> 「兵は敵に因りて勝ちを制す」は兵法というものをよく説明している。兵法とは相手を徹底的に知り、相手の弱い所を攻めるのである。これから相手に負けないようにするには、相手からこちらがわからないようにすればよいことがわかる。あるいは積極的に強い所を弱く見せ、実する所を虚に見せて相手をたばかればよいことがわかる。また勝は相手に因りてできるものであり、こちらの強さだけで勝てるものでない。勝った者は自分の力が優れているから勝ったかのように思い威張る者が多いが、勝ったのは相手に弱点があったからである。こちらの力が強かっただけで勝てるものでない。だから真に兵を知る者は勝っても決して驕ることがない。

152　故兵無常勢、水無常形、

gù bīng wú cháng shì, shuǐ wú cháng xíng,

故に兵に常の勢無く、水に常の形無し、

右の如くなる道理なるゆえ、合戦の道に定まりたる勢いなく、水に定まりたる形なしと云う意なり。勢いと云うも形のことなり。備立の上にて云う詞なり。

153　能因敵変化、而取勝者謂之神、

néng yīn dí biàn huà, ér qǔ shèng zhě wèi zhī shén,

能く敵に因りて変化す、而して勝ちを取るは之を神と謂う、

よく敵に随いて此の方も変化して、一定したることなく、それぞれ敵の上に自然と備わりてある勝利を取るは、無形の位より出ることにて、一毫も作りこしらえたるものに非ざるゆえ、敵もはかること能わず。是を神妙不測の作用と云うべければ、謂之神と云えり。

154　故五行無常勝、四時無常位、日有短長、月有死生、

gù wǔ xíng wú cháng shèng, sì shí wú cháng wèi, rì yǒu duǎn cháng, yuè yǒu sǐ shēng,

故に五行に常勝無し、四時に常位無し、日に短長有り、月に死生有り、

これは天地自然の道理に引き合わせて、勝負の至理を明かせり。五行は木火土金水なり。木は土に勝ち、土は水に勝ち、水は火に勝ち、火は金に勝ち、金又木に勝つ、されば土に値う時は木かてども金にあえばまくる。金は木に値えば勝てども火に値えばまくるなれば、天地の間定まりたる勝はなし。故に五行無常勝と云えり。四時は春夏秋冬なり。春は木の(1)旺分の位なり。夏は火の旺分の位なり。秋は金の旺分の位なり。冬は水の旺分の位なり。土用は土の旺分の位なり。(2)旺するものは必ずほろび、盛んなるものは必ず衰う。天地の間はたとえば糾える縄の如し。下なるが上となり、上なるが下となる。勢強きも(3)弱む所あり、負けたる中にも勝つ所あり。よく此の道理に通徹

する時は、勝あらずと云うことなく、負あらずと云うことなし。冬夏により日の短長あり。⁽⁴⁾望と⁽⁵⁾晦は月の生死なり。よく造化の道を会し、消長、進退、盈虚の理を会得して兵家の妙所に至るべきことなり。深く味わいて、虚実を掌に握るべしとなり。

(1) 旺分：杉山和一の医学節要集に「旺分とは其の時を主て其の位在ることなり。」と載っている。「主て」は「つかさどりて」と読む。「支配する、統率する」の意味である。
(2) 旺：「さかん」の意味　(3) 弱む：弱くなる　(4) 望：満月
(5) 晦：月が見えなくなること。「つきごもり」の略である。

　私達は強大な敵を見るとひるむ所がある。とても勝てないと思う。少し勝つと勝ちに驕り、いつまでも勝つことができるように思う。ところが「五行に常勝無し、四時に常位無し。」なのである。どんな強大な敵も時を待てば必ず衰える。酷暑が時を待てば厳寒になるようなものである。どんな強大な敵に会ってもひるむことなく、時を待ち、衰えるのを待ち、撃つことができる虚ができるのを待つ。どんなに圧勝しても、勝ちはいつまでも続くものでないから、圧勝した時にこそ敗れる時の準備をする。

　「天地の間はたとえば糾える縄の如し。下なるが上となり、上なるが下となる。勢強きも弱む所あり、負けたる中にも勝つ所あり。よく此の道理に通徹する時は、勝あらずと云うことなく、負あらずと云うことなし。」
　実に味わい深い言葉である。勝は敗の中にあり、敗は勝の中にある。

軍争 第七

軍争は軍の争いなり。軍の争いと云うは勝利を争うことなり。勝利を争うと云うは、土地兵糧其の外何にても、敵が得れば敵の勝利となり、味方が得れば味方の勝利となる肝要なるものをば、敵に取られぬ先に、この方よりまず是を取ることなり。或いは敵よりこの方へ取りかけ来るに、われは⁽¹⁾引きちがえて敵の本城を攻め取る類、皆敵に知らせぬ様にして、時刻を争い、神速なるをよしとす。大抵この類に軍争と云うことあるなり。

(1) 引きちがう：方向を変える

155　孫子曰、凡用兵之法、将受命於君、合軍聚衆、交和而舎、莫難於軍争、

sūn zǐ yuē, fán yòng bīng zhī fǎ, jiāng shòu mìng yú jūn, hé jūn jù zhòng, jiāo hé ér shè, mò nán yú jūn zhēng,

孫子曰く、凡そ兵を用いるの法、将命を君より受け、軍を合わせ衆を聚め、和を交えて舎す、軍争より難きは莫し、

此の篇に軍争のことを説くべきため、ここにまず軍争の殊のほかにしにくき、むつかしきことなることを云えり。凡用兵之法とは、総じて軍をする作法と云うことなり。将受命於君とは、将は総大将なり、君は主君なり、総大将たるもの主君の命令を承りて、軍の総大将に⁽¹⁾備わることなり。合軍聚衆とは軍兵を組み合わせ、大勢の衆をあつめ、手配をすることなり。交和而舎とは、和は軍門なり。⁽²⁾周礼に以旌為左右和門（yǐ jìng wéi zuǒ yòu hé mén　旌以て左右和門と為す）とあり。鄭司農が注に、軍門を和とすと云えり。古は旗を立てて陣小屋の門とす。軍兵上下一和することを欲するゆえ、和門と名づけたることなり。交和とは和を交ゆると云う義なるゆえ、敵も和門を立て、味方も和門を立てる意にて、対陣することを云うなり。舎すとはやどると読みて、陣屋を取り其の所に宿することを云うなり。されば総じて軍をする作法は、総大将たるもの君命を受けて、大勢の軍兵をあつめ、手を分け備を組むより、敵味方対陣するに至るまで、皆容易なることには非ざれども、軍争の一事なかんずくむずかしきことなり。故に莫難於軍争と云えるなり。

(1) 備わる：その地位につく　(2) 周礼：儒家の経書で、十三経の一つである。周礼、儀礼、礼記を三礼と言う。

賈林が注には、交和而舎すと云うを、士衆交雑和合而止（shì zhòng jiāo zá hé hé ér zhǐ　士衆交雑和合して止る）と云えり。士はさぶらい、衆は⁽¹⁾雑人なり。さぶらいも雑人も入りまざりて居ると云う意に見たり。是衆心一致しがたきゆえ、勝利を争うこと難きことなりと云う意なり。衆の心一致せざれば、計もそろわず、手もまわらぬものゆえ、手ばやきわざはなし難き道理なり。一旦聞こゆる様なる説なれども、本文は交和而舎とあれば、士衆ともに一和したることにならでは見られぬなり。

(1) 雑人：身分の低いもの

又張預が一説に上下一和せずんば陣を取るべからず、上下、交和睦して陣を取るべしといって、呉子の内の不和於国、不可以出軍、不和於軍、不可以出陣（bù hé yú guó, bù kě yǐ chū jūn, bù hé yú jūn, bù kě yǐ chū zhèn　国和さずんば以て軍を出すべからず、軍和さずんば以て陣

を出すべからず）と云う語を引けり。是は陣取ばかりに限りたることに非ざれば、従いがたし。

莫難於軍争と云うを曹操が注に、從始受命至於交和、軍争難也（cóng shǐ shòu mìng zhì yú jiāo hé、jūn zhēng nán yě　命を受くるに始めて従り交和に至るまで軍争難きなり）と云えり。軍争は出陣するより、対陣までの内に限りたることに非ざれば、此の説亦従うべからず。

張預が説には、与人相対而争利天下之至難也（yǔ rén xiàng duì ér zhēng lì tiān xià zhī zhì nán yě　人と相対して利を争う、天下の至難なり）と云えり、軍争は対陣の時ばかりに限りたることに非ず。是亦従うべからず。

156　軍争之難者、以迂為直、以患為利、

jūn zhēng zhī nán zhě、yǐ yū wéi zhí、yǐ huàn wéi lì、
軍争の難は迂以て直と為し、患以て利と為す、

是は軍争の容易なることに非ざるわけを云えり。迂とはまわり路のことなり。直は(1)すぐ路のことなり。患は味方の患災になることを云うなり。利は味方の勝利になることを云うなり。軍争の容易ならぬと云うは何故なれば、路のまわり遠きにて、はるばると日数を経てゆく所をも、この方の取り用いようにて、近道すぐ路となし、わが患い害となることをも変じて勝利となさざれば、敵と争いて敵より先に其の場に至り、敵に知らせずしてはやく勝利を取ることはならぬことなり。されば遠路を近路となし、患を利とすることは、誠に(2)神通妙用に非ずんばなり難きことなりと云う意なり。この以患為利と云うは、以迂為直と同じことなり。まわり遠き路をゆけば、敵より先に其の場に至ることならず。中途を敵にうたれなどすることもあれば、是即ち患なり。其のまわり遠き道を近く取り用いて直路となし、敵に知らせず、敵より先に其の場に至る時は、我が勝利となるによりて、是患を以て利とするなり。

(1) すぐ：まっすぐ　(2) 神通：一般人間の力を越えた不可思議で自在な活動能力

此の段を杜牧が注には、遠路へ赴かんと思う時は、近所へ働いて見せて、敵に近所と思わせ置きて、吾は引き違えて遠路へ働くことを以迂為直と云う、遠路へ赴くべきことを敵に知らるる時は患あれども、如此する時は吾が利となるゆえ、以患為利と云う意に見たり。此の説の如くなれば遠近と云うべきことなり。本文に以遠為近とは云わずして、以迂為直と云いたれば、此の説穏やかならず。迂直と云うはやはり同所へ行くに、まわり道とすぐ道とあることなり。遠近とは別なり。

157　故迂其塗而誘之以利、後人発先人至、此知迂直之計者也、

gù yū qí tú ér yòu zhī yǐ lì、hòu rén fā xiān rén zhì、cǐ zhī yū zhí zhī jì zhě yě、
故に其の塗を迂にして之を誘うに利を以てす、人に後れて発し人に先んじて至る、此れ迂直の計を知る者なり、

是は上に以迂為直以患為利と云える、其のまわり路を(1)直路になし、患を利にするは如何様にしてするぞと云う、其の仕様を説けり。故はわざとと云う詞なり。其塗とは我がとおる路を云う。直路をゆくべく思う時は、わざとわが通る塗をばまわり路をゆくようにして、敵に油断をさすること

なり。之とは敵を指す、敵に小利を与えて誘むきたぶらかして、敵の⁽²⁾ふれに心をとられて、我が間道よりゆくに気のつかぬ様にすることなり。後人発とは、敵より⁽³⁾跡に⁽⁴⁾発足することなり。先人至とは敵より先に其の場にゆきつくことなり。迂直之計とはまわりみち直路の⁽⁵⁾目算なり。右の如く間道より直路を⁽⁶⁾打ちて、勝利の場を取らんと思う時は、わざわざまわり路をゆきて敵に油断をさせ、敵に小利を与えて、敵の心をひきとめ置きて、敵の知らず覚えぬ様にする時は、敵より後に発足しても、敵より先にゆきつくなり。これはまわり路すぐ路の目算をよく知りたるもののすることなりと云う意なり。

(1) 直路：「ちょくろ」と読んでも差し支えないが、上では「すぐ路」とかなで書いてある。
(2) ふれ：振れること　(3) 跡：後　(4) 発足：出発すること　(5) 目算：もくろみ　(6) 打つ：あることを行う

総じて軍争の篇は敵と勝利を争いて先に其の場へゆくことなれども、敵も是を取らんとし、われも是を取らんとし、互いに争う時はわがする程のことをば敵もするなり。わが行く程の路をば敵もゆくゆえ、剣術にて云えば相打ちの位にて、至りて危うきことなり。故にまわり路すぐ路の目算と云うことをよく知りたる人は、敵と争わぬ場を行くなり。敵には直道を行くことをば知らず、外に又敵の好むことをあてがいて、敵の心をそれへ取り置く時は、たとい敵は直道をゆきてもわれより遅くなるなり。故に是をまわり道を直道にする計とも云い、まわり道すぐみちの目算をよく知りたるとも云うなり。まして引き違えて敵の思いがけぬ直道をゆく時は、皆敵の不意なるゆえ、敵はわれを神通の如く思うべし。畢竟敵と争いのなき場を以て争うことを、孫子が極意とすると見るべし。

「引き違えて敵の思いがけぬ直道をゆく時は、皆敵の不意なるゆえ、敵はわれを神通の如く思うべし。畢竟敵と争いのなき場を以て争うことを、孫子が極意とすると見るべし。」

これは争いの仕方をわかりやすく教えている。「相手の不意に出る」「争いのない所で争う」これが争いの極意なのである。

昔戦国の時分、秦の国より韓の国を伐ち、閼与と云う城を囲み、危うかりければ、韓より趙の国へ後詰めを乞いけり。趙王より趙奢と云うものを将軍として、閼与の後詰めをさせけるに、趙奢命を承りて趙のみやこ邯鄲を発足し、三十里ゆきて陣を取り、軍中へ申し渡すようは、此のたび趙奢君命を承り大将軍となり、軍勢を引率する上は、懸るも引くも趙奢が心のままなれば、何事によらず諌言を申したらんをば、斬罪に処せんと下知す。三十里は日本の三里ほどなり。秦の方には趙奢後詰めに来ると聞いて、趙の国の持ちの武安城の西に陣を取る。金太鼓の声すさまじく武安城の内の⁽¹⁾屋⁽²⁾どもまで其の響に震動せり。武安城よりもこのよしを趙奢に告げれども、趙奢さらに取り合わず。軍中のものこらえかね、武安の後詰めはなすべきことなりと諌めければ、趙奢立ち所に斬罪に申し付け、閼与の方へも発足せず。二十八日まで逗留し、あまつさえ陣所に要害を構え、陣城のように支度し、さらに閼与へ赴くべき様に見えず。然る所へ秦の国のもの来りければ、趙奢これを知りてよく馳走してやりけり。秦の方にて是をきき、趙奢はなかなか閼与へ後詰をすべき心にてはなしと思いけり。趙奢は間の者の帰るといなや旗をも巻き、士卒甲をもぬがせて、閼与の方へ間道を通り、急ぎて二日一夜に到着し、閼与城の手前五十里に陣を取る。日本の五里ほどなり。秦の方より驚きてこの押さえに向かいければ、趙奢は引きちがえ兵万人を閼与城の北山へ上げさせたり。くつきようの要害なれば、秦の方よりもこの北山へ取り上げんとしけれども、趙奢が軍兵はや

これに陣を取ればかなわず。事々皆不意に出たる働きなれば、秦の方の者ども仰天する所を、趙奢下知してせめかかり、遂に閼与の囲みを解きたり。是この本文の迂直の計を知りたる例証なり。

　(1) 屋：屋根　(2) ども：同類のあるのをまとめて言う。

　又、鄧艾蜀の国へ攻め入りしに、剣閣の本道をば蜀の大将軍姜維これを(1)支えければ、鄧艾わざと陰平と云う所より七百里のまわり道をして、人もなき山中を通り、本道の軍兵より先に成都へ攻め入る。是この本文に云える、まわり道を直道になしたるなり。陰平の道七百里は絶壁(2)嶮崖かさなりて、たやすく通るべき様なし。士卒は木の根にとり付き、崖をつたい手に手を組みて山を下り、鄧艾は(3)毛氈にて身をまき崖よりころび落ち、(4)若干の難所を通りけれども、元より人のかよわぬ路なれば、敵一人もなかりけり。是患を利となしたる本文の意なり。名将なればとて、など神仙(5)縮地の術を得て、まわり路をすぐ路になさんや。只争わざるを以て争うを、軍争の極意と知るべし。

　(1) 支える：さえぎる　(2) 嶮崖：切り立ったけわしいがけ
　(3) 毛氈：毛と綿糸とをまじえて粗く織り、圧してつくった織物　(4) 若干：定まらない数
　(5) 縮地：仙術によって土地を縮めて近くする法

158　故軍争為利、軍争為危、

　　　gù jūn zhēng wéi lì、jūn zhēng wéi wēi、
　　　故に軍争利と為り、軍争危と為る、

　是は軍争は大切なることなるわけを云えり、迂直の計を知りたる人、これをする時は勝利となる、迂直の計を知らざる人、是をする時は危うきことなりと云う意なり。一本に軍争為利、衆争為危とありて、下の軍の字を衆の字に改めてあり。因りて講義に、軍を分けてするを軍争と云い、総軍のこらず赴くを衆争と云う、敵と勝利の場を争いて、敵より先に是を得んとするには、人数を分けて赴く時は、手軽くして速なるゆえ利あり、総軍残らず赴く時は、人多ければ路必ず遅きものにて、遅き内には不意の変来るゆえ危うしと云えり。文義を以て云う時は、人数を分かつを軍争と云い、人数を分けざるを衆争と云うと云えること心得がたし。軍理を以て云う時は、一往聞こゆるようなれども、軍争の極意、あながちに人数を分くると分けぬにはなきことなれば、分くると分けぬにて利となり危うきこととなると云うべからず。故に此の説信用しがたし。直解には備を立て行列を正しくするを軍争と云い、備をたてず行列も(1)みだりなるを衆争と云うと云えり。字意も道理もさることなれども、人数を(2)押すに備をも分けず行列もみだりなること、言語道断なることにて、軍争ばかりに限らぬことなれば、此の説又従うべからず。講義直解共に古本を用いず。世間流布の誤りたる本に従いて下の軍の字を衆の字に作りたるゆえ、其の義牽強付会になりたるなり。

　(1) みだり：秩序のないさま　(2) 押す：進める

159　挙軍而争利則不及、而委軍争利則輜重捐、

jǔ jūn ér zhēng lì zé bù jí, ér wěi jūn zhēng lì zé zī zhòng juān,

軍を挙げて利を争えば則ち及ばず、軍を委てて利を争えば則ち輜重捐る、

　是も軍争の危うき故を云えり。挙軍とは軍こぞりてとも読みて、総軍のことなり。挙軍而争利とは、総軍残らず押し行きて、敵より先に勝利の場を得んとするときは、人多ければ路遅くて、敵より先に其の場へゆくことならぬものなりと云う意なり。不及とは追いつかぬことにて、ここにては間にあわぬことなり。遅くて事の間に合わぬ意なり。委軍而争利と云うは、軍兵の迹[1]へさがるをも構わず棄て置くを委軍と云うなり。輜重は小荷駄なり。軍行の遅くなると云うは、兵糧小荷駄などのような重きものあるゆえなり。故に軍兵の迹へさがるをもかまわず棄て置きてゆく時は、兵糧小荷駄ほどあとへさがり、敵にこれを取らるるゆえ、輜重捐と云えり。然れば迂直の計を知らずして、軍争をせんとする時は、かくの如き失ありと云う意にて、前の文の軍争為危と云う意をかさねてここにて説けり。

　(1) 迹：後　「迹」は「跡」と同じ意味で使う。

160　是故巻甲而趨、日夜不処、倍道兼行、百里而争利則擒三将軍、勁者先疲者後、其法十一而至、五十里而争利則蹶上将軍、其法半至、三十里而争利則三分之二至、是故軍無輜重則亡、無糧食則亡、無委積則亡、

shì gù juǎn jiǎ ér qū, rì yè bù chù, bèi dào jiān xíng, bǎi lǐ ér zhēng lì zé qín sān jiāng jūn, jìn zhě xiān pí zhě hòu, qí fǎ shí yī ér zhì, wǔ shí lǐ ér zhēng lì zé jué shàng jiāng jūn, qí fǎ bàn zhì, sān shí lǐ ér zhēng lì zé sān fēn zhī èr zhì, shì gù jūn wú zī zhòng zé wáng, wú liáng shí zé wáng, wú wěi jī zé wáng,

是の故に甲を巻きて趨る、日夜処らず、道を倍にして兼行す、百里にして利を争えば則ち三将軍擒にせらる、勁き者先んじ、疲れたる者後る、其の法十にして一至る、五十里にして利を争えば則ち上将軍を蹶く、其の法半ば至る、三十里にして利を争えば則ち三分の二至る、是の故に軍輜重無ければ則ち亡ぶ、糧食無ければ則ち亡ぶ、委積無ければ則ち亡ぶ、

　是は前の而委軍争利と云う意をくりかえして委細に説けり。
　巻甲而趨と云うは、甲を着ては重くて道のはかゆかぬものゆえ、急ぐ道には甲を脱ぐなり。異国の甲は畳み具足の様にするなり。それゆえ甲を脱ぎて荷物へ入るることを巻甲と云うなり。
　日夜不処とは、昼夜ともに下に居らぬ意にて、昼夜二六時中休息せず路を[1]ありくことなり。

　(1) ありく：歩く

　倍道とは常法のみちのり一倍なることなり。兼行とは兼はかぬるとよむ。総じて物を二つあわするをかぬると云うゆえ、二日あるく路のりを合わせて一日にあるくことなり。倍道も兼行も一つことなり。みちのりの方より云えば倍道と云い、人のあるく方より云えば兼行と云うなり。常法のみちのりと云うは張預が注に、凡軍日行三十里（fán jūn rì xíng sān shí lǐ　凡そ軍日に三十里を行

く）と云えり、日本のみちのりにては、一日に⑴三里ほどづつのつもりなり。一倍なれば六里以上なり。これは三軍の人数を押し行く上のことにて、三軍の人数三万七千五百人、車の数は千乗なり。大軍にてしかも車あるゆえ、倭国⑵軍行の常法よりは遅きなり。倭国にては大抵一日五里づつにて陣を取るを定法とすべし。

⑴ 三里：1里＝3.927kmだから、三里は11.781kmである。五里は19.635kmである。　⑵ 軍行：行軍

百里而争利則擒三将軍とは、百里は日本路⑴十里なり。三万七千、車千乗の人数を以て、もみにもんで十里さきの勝利を争わんとする時は、必ず三軍の大将皆、生擒（いけどり）になることなり。

⑴ 十里：10里＝10×3.927km＝39.17km

勁者先疲者後とは、達者なるものは早くつき、疲れ武者はあとにさがると云うことなり。

其の法とはその⑴つもりと云うことなり。達者なれば先へゆき疲れたるはあとにさがるゆえ、右の人数にて十里さきの利を争わんとすれば、人数三千七百五十ほどならではそろわず、十のもの九つはあとにさがるゆえ、其の法十一而至と云う。十分一ならでは⑵かけつけぬと云うことなり。

⑴ つもり：見積り　⑵ かけつく：走ったり乗り物を使ったりして、大急ぎで目的の場所へ行く。

五十里而争利則蹶上将軍と云うは五十里は日本路⑴五里ほどなり。上将軍とは⑵先手の大将なり。蹶とは⑶あながちに生擒（いけどり）にならずとも、難儀に及び手痛き目に逢うことなり。是も右の如く三万七千五百人車千乗にて、五里さきの利を争えば先手の大将軍難儀に及ぶなり。

⑴ 五里：5里＝5×3.927km＝19.635km　⑵ 先手：先に立って戦う軍勢
⑶ あながち：（下に打ち消しの語を伴って）必ずしも

其法半至とは五里先きの利を争う時は、三万七千五百人の人数を半分にして其の一なれば、一万八千七百ほどならではかけつけぬ⑴つもりなりと云う意なり。

⑴ つもり：見積り

三十里而争利則三分之二至とは、⑴三里さきの利を争えば、三万七千五百人を三つに分けての其の二つにて、二万五千ほどならではかけつけぬものなりと云うことなり。されば擒三将軍とも蹶上将軍ともなければ、軍争の法にかなうなるべし。

⑴ 三里：3里＝3×3.927km＝11.781km

是故軍無輜重則亡、無糧食則亡、無委積則亡とは、輜重⑴小荷駄（こにだ）を云う。常には兵糧のことに云えども、ここは下に兵糧のことあるゆえ、⑵陣具、衣服、軍中諸式の道具を云うべし。皆小荷駄の車にのするものなり。糧食はかて食物なれば兵糧なり。当分入用の兵糧を云うべし。委積はつみたくわえる意の字にて、是も多く兵糧のことに用い来たりたる字なり。兵糧の貯えを云うべし。右の如く遠路へはせ行きて、敵より先に其の利を取らんとする時は、兵糧小荷駄のるい重きものにて⑶迹（あと）にさがるゆえ、皆敵に奪わるべし。何ほど勝利なるべき場所を踏みしめたりとも、総じて軍に兵糧小荷駄なき時は、必ず滅亡に及ぶものなれば、迂直の計を知らずして軍争をなす時は、大い

なる害ありと知るべしと云う意なり。されども唐の太宗の金剛を征伐したまう時、一日一夜に二百里の路をゆきて、軍に勝ちたまうるい古今其の例多し。是皆迂直の計を知ると知らざるとの差別なり。

(1) 小荷駄：兵糧、武具などを戦場に運ぶ荷馬隊。またその荷や馬
(2) 陣具：陣営をつくる道具と思われる。　(3) 迹：後「迹」は「跡」と同じ意味で使う。

　巻甲と云うを張預が注に、悉く申るとよみたるは大いなる誤りなり。亦昼夜不息を兼行と云うと云えり。上の日夜不処と云うと重言になるなり。用うべからず。
　杜牧が説に、其の法と云うを、孫子が百里五十里三十里にして利を争う時の法を教えたるものなりと見たり。其の意は百里さきの利を争う時は、三万七千の人数ならば、まず達者なるものを三千七百人すぐりて先きへ遣わすべし。是を其法十一而至と云う。のこりの軍勢はあとより段々に行くべし。早朝にかけつくものもあり。(1)巳午の時にかけつくものもあり、(2)未申の時にかけつくものもあり。如此する時は、先きへ馳せつき軍兵戦い疲れたる頃、次の軍兵はせつきはせつき段々に働くゆえ、(3)荒手を入れ替わる意になると見たり。これも一往聞こゆる様なる説なれども、文義を以て云う時、至という字穏やかならず。道義を以て云う時、然らば何れも十分一とか五分一とか云うべし。路の遠近によりて、十分一と半分と三分二との差別あるべからず。其の上あとより行きつくは疲れたる故なり。疲れたる兵何としてあらてなりともその(4)せんあらんや。用い難き説なり。

(1) 巳午の時：巳は午前10時を中心とする前後1時間、午は午前12時を中心とする前後1時間、だから巳午の時で、午前9時から午後1時までになる。
(2) 未申の時：未は午後2時を中心とする前後1時間、申は午後4時を中心とする前後1時間、だから未申の時で、午後1時から午後5時までになる。
(3) 荒手：まだ戦わない元気のよい軍勢。現代語では「新手」にする。　(4) せん：かい、効果

　委積を王晢が注は薪塩蔬材之属と云えり。薪はたきぎ、塩はしお、蔬は野菜、材は材木なり。薪塩蔬は糧食の内にこもる、材は輜重の内にこもれば、此の説も従いがたし。講義には禾芻之属也と云えり。禾はわら芻は馬の草なり。道理はさもあるべけれども、禾芻のことを委積と云えること、例証たしかならず。張預杜牧は財貨也と注して、金銀のことと見たり。是ももっともなれども、是又例証なければ今劉寅が説に従いて、貯えの兵糧を云うと定むるなり。

161　故不知諸侯之謀者、不能予交、

gù bù zhī zhū hoú zhī moú zhě、bù néng yú jiāo、
故に諸侯の謀を知らざる者は予め交わる能わず、

　是より下三箇条は、軍争の(1)要道を説けり。諸侯とは敵の方にてもあれ、味方にてもあれ、隣国の諸侯を云うなり。予交とは予と云うは、先だちて、前方よりと云う意なり。このたび軍をするに付きて、隣国の諸侯へあらためて交わりを結ばんとする時は、敵の方より其の諸侯へ、吾より先に交わりを結びて置きたるゆえ、其の諸侯敵と親しくなりて居りて、吾が方の交わりをぼうけぬなり。或いは外むきにて偽りて、此の方へ親しき様に交わりを睦まじくして、(2)内証は敵と一味する時は、却って味方敵の謀に落ちるなり。故に軍を起こさぬ前に、隣国の諸侯ととくと交わりを結びて置く

べきことなり。されどもその諸侯の内証を知らぬ時は、先だちて交わりを結びたく思うとも、彼が吾にそむかぬ様にすることならぬなり。内証の謀と云うは其の諸侯の国は君臣の間いかようにて、何を以て立ちて居る国なり、それゆえ彼が好むことは如何様なることなりと云うことあり、是をとくと知る時は、彼を我が味方に取り入るる事自由になるものなり。故に不知諸侯之謀者、不能予交と云えり。軍争には、隣国の諸侯の持分の地の内を通りてゆくことあり、又隣国の諸侯をわが助けとせでかなわぬこともあり、故に是軍争の要道なり。

(1) 要道：かなめの道　(2) 内証：おもて向きにせず内々にすること

この諸侯と云うを、古来の注多くは敵のことと見たり。尤も敵の謀を知らずしても、隣国の諸侯に交わることを得がたし。されども敵のことをばここにさし出して諸侯と云うまじければ、其の説従いがたし。張預、劉寅、彭継輝、黄献臣は今の解と同意に見たり、杜牧が注には、予交と云うを兵を交えて戦うことと見たり、兵を交えることを、さし出して交わると云うべからず、誤なり。

> ここで徂徠は国の分析の仕方を教えている。君臣の間はどうであるか。その国の立国の基盤は何であるか。その立国の基盤から何を好むか。現代的に考えればその国の指導者間の関係はどうであるか。指導者と国民との関係はどうであるか。その国が利益としているものは何であるか。その利益を得るには何を好むか。民主主義制度の国では、次のような分析になるだろう。民主主義制度は国民の選挙で指導者を選ぶ制度だから、国民の一時的な感情に訴える者が指導者になる。企業の献金を活動資金にしているから、企業の利益にそった政治をし、企業の利益になることを好む。国民の一時的な感情に迎合するため、国民の一時的な感情にそった政治をし、国民の一時的な感情にそうことを好む。

162　不知山林険阻沮沢之形者、不能行軍、

bù zhī shān lín xiǎn zǔ jù zé zhī xíng zhě, bù néng xíng jūn,

山林険阻沮沢の形を知らざる者は軍を行る能わず、

山はやまなり。林ははやし、もりなり。険は坑塹なりと注せり。坑はあな、塹はほりなれば、堀川がけなどの類なるべし。阻は一高一下なりと注して、(1)たかひきのある地形なり。坂路の類なるべし。沮は水草漸洳なりと注せり。漸洳は地の水つきたることを云う。草などの生じて水つきなる地を云うなり。沢は衆水の帰する所と注して、水のたまる所、(2)池水、海の類なり。形とは地の形なり。行軍とは人数をおすことなり。総じて人数を押しゆくべし所に山がある、川がある、森がある、池がある、(3)堀切りがある、坂路なり、(4)石地なり、細路なりなどと、其の地形を明らかに知らざる時は、それぞれの手あてをすることならぬゆえ、人数を押すことはならぬと云う意なり。山、林、険、阻、沮、沢の六つを挙げたるは大概を云えるなり。この六に限りたることには非ず。総じて軍争には、他国へ人数を押して、間道などより近路を(5)打つことあるゆえ、かく云えり。

(1) たかひき：たかひくく　(2) 池水：「池の水」だが、これで単に「池」の意味で使う。
(3) 堀切り：地を掘って切り通した堀　(4) 石地：石の多い土地
(5) 打つ：あることを行う意。この場合は「行く」。

163　不用郷道者、不能得地利、

bù yòng xiāng dào zhě, bù néng deǐ dì lì,

郷道を用いざる者は地の利を得る能わず、

　⑴これまで三箇条は軍争の要術なり。郷道とは郷は⑵郷人にて、其の所の⑶郷民を云う。道は導の字と通じてみちびくとよむ。その所の郷民を案内者にして、軍の道引をさすることなり。其の所の郷民を案内者にせざれば地の利を得ず。地の利と云うは、山、林、険、阻、沮、沢の地に、それぞれの勝利そなわる。此の所は何れの山をめぐりて何れの所へゆく道あり、何れの所は路なし、其の路は広き狭き、平地なり、難所なり、地の性いかようなり、薪小屋具わり、馬の草あるかなきか、山川なれば水の出る時分、海なれば⑷潮候、或いは猛獣毒虫の人の害をなすものあり、その猛獣毒虫は何を畏るる、如何様にして其の害を避くる、或いは毒草毒水の人の病ましむるものあり、其の毒をば如何様にして⑸解するなどと云うようなること、案内を知らざれば皆其の害をこうぶり、案内を知る時は其の害にあわずして⑹恙なきことを得る。是皆地の利にて、其の郷民に非ざれば知らぬことなり。故に軍争には必ず其の所々の案内を第一として、人の通らぬ深山絶谷をもたやすく通りて敵にしらせず不意を打ちて、神速の働きをなすことなり。

(1) これまで：この所まで　(2) 郷人：土地の人　(3) 郷民：「ごうみん」とも読む。「村人」のこと
(4) 潮候：潮の変化する時刻　(5) 解する：サ行変格活用の動詞「解す」の連体形。「除く」の意味。
(6) 恙なし：無事である

　昔李広が匈奴を打つ時に、道に迷いて約束の場にて味方の諸将に⑴おりあわず、其の罪に罰せられしは郷導なきゆえなり。衛青は匈奴を攻めるに張騫を案内人に用いて、一軍⑵水草に⑶かつえず。高宗の高麗を伐ちたまいしには、南生を案内者にして、彼が虚実をしりたまいしるい、古今其の例枚挙するに暇あらず。しかるに郷導を用いるとて、敵の間者なることを知らず、却って敵の計に落ちたること、是又古今に⑷覆轍多し。戒むべきことなり。

(1) おりあう：居って合う　(2) 水草：水と草。草は馬が餌とする草を言っている。
(3) かつえ：下二段活用の動詞「かつう」の未然形。「甚だしく欠乏を感じる」の意味。　(4) 覆轍：失敗の前例

　又郷導の郷の字を⑴嚮の字に見て、導きを以て向かうさきを知る意にて、嚮導の案内者と云えること、⑵儒書の通訓なり。されども古来の注に、皆郷人の意に用い、郷人に非ざれば、其の地のくわしきことは知り難き道理強ければ、今これを改めず。

(1) 嚮：「むかう」の意味がある。
(2) 儒書の通訓：孟子、告子下篇に「君不郷道、不志於仁」とあり、「君道に郷わず、仁に志さず」と読む。

164　故兵以詐立、以利動、以分合為変者也、

gù bīng yǐ zhà lì, yǐ lì dòng, yǐ fēn hé wéi biàn zhě yě,

故に兵は詐以て立ち、利以て動かし、分合以て変を為す者なり、

　是は上に軍争の大切なることを云えるに付きて、軍道の全体を云えり。兵以詐立とは、軍の道は

軍争　第七 | 205

敵にはかられぬ所を以て、軍の本体とすると云う意なり。詐はいつわりなれども活して看るべし。我が手前を人に知られず、窺いはかることのならぬ様にする意と看るべし。立とは本を立てる意にて、本体を云うなり。尤も兵は詭道にて、平生の道とちがい、詐りたばかることを嫌わざれば、やはりいつわりと見ても苦しかるまじ。けれども総じていつわると云うは事の上にあることなり。敵にうち向かう上ならでは、敵をたばかることはなし難し。ここには以詐立とあれば、本体の上を云いたるゆえ、易の至静の中に至険を蔵す意に看て、敵に伺いはかられぬ意と心得べし。且つ軍に正兵を以て⑴手もなく勝つこと定法なれば、いつわりたばかるとばかり看る時は事せばくなるなり。又⑵ひたものに敵をたばかりだまさんとばかりたくむ時は、無形の真理にかなわぬゆえ、敵良将なれば却ってその我がする計を以てわれを制して遂に敗北の⑶媒となるなり。無形の本体即ち敵にはかり伺われぬ所にて、孫子は是を詐と云えるなり。是兵書の詞は、儒書、道書、仏書などとちがいて、たやすく其の妙所をうかがい難き所なり。

⑴ 手もなく：たやすく　⑵ ひたもの：ひたすら　⑶ 媒（とりもち）：双方の間を取り持つこと

　「詐」を「人をいつわる」ことと考えると、意味が狭くなり過ぎる。それで徂徠は「我が手前を人に知られず、窺いはかることのならぬ様にする」と読んでいる。こう読むのは字義から無理があると徂徠は考え、「兵書の詞は、儒書、道書、仏書などとちがいて、たやすく其の妙所をうかがい難き所なり」と言い、兵書に使われる語句は他書と違うと言っている。しかし「我が手前を人に知られず、窺いはかることのならぬ様にする」と敵はこちらの形を実際と違う形に取る。敵をだます意図がなくても結果的に敵をだましたのと同じことになる。これを孫子は「詐」と言っているのである。このように考えると詐の字義にも一致する。「兵は詐以て立つ」を「兵は無形以て立つ」とすると、敵は我が方を無形と思うかもしれない。敵に無形と取られると、敵も用心して手配をするから勝つことが難しくなる。敵にありもしない形があると思わせると、敵はそれによって動くから勝ちやすい。敵にありもしない形があると思わせることが肝要だから、無形よりも詐が適切な言葉となる。

　始計篇に「兵は詭道なり」とある。ここの「兵は詐以て立つ」はこの言い換えである。「兵は詭道なり」の所で徂徠は次のように書く。「易の師の卦（け）に、聖人の兵法を明かしたまえり。師の卦は外坤の卦にて、内坎の卦なり。坤は至静をあらわし、坎は至険をあらわす。至て静にして動かず、声もなく臭（におい）もなき中に、はかり知られず、犯しさわられぬ物ある、是軍の本体にして、八陣の根元なり。孫子が兵者詭道也と云うも、ここに本づきて是を伺わば、其の妙所に至るべし。」　師の卦は☷である。陽爻が一つあるだけで、その周囲を陰爻がおおっている。陽の至険を陰の中に隠している形である。

　以利動とは、軍の道はとどこおりなき所を以て動きはたらくと云う意なり。利は円転流利の義にて、滞りつかえしぶることなき意なり。是も古来の注に、勝利を見て動くと看て、勝利のたしかなる所なければ動かぬと心得たる説多し。又王哲孟氏が注には、利を以て敵を誘むくと看たり。何れも道理狭くして残る所あり、子細は勝利を見て動くことは、軍をする程のものは庸愚の将なりとも、手前の勝利と思わずして動くことあらんや。是云うに及ばぬことなり。其の上たしかなると云う詞

を加えねば義明白ならず。利を以て敵を誘むくと云う時は、正兵の働きもるるなり。故に今改めて円転流利の義となすなり。八陣の法、其の外合戦の道、活動円転を尊ばずと云うことなし。無形を本体として働く時は、円転自在なる所軍道の至極と心得べし。

> 「以利動」は似た言葉が兵勢篇にある。そこでは、「以利動之、以卒待之」となっている。今回は之がないが、ほぼ同じ意味と取るのが無難である。「以詐立」が3字だから、これに語呂を合わせるために之を書かずに3字の「以利動」にしたのである。「ここだけ「利」を円滑の意味に取るのでは、兵勢篇との一貫性がなくなる。また同じ軍争篇に「誘之以利」とある。軍争は利で敵を誘うということを明言しているのである。「兵は〜者也」となっており、徂徠は軍道の全体を言っていると言う。しかし軍争篇の中で言っているのだから、やはり軍争と関係づけて言っていると考えるべきである。そうでないと文章のまとまりがなくなってしまう。軍争は利で誘うと孫子は明言しているのだから、ここも利で動かすと取るべきである。そう取らないと論理にまとまりがなくなってしまう。
>
> 　兵法は必ず相手があって成立する。手前をいくら固めても相手の動きを見たり、相手を動かしたりすることがなければ勝つことはできない。「以詐立」は手前を固めることを言っている。「以利動」の利を円滑の意味に取ると、手前を円滑にすることになる。相手はこちらの思うように円滑になるものでないからである。すると、「以詐立」、「以利動」、「以分合為変」はすべて手前のことになる。兵法の全体を言っている言葉で相手を見、相手を動かすことがもれるなら、これは孫子の筆端でないと言うべきである。

以分合為変とは、分はわかる、合はあうなり、変は変化なり。是は上の以利動と云う意を委(くわ)しく説きたるものなり。その円転流利して滞りなく自在なることをば、如何様にしてするなれば、人数を自由に(1)分けつ合わせつして、変化無尽なる所よりすることなりと云う意なり。兵勢篇に言える分数形名奇正、みな分合変化の上にあり。分数は分合の本なり。形名は分合をする(2)相図(あいず)なり。奇正は分合をする仕形なり。只よく分合を自由にする時は、変化無尽にして臨機応変の妙用を尽くし、珠(たま)の(3)盤(ばん)を走るが如し。故に彭継輝も分合即ち変なり。分合の外に変なしと云えり。人数を分けつ合わせつすることを変化と云うなり。人数を分けつ合わせつして外に(4)なにぞ変化をなすと云うことには非ず。

(1) 分けつ合わせつ：分けたり合わせたり「〜つ〜つ」の形で、「〜たり〜たり」の意味。「つ」は連用形につく。
(2) 相図(あいず)：合図のこと　(3) 盤(ばん)：物をのせる平たい台　(4) なにぞ：何か

> 「以分合為変とは、分はわかる、合はあうなり、変は変化なり。是は上の以利動と云う意を委(くわ)しく説きたるものなり。」この徂徠の説明によると、「以分合為変」ができると、おのずと「以利動」はできることになる。つまり利を円滑の意味に取ると、「以利動」と「以分合為変」が同じような意味になる。同じようなことを二つ並べてあるというのはおかしい。さらに「利」を円滑の意味に取ると、「以分合為変」は「以利動」を注釈したものとも取れる。しかしそれでは、徂徠が虚実篇で、「古人の書に自分と注解をすべき様なし」と言うことに矛盾することになる。やはり利を円滑の意味に取るのは無理がある。「敵の利とするもの」に取るべきである。

又古来の注にこの以詐立と、以利動と、以分合為変者也との三つに、一々例証を挙げて説けり。是(1)大いなる誤りなり。此の三句は別々のことに非ず。以詐立ところをよく会得して、無形を本体とするもの、其の動き円転流利す、これ以利動なり。その円転流利なる働きは、分合の変を以てすることなり。然るに古来の注には別々のことに見たるゆえ、別々に例証を引けり。是孫子が本文をよく読まぬゆえなり。本文には、上に故に兵はと云いて、下に者也と云えり。兵の道と云うものは詐を以て本を立て、利を以て動きはたらき、分合を以て変化をなすものなりと云う意なれば、きれぎれに見るべからず。兵はと上に云いだして云いたることなれば、兵道の全体是に越ゆべからず。かくの如く兵道の全体によくかないたる将にあらずんば、軍争を患えなくよくなして勝利を得ることあるべからず。軍争は大切なることゆえ、軍争を説きたる篇に、兵道の全体を説けるなり。

(1) 大いなる：大きい

「兵は詐以て立ち、利以て動かし、分合以て変を為す者なり。」という一句も味わい深い。相手からうかがいしれないことをもととし、相手を利で動かし、こちらは分合して変化するのである。この一句に兵法の極意が凝縮されている。

165 故其疾如風、其徐如林、侵掠如火、不動如山、難知如陰、動如雷震、

gù qí jí rú fēng, qí xú rú lín, qīn lüè rú huǒ, bù dòng rú shān, nán zhī rú yīn, dòng rú léi zhèn,

故に其の疾きこと風の如く、其の徐なること林の如く、(1)侵掠すること火の如く、動かざること山の如く、知り難きこと陰の如く、動くこと雷の震うが如し、

(1) 侵掠：侵略

是は妙用を説けり。其疾其徐と云える両の其の字は、皆軍を指して云えり。疾とははやきことなり。軍はかかるも引くも迅速にして、敵その来るを覚えず、去るを知らぬを風の如しと云うなり。総じて風は来る所も知れず、去る所もあとかたなきものなり、世俗の語に、大風の吹きて通りたるあとの如きなりと云う意なり。軍もその如くなれば、風に草の靡く如くこれに遭う敵皆なびかずと云うことなし。故に其疾如風と云えり。徐とはしずかに押行くことなり。静の字の意に非ず。静の字は動かぬこと、物音のなきことに用う。徐はおもむろともゆるやかとも読んで、押行く上にてしずかなることなり。人数をしずかに押行く体は、行列ととのいて乱れず、法令明かにてさはがしからず、森林の樹立の(1)いよやかに(2)こうごうしくて、中々(3)より近づかれぬ如くあるべしと云うことを、其徐如林と云うなり。

(1) いよやか：高くそびえ立つさま　(2) こうごうし：おごそかで気高い　(3) より：「寄る」の連用形

曹操、張預が注に、不見利也（bù jiàn lì yě　利を見ざるなり）と云へるは、是は何も勝利の見えぬ内のことなりと云うことなり。勝利の見ゆる場なれば、風の如く雷の如く攻めかかりて敵を(1)と

りひしぐ。いまださもなくて人数を⁽²⁾押す時は如此と看たり。されども勝利を見て押行くとも、いまだ其の図にいたらぬ時は如此なるべし。故にただ⁽³⁾押前のことと心得べし。不見利也と云へる注、事せばき様なり。

　(1) とりひしぐ：押しつぶす　(2) 押す：進める　(3) 押前：進軍

　孟氏杜牧が注には、敵に襲われんことを恐れて如此すと云へり。押前の⁽¹⁾気象、もとかくの如し。自然と敵これを襲うことはならぬなりと知るべし。

　(1) 気象：模様

　侵掠はおかしかすむると読む。侵すとは敵地へ攻め入ることなり、掠とは人民にても、財宝にても、兵糧にても、乱妨することなり。但しここにては侵と云字を重く見るべし。敵地へ働き入り、或いは刈田をし、田畑を蹂ませ、あるいは地焼をし、或いは兵糧を奪わせ、山を切崩し堀をうめて敵の要害を破りなどして、威勢を振う上のことを云へり。如火と云うは猛火のもえ来る其の勢甚しくて近づくものは皆⁽¹⁾喪身失命する如く、敵より人数を出し、是を⁽²⁾払うことはなかなかならぬことを云うなり。詩経に如火烈烈則莫我敢曷（rú huǒ liè liè zé mò wǒ gǎn hé　火烈烈の如し、則ち我を敢えて曷める莫し）と云える意なり。

　(1) 喪身：身をほろぼす　(2) 払う：追い払う

　李筌が注には、如火燎原無遺草（rú huǒ liǎo yuán wú yí cǎo　火は原を燎き草を遺すこと無きが如し）と云えるは、乱妨の方へかけて云えり。火のやけて通りたるあとには物の一つも残らぬ如く、敵のものを取りつくすことと云う意なり。是も一説なれども、乱妨は名將の好まぬことなり。そのうえ乱妨に必ず火の物をやく如く、一物も残さず取るべしと云うこといかがあるべき。唯敵地へ働き入る其の勢の猛烈なることと見るべし。

　不動と云うは備を固めて戦わぬ時のことなり。其の体大山を⁽¹⁾つきすえたる如く、⁽²⁾挑めども⁽³⁾おびけども、安然として是に取合わず。近づきよれば岩石の⁽⁴⁾峙ちて取りつかれぬ如くなることを如山と云うなり。荀子の議兵の篇に、円居而方止、則若盤石然、触之者角摧（yuán jū ér fāng zhǐ、zé ruò pán shí rán、chù zhī zhě jiǎo cuī　円に居り方に止まる、則ち⁽⁵⁾盤石の如く然り、之に触れる者は角摧す）と云へる、此の文に合えり。円居而方止すると云へる円と方とは備の形或いは円く或いは方なることなり。居と云うは、皆備を固めて動かぬことを云うなり。角摧すとはつのくだくるとよむなり。地形によりて或いは四角になりとも、或いは円くなりとも、陣を取り固めたるてい、盤石をつきすえたる如きにて、さはるものは摧くると云う意なり。動かぬ意の上に、力量のつよく向うものの⁽⁶⁾ひしぐる意を云えり。本文に如山と云へるおのづから此の意こもれり。

　(1) つきすえる：「築き据える」のこと。「築く」は「土やつき固めて積み上げる」意味。「据える」は「物を動かないようにある位置にとどめておく」意味。
　(2) 挑む：戦いをしかける　(3) おびく：だましてさそう　(4) 峙つ：「そびえたつ」意味　(5) 盤石：大きい石
　(6) ひしぐる：「ひしぐ」には、「おしつぶす」意味と「おしつぶされて砕ける」意味がある。前者は四段活用で後者は下二段活用である。この場合は後者の意味である。下二段活用の連体形は「ひしぐる」になる。

　難知とは敵より我が備をはかり知られぬことなり。如陰とは陰はくもるとよむ。雲霧のことなる

べし。我が備を敵よりはかることのならぬところは、雲霧の打蔽いて、日月の光も見え[1]わかぬ如く、[2]暗々[3]濛々として敵[4]斗方を失う意なり。

(1) わく：漢字で書くと「分く」である。「区別する」意味。　(2) 暗々：暗いさま
(3) 濛々：霧、小雨、煙などで薄暗いさま
(4) 斗方：底本では「とほう」とかなをうってある。「斗」は「ます」の意味がある。田邊藩牛田文書に「御料出郷心得書並新田開発取斗方」があり、「おんりょうしゅつぎょうこころえしょならびにしんでんかいはつとりはかりかた」と読ませ、「斗方」を「はかりかた」と読んでいる。すると「斗方を失う」だと「はかりかたを失う」という意味になる。現代語の「途方」を「斗方」とも書いたのだろう。

　動如雷震とは、動きはたらきて敵を挫く場を云えり。雷はいかづちなり、震は雷の落ちることを云へり。敵の虚を見て是を挫くこと、敵の不意に発して、しかも分数形名奇正の法に錬熟したる所より、其の勢険に其の節短く、弩弓を発つがごとく、鷹の鳥を取る如く、火急に打ちてかかるゆえ、雷の頭上より落ちかかり、よくべき所なきが如く、敵これに応ずること能はず。買林が注に、疾不及応（jí bù jí yīng　疾応に及ばず）と云へり。[1]武成王の詞にも、疾雷不及掩耳（jí léi bù jí yǎn ěr　疾雷耳を掩うに及ばず）とのたまえり。雷の落ちかかる響きには、耳を塞ぎあわする間もなきものなり。敵を打つことその如くすべしとなり。李筌が注に、盛怒也（chéng nù yě　盛んに怒るなり）と云えるは、笑うべき注なり。用うべからず。

(1) 武成王：太公望のこと

　「動」を徂徠は「動きはたらきて敵を挫く」と「挫く」の意味を付け加えて解釈している。「動」だけに「挫く」の意味はない。文字通り「動く」の意味だけで解釈するほうがいいのでないだろうか。ここは軍争篇だから、「人より後れて発し、人より先に至る」ようにその動きが速くて雷が鳴るようだと言っているのである。
　ただし、雷が落ち人をうつことは敵を倒す譬えとして素晴らしい。雷でも相手が避雷針のある所におれば、撃ちようがない。相手が避雷針のない所に来た節を逃さず、一瞬にして雷を落として相手を撃つ。これが孫子の兵法の戦い方なのである。

　総じて、此の六句は、名將の軍をする妙用を云いて、如此の働きなくんば、軍争に勝利を得ることなるまじきことを云へり。故に下の此軍争之法也と云うまでへつづけて見るべし。張賁が注本には、不動如山と云へる句を、難知如陰と云へる句の下に置きたり。是は如火と如陰とを陰陽に分けて対し、動くと不動とを又対したる意にて、置きかえたるものなれども、難知如陰なる中より、動如雷震に発すること、句のつづき面白し。諸本に従うべし。又此の六句を諸書に一句々々に例証を引きて、別々のことの様に云へり。されども是は分数形名奇正の法よく錬熟したる名將の備は、この六の妙用を兼備ることにて、別々のことに非ずと知るべし。

166　掠郷分衆、廓地分利、

　　　　lüè xiāng fēn zhòng, kuò dì fēn lì,
　　郷を掠めるは衆を分かつ、地を廓めるは利を分かつ、

　掠郷とは、郷村を乱妨することなり。分衆とは人数を手分けして、敵に襲われぬ様にてあてを仕置きて、心安く乱妨をすることなり。廓地とは、敵地を少しづつにても切り取り、領分をひろむることなり。敵を一挙に亡ぼすやうなる大きなる合戦には非ずして、少しづつ敵地を蚕食して領分を広むることなり。かくの如く地を廓むるには利を分つと云うは、利は地の利なり、土地の要害をつもりはかり、人数を分けて是を守らしめて、段々に広むるなり。されば掠郷も廓地も土地の(1)もよりもよりを分けて、人衆を遣すことは同じことなれども、掠郷は(2)暫時人数を分けて敵を押さへ、兵糧を取りて帰ることなれば、是を人数の上へかけて分衆と云い、廓地は始終其の地を敵に奪れぬ様に守りて、味方の勢いをつなぐなれば、地の利の上へかけて利を分つと云うなり。軍争の上にこの二しなありて、何れもかくの如く分衆か分利か、とかく手あてを仕置て、よき図を見て上に云へる如風如林如火如山如陰如雷なる妙用を以て働くことなり。このよき図を見切て働くことを、懸権而動くと下の文に云へるなり。

　　(1) もより：漢字で「最寄」最も中心に近い所　(2) 暫時：しばらくの間

　分衆と云うを杜牧が注には、乱暴をするに、人数を分けて、段々に次第して遣すべし、一人遣すべからずと云う意なりと云えり。文義穏ならぬようなり。何氏梅堯臣は、分衆を衆に分かつとよみて、乱暴の物を衆軍へ分かち与うることと見、分利と云を其の広め取りたる郡郷を、功あるものに与うることと見たり。上下の文勢にかなわず、其の上分衆分利と対したる文法に合はぬなり。又買林王晢は、掠郷の二字を指向と改めたり、是又廓地と対せず、用いがたし。廓地の二字を買林は地を度ると訓ぜり、張預は打ひらきたる地のことなりと云えり。何れも文義穏ならぬゆえ用いぬなり。

167　懸権而動、

　　　　xuán quán ér dòng
　　権を懸けて動く、

　権ははかりのおもりなり、懸とは秤のおもりを天平の(1)衡にかけて、物の軽重をはかることなり。懸権而動とは、天平のさおに分銅をかけて、物の軽重を知る如く、我が心のはかりにて敵味方の虚実をはかり、遠近遅速のつもりを明らかに知りて働くことなり。もし我に(2)権度なく、(3)兼て明かに勝つべき図を知らずして軍争をなす時は、危きことなりと云う意なり。

　　(1) 衡：はかりざお
　　(2) 権度：はかりとものさし　権は「はかりのおもり」以外に単に「はかり」の意味がある。度は「ものさし」の意味がある。
　　(3) 兼て：前もって　現代語では「かねて」とひらがなにするのが、普通で、漢字をあてると「予て」が使われる。元々は「後を兼ねて」の意味から来ている。

> 「権を懸けて動く（物の軽重をはかって動く）」は当たり前のことのように思える。しかしこの当たり前のことができないのが、我々の日々の生活である。物の軽重をはからず、ただその時の感情や単に快いというだけで動いてしまっているのが我々の日常生活である。今、この時間に何をするかということも、物の軽重をはかって一番重いこと、一番肝要なことをしなければならない。ところが単に自分の心身に快いことをしようとしたり、感情で動いてしまうのである。「権を懸けて動く」は座右の銘にすべきことである。

168　先知迂直之計者勝、此軍争之法也、

xiān zhī yū zhí zhī jì zhě shèng, cǐ jūn zhēng zhī fǎ yě,

迂直の計を先知する者は勝つ、此れ軍争の法なり、

迂直之計と云うことは前に見えたり。先知するとは前方より知ることなり。前の文の故其疾如風と云うより是まで文勢を一貫して見るべし。右に云へる如く軍は詐を以て立ち、利を以て動き、分合を以て変化をなすものなるゆえに、如風如林如火如山如陰如雷なる妙用を以て、軍争の働をなすべし。されども軍争にも掠郷と廓地との二つありて、何れも敵に襲われ破られぬてあてをなし置き、さてわれに権衡をかけて、遠近遅速のつもり、道路迂直の考えをして働くを軍争の法とするゆえ、此軍争之法也と語を結べるなり。諸説みなきれきれに見るゆえ、一篇の文意きこえず。味わうべし。

169　軍政曰、言不相聞、故為金鼓、視不相見、故為旌旗、

jūn zhèng yuē, yán bù xiàng wén, gù wéi jīn gǔ, shì bù xiàng jiàn, gù wéi jīng qí,

軍政に曰く、言相聞こえず、故に金鼓を為る、視相見えず、故に旌旗を為る、

是より篇の終りまでは、耳、目、気、心、力を治むることを云えり。軍争は勝利を毫厘の間に争う故、争いに取られて手前のぬくる失あらんことを恐れて、孫子が丁寧に云えるなるべし。軍政と云うは梅堯臣が注に、軍之旧典なりと云えり。王晳が注には古軍書なりと云えり。旧はふるしとよむ。典は典籍にて書籍のことなり。さればふるき古の軍書なり。それを軍政と云えるは、政はまつりごととよむ、法令のことなり、軍の法と云う意にて、古の軍書のことを軍政と云えるなるべし。書経に司馬掌邦政（sī mǎ zhǎng bāng zhèng　司馬邦政を掌る）とありて、古は政と云えば一字にても軍中の法令のことになる故なり。

言不相聞故為金鼓と云うは、金鼓はかね太鼓なり。周礼を案ずるに、かねに鐃鐸鐲の三つあれども、其の制度詳かならず。畢竟かねにて引き、太鼓にてかかる合図なり。軍中にてかかれ引けと云いて、下知することも、五人十人ならば詞もきこゆべけれども、数万の軍兵なれば詞にては聞こえぬゆえ、古の聖人金太鼓と云うものを作りて、詞のかはりにしたまえるゆえ、言不相聞故為金鼓と云うなり。

視不相見故為旌旗と云うは、旌旗は二字ともにはたとよむ。其の制度、日本のはたのぼりと違うなり。用いる意は同じことなり。人数を使うに指をさし[1]手づかいをしても、五人三人は使うべけれども、数万の軍兵なれば、指さし手づかいは見えぬゆえ、古の聖人旌旗を作りて、指さし手使い

のかわりにしたまえるゆえ、視不相見故為旌旗と云うなり。

　(1) 手づかい：手を使うこと

　異国の法を案ずるに、金鼓は坐作、進退、疾徐、⑴疏数の節を知らしむ。坐はひざまずくとよみて⑵おりしくことなり。作はたつとよみてたちあがることなり。進はかかる。退はひく。疾ははやきなり。徐はゆるやかなるなり。疏は⑶まとおきなり。数は⑷せわしきなり。節はふしなり、かぎりなり。⑸尺蠖の屈むは伸んが為なり。進みてかかるに敵間遠ければ勢いぬくるものゆへ、敵へかかる間におりしきてはたちあがり、立あがりては又おりしき、歩みの数を定めて、いきおいのぬけざる様に坐作のふしを立て、⑹序破急の次第を以て、段々に勢⑺つむること、是疾徐疏数の節なり。皆それぞれによき程の⑻ふしつがまえあるを節と云うなり。吾邦にては多く貝太鼓を用い、金は用いる流もあり。用いざる流もあり。又事によりて⑼笙⑽篳篥等の楽器を用いて合図にすることもあり。強ちに何れの器を用いてよきと云うことはあるまじきことなり。只士卒のよく覚えやすく聞きまがいなく、明らかに遠く聞こゆるをよしとす。尤も楽器をも⑾不時の合図には用ゆべけれども、貝、太鼓、金、皆勇猛の声にて、軍威を助くる所あり。⑿詮ずる所は坐作進退疾徐疏数の節にありと知るべし。

　(1) 疏数：疏と密。遠と近。　(2) おりしく：右の膝を曲げて腰をおろし、左膝を立てた姿勢で座る
　(3) まとおし：漢字で書くと「間遠し」　場所が遠く隔たっている
　(4) せわし：急である。事が多くて暇がない。
　(5) 易経の繋辞下にある言葉である。原文では「尺蠖之屈、以求信也　chǐ huò zhī qū, yǐ qiú xìn yě　尺蠖の屈するは、以て信びんことを求めるなり」となっている。尺蠖は「しょくとりむし」のことである。
　(6) 序破急：舞楽で序は初部で無拍子、破は中間部分で緩徐な拍子、急は最終部で急速な拍子
　(7) つむる：下二段活用の動詞「つむ」の連体形。「集める」の意味。
　(8) ふしつがまえ：「つ」は格助詞で「の」の意味　(9) 笙：雅楽の管弦器のひとつ
　(10) 篳篥：雅楽の管弦器のひとつ　(11) 不時：臨時　(12) 詮ずる所：つまるところ

　旌旗は⑴部曲、行列、分合、向背のしるしなり、部曲は⑵組備、分合は備を合すると分くると、向背は備のむく方うしろにする方、是皆旌旗を以てしるしとす。⑶前朱雀、後玄武、左青龍、右白虎、中央に⑷招揺とて、北斗の七星を画くこと古法なり。後世には⑸十二神将などをも用いたり。吾邦にては青黄赤白紫の五色を以て、王源平藤橘のはたの色とすると云い伝えたれども、古来の⑹将種この五姓に限らねば、礼家の曲説なるべし。今は古の旗をも用いず、⑺昇⑻馬印⑼麾を用いて旌旗の代りとす。是又何れをよしとし、何れをあししとすることあるべからず。只是も士卒の覚えやすく見まがいのなく、明かに遠く見え、事のわけむつかしくなくて、⑽いそがわしき場にても取りちがえなく、風雨にまけず、日月の⑾うつろいよきをよしとすべし。詮ずる所は只部伍行列のしまりとなりて、分合向背の合図に用いるにありと知るべし。

　(1) 部曲：軍隊の部わけ。曲は部の下の小わけ。1部＝2曲＝2×200＝400人
　(2) 組備：備を組むこと。備は隊のこと。
　(3) 天の赤道を28に分けたのが星宿で、それを7宿でまとめて、つないで獣になぞらえた。これを四獣とか四神と言い、南が朱雀、北が玄武、東が青龍、西が白虎である。
　(4) 招揺：北斗七星の第7星である。現在のδまたはMegrezと言われる星で、ひしゃくの柄が水をくむ所につ

いている所にある星である。
(5) 十二神将：仏教において薬師如来を守護する十二の武将　(6) 将種：将軍の子孫
(7) 昇：細長い布の上と横に多くの乳をつけて竿に通したもの。乳は竿に通すためにつけた小さな輪
(8) 馬印：将軍の馬のそばに立てて標識とした武具　(9) 麾：軍中で指図をしたり、目印に立てたりする旗
(10) いそがわし：せわしい　いそがしい　(11) うつろう：光がうつる

170　夫金鼓旌旗者、所以一人之耳目也、

fú jīn gǔ jìng qí zhě、suǒ yǐ yī rén zhī ěr mù yě、

夫れ金鼓旌旗は、人の耳目を一にする所以なり、

上に古の軍書の詞を引きて、是より孫子が語なるゆえ、発語の詞を置きて夫と云えるなり。人とは、味方の士卒を云うなり。軍政に云へる如く、口にて云う詞は遠く聞こえぬゆえ、金鼓を以て士卒の耳を一にするなり。手使い指さしばかりにては遠く見えぬゆえ、旌旗を以て士卒の目を一にするなり。一にすると云うは百万の人数なりとも、一人を使う如く、坐作進退、疾徐疏数の節を違えず。(1)部伍、行列、分合、(2)向背を思うままにすることを云うなり。

(1) 部伍：軍隊の部わけの組　隊伍　(2) 向背：前を向くことと背をむけること。

171　人既専一、則勇者不得独進、怯者不得独退、此用衆之法也、

rén jì zhuān yī、zé yǒng zhě bù děi dú jìn、qiè zhě bù děi dú tuì、cǐ yòng zhòng zhī fǎ yě、

人既に専一なれば、則ち勇者独り進むを得ず、怯者独り退くを得ず、此れ衆を用いるの法なり、

人既専一なればとは、百万の人数すでに金鼓旌旗の合図を以て、其の心専一になる時はと云う意なり。勇者とは武勇なるものなり。怯者とは臆病なるものなり。多くの士卒の内には、剛なるもあるべし。臆せるもあるべし。剛なる者は進まんと欲し、臆せる者は退くことを好む。金鼓旌旗の合図、平生よく錬熟して法令厳守なれば、士卒の心専一になるによりて、剛なる者もわが心剛なりとて、独りはなれて先へ進むこと能はず。臆せる者もわが心臆すればとて、独り離れて退くことあたわず。五人三人十人二十人ならば如何様にもなるべけれども、数万の人数を使うことは如此ならざれば能わざるゆえ、用衆之法也と云えり。用衆とは大勢を使うと云うことなり。上の軍政と云うより是までは、耳目を治むる道を云えり。

> 　日本人は各自の持つ信念や宗教に従って動くのでなく、集団の規範に従って動くことが多い。だからその動きが専一になりまとまった動きができる。それで短期戦に強い。ところが集団の規範は遠慮深謀でできているのでなく、その場の雰囲気でできるような根拠の乏しいものである。それで長期戦になると負けてくる。

172　故夜戦多火鼓、昼戦多旌旗、所以変人之耳目也、

　　　gù yè zhàn duō huǒ gǔ, zhòu zhàn duō jīng qí, suǒ yǐ biàn rén zhī ěr mù yě,

　　　故に夜戦火鼓を多くし、昼戦旌旗を多くするは、人の耳目を変ずる所以なり、

　夜の戦に火鼓を多くするとは、夜は旌旗の色も見えわかぬゆえ、松明の火と大鼓の数を多くして、少勢を多勢に⑴まがわすることあり。昼戦に旌旗を多くすとは、昼はかしこの山間、ここの森の中に旌旗を多く立てて、是亦人数を多く見するなり。或いは又後詰加勢のあるように見するにも用う。人の耳目とは敵の耳目なり。金鼓旌旗は味方の耳目を専一にするものなれば、敵よりも又是に心を付けるゆえ、かくの如く変化して、敵人の耳目を変動して、敵の心を奪い、敵の気を奪うことを、所以変人之耳目也と云えるなり。

　　⑴　まがう：見間違える

　施子美が説には、人と云うを敵味方にかけて、味方の耳目を変ずる意もありと云えり。是又一段深き説なり。さもあるべきことなり。されども本文の主意は敵の耳目を変ずることなり。総じて軍書は取り用いて用をなすべき為にて、文義をすますことを第一とするに非ざれば、此の解の内に誤なりと云える説も、時に臨みて用をなす上には、一つとして棄つることあるべからず。

　此の本文に云へる昼戦に旌旗を多くし、夜戦に火鼓を多くする類のことを疑兵と云うなり。疑兵とはありもせぬ軍兵を、あるかと敵に疑わすることなり。道理を以て察して、十に九つ加勢も後詰もあるまじと思いても、今一つの所に疑いあれば、敵の心専一ならず。専一なれば強く、分かるれば弱し。たとい我が方便にのらずとも、敵に疑心の出来る所に虚ありと知るべし。本文になきことなれども、事の序に云うなり。

　杜牧が注に、夜の戦は広場にてすることに非ず、多くは敵の陣所に夜打をすることなり。然るに太鼓を打ち松明を多くせば、却て敵に⑴案内をして、味方の備を見すかされんと云う不審をあげて、其の答に、是敵より此の方へ夜打ちをする時のことなり。古の陣屋の法は大陣の中に小陣ありて、碁盤の目を⑵もりたる如く、道路十文字に⑶通達して、⑷かくしかなく作るなり。その四辻の所に、雨にきえぬように土を塗りてかがりの所をこしらえ置き、夜打入ると知る時は、⑸営門の⑹楼にて太鼓を打つと、辻々のかがりをたくべし。然る時は⑺営中白昼の如くならん。面々の⑻持口を固めて、妄りにさわぎ動かず。大将の下知に随い、⑼游兵を以て是を挫く。是火鼓の敵の耳目を変ずるゆえんなりと云えり。此の説も尤もなれども、本文は強ちに合戦に限らず。火鼓を以て敵を⑽ふすぶることもあり、或いは敵陣の四方より火をつけてやきたて、或いは敵陣近く忍びより、金太鼓を以て敵の心を奪うこともあり。畢竟する所は、旌旗金鼓は味方の耳目を一にするものゆえ、敵もこれに耳目をつくるによりて、又よく敵の耳目を変動す。故に昼は旌旗、夜は火鼓に超て、敵の気を奪うべきものなきことを云えり。敵の気已に奪はるる時は、視れども見えず聴けども聞こえず。⑾炬火白昼の如くなりとも、我が人数を見すかすべきと云う憂いあるまじきことなり。唯本文の深意によく徹して、会得すべきことなり。

　　⑴　案内：手引き　⑵　もる：寸法を割り定めてしるしをつける　⑶　通達：つらぬきいたる
　　⑷　かくしかなく：かく＋しか＋なく。名詞「かく」＋助詞「しか」＋ク活用の形容詞「なし」の連用形。「かく」は漢字で書くと「角」、四角の意味。全体で「角しかなく」「角だけがあって」の意味。

(5) 営門：陣営の門　(6) 楼：遠くを見わたせるように高くつくった建物　(7) 営：陣営　(8) 持口：持ち場
(9) 游兵：一定の任務を持たず、時機を見て本隊を助け戦う兵士
(10) ふすぶる：下二段活用の動詞「ふすぶ」の連体形。「燃やして煙をたてる」意味。この場合は動物に煙をあてて嫌がらせをするように、火鼓で嫌がらせをすることを言っている。
(11) 炬火：たいまつの火　「炬」は「たいまつ」の意味

173　故三軍可奪気、将軍可奪心、

gù sān jūn kě duó qì, jiāng jūn kě duó xīn,

故に三軍は気を奪うべし、将軍は心を奪うべし、

　三軍は三万七千五百人にて、総じて大軍のことを云うなり。其の内には智者もあり、愚者もあり、勇者もあり、臆したる者もあり、(1)健やかなるものもあり、弱きものもあれども、其の(2)若干の智愚剛臆強弱のさまざまの人を(3)鍛い合せて、一箇の堅陣となして、大軍を砕き、強敵を挫くこと全く気にあり。気の運ぶところ(4)造化と力を同じくす。前の兵勢篇に分数形名奇正虚実を以て、兵の勢いをなすと云えるも、此の気の勢なりと知るべし。故に此の気を奪う時は大軍にも勝つべし。この気を奪わるる時は少勢にも破らるべし。(5)猾の獅子を制し、(6)蛞蝓の蛇を(7)伏し、猫の(8)巣鳥をにらみ落とするい、豈大小強弱の差別あらんや。是皆気の作用なり。故に気敵陣を覆う時は、敵の動静皆掌中の(9)菴羅果の如し、気のぬけたる所を撃つ時は、たとい(10)烏獲なりとも、(11)など己が力に呑まれて却て顚覆を致さざらんや。よくよく味わうべし。

(1) 健やか：現代語では「健康である」の意味になるが、ここでは「強い」の意味で使っている。
(2) 若干の：多少の　(3) 鍛う：訓練をほどこして技術を向上させる　(4) 造化：天地　自然
(5) 猾：海獣の名。大漢和には「猾は骨がなく、虎の口から入って虎は噛むことができず、虎の腹の中にいて、内から虎をかむ」という記述がある。
(6) 蛞蝓：なめくじ　(7) 伏す：負かす　(8) 巣鳥：巣にいる鳥　(9) 菴羅果：マンゴー
(10) 烏獲：戦国時代の秦の武王の臣。強力の持ち主であった。
(11) など己が力に呑まれて却て顚覆を致さざらんや：「など」は「どうして」の意味。ここは反語として用いている。「却て」は「予想と反対になるさま」のこと。全体として、「自分の力を頼っているが、気の抜けた所を撃たれると力が十分に出ないから、頼っている自分の力に呑まれる形になり、予想に反してひっくりかえらないことがあろうか」の意味。

　さてこの気の主宰となるものは何ぞと云う時は、大将の心なり。三軍を率るものは大将なり、気の主宰たるは心なり。虎と見て射る時は堅石にも羽を飲ましむ。志の専一なる所気これに従うこと、孟子も説きたれば、三軍の勇気は大将の一心にあり。心の妙用天地も(1)外ならず。前の文の兵の形なき所、其の本源ここにありと知るべし。されども心はよく物に応ずる所より、是を奪うこと又易し。故に吾が心を敵に奪わるることあるべし。又敵将の心をも奪わば奪わるべし。この間に於て工夫をつくべし、軍兵は合戦を(2)拵ぐものなるゆえ、其の気を奪うべしと云い、大将は謀を以て三軍を率いるものゆえ其の心を奪うと云えり。三軍と大将は離れぬものにて、気と心もはなれぬものなれども、又孟子に云へる(3)趨者蹶者の喩の如く、敵によりて気を奪えば、心も自ら奪わるる敵あり、武勇を第一とする敵なり、気を奪いても心を奪わざれば勝つことを得がたき敵あり。智謀を第一と

する敵なり。気と心と一にして二、二にして一なるものゆえ、本文にも二つをならべ挙げていえり。上の文に吾が軍兵の耳目を治めて、敵の軍兵の耳目を変動することを云えり。吾が軍兵の耳目を治むるは、吾が軍兵の気と心を専一にする道なり。敵の耳目を変動するは、敵の心と気を奪う道なり。尚是より推し広めて、此の外に心を奪い気を奪う術、良将の作用にあるべきことなるゆえ、此の本文にかく云えるなり。

(1) 外ならず：範囲外でない
(2) 挊ぐ：「はたらく」の意味がある。「合戦を挊ぐ」で「合戦をする」の意味。「挊ぐ」を使った例文としては甲陽軍鑑に「味方敗軍に及ばば、一人挊ぐべき事。」とある。
(3) 趨者蹶者の喩：孟子　公孫丑章句上　に「志壹則動気、気壹則動志也、今夫蹶者趨者、是気也、而反動其心、zhì yī zé dòng qì, qì yī zé dòng zhì yě, jīn fú jué zhě qū zhě, shì qì yě, ér fǎn dòng qí xīn、　志壹なれば則ち気を動かす、気壹なれば則ち志を動かすなり、今夫の蹶者、趨者は、是れ気なり、反其の心を動かす」とある。つまずいたり、走ったりするのは気だが、これは気が心を動かしていると言うのである。

> 「将軍は心を奪うべし」を徂徠は「心はよく物に応ずる所より、是を奪うこと又易し」と説明する。心は外の物に応じてその外の物を処理するように反応する。ところが外の物に接しているからしばしば外の物に心が支配される。心が外の物を処理するのでなく、外の物に心が処理されてしまうのである。これが心を奪うである。荘子の言う物に物とされていることである。将軍を人に換え、「人は心を奪うべし」とすると広く応用できる一句となる。

> テレビが人の心を奪う一つの例になる。私達はテレビの言うことをしばしば無批判に受け入れてしまい、テレビの言った通りに行動する。テレビが納豆はダイエットに効果があると言うと、大勢の人が納豆を買いに走り、納豆が店からなくなってしまうことがあった。完全にテレビに心を奪われているのである。

174　是故朝気鋭、昼気惰、暮気帰、故善用兵者、避其鋭気、撃其惰帰、此治気者也、

shì gù zhāo qì ruì, zhòu qì duò, mù qì guī, gù shàn yòng bīng zhě, bì qí ruì qì, jī qí duò guī, cǐ zhì qì zhě yě,

是の故に朝の気は鋭く、昼の気は惰り、暮の気は帰る、故に善く兵を用いる者は、其の鋭気を避けて、其の惰帰を撃つ、此れ気を治める者なり、

上に三軍可奪気と云えるに付きて、ここに気を治ることを云えるなり。気を治るとは気の取りはからいのことなり、朝気鋭とは、鋭はとがることなり。とがりたるものの先へはよりつかれぬ如くに、勢のつよきことを云うなり。夜半に陽気生じて、(1)寅の時に陽気(2)成就す。日の運行も日暮れは段々に地の底へ沈み、亥の後子の前に至極沈みきりて、子時より少づつ昇るなり。段々に昇りて、寅に至りて地を出る陽気の生じ来る勢なるゆえ、朝の気はするどなり。昼気惰とは、陽気午の時に至りて(3)衰うるなり。日の運行も寅より次第次第に昇りつめて、午の時に至りてそろそろと西へ傾

く。是昇る勢極まりて、其の勢衰うるゆえ、昼の気は惰ると云うなり。暮気帰とは、申の時に至りて陽気伏するなり。日の運行ももはや地下へ赴くなり。人もその如く夜休息し、とくとやすみて養うゆえ、朝の気はするどに盛んなり。其の盛んなること昼に至りて極まるゆえ、そろそろと惰り(4)退屈する気になり、暮になれば家へ帰りてやすみたき気になるゆえ、暮気帰と云うなり。

(1) 寅の時：寅の時は午前4時を中心とする前後1時間
　中心となる時刻は下記のようになり、その前後1時間がその時間帯である。
　子 0時　丑 2時　寅 4時　卯 6時　辰 8時　巳 10時
　午 12時　未 14時　申 16時　酉 18時　戌 20時　亥 22時
　現代語でも正午という言葉が残っており、12時のことである。
(2) 成就：できあがる　(3) 衰うる：下二段活用の動詞「衰う」の連体形。　(4) 退屈：疲れていやになること

　されども朝昼晩ばかりに限らず、何にても始めと中と終りは皆此の意なり。最初はするどに盛んにて、中頃に至りて退屈し、終りになれば宿所へかえりたき心になる。故に張預が説には、朝昼晩は喩なり、実に朝昼晩のことには非ずと云えり。道理尤もなれども、一日の中朝昼晩にもこの意あり、ものの始中終にも此の意あり。よく会得する時は、両説ともに同じ意なり。

　故善用兵者、避其鋭気、撃其惰帰とは、右の如く気に初中終のかわりあることを知りて、よく人数を使う大将は、敵の気の盛んにするどなる所をば是を避けて撃たず、敵の気に惰り怠屈の生じ、帰りて休息したきころになる所を撃つなり。是も畢竟実を避けて虚を撃ち、敵と争わず、争いなき場をゆく道理なり。此治気者也とは、かくの如く、気の初と中と終の差別あることを知りて、敵をうつにも此の(1)勘弁をするは、気のとりさばきをよく知りたる人と云うものなりと云う意なり。但し本文には敵の上ばかりを云いて、味方の気の養いようはなし。是又本文の道理にて明かなり。我が気をいつも朝の気の如くする時は、是をよく味方の気を治むると云う。いつも朝の気の如くするとは、如何様にしてなるべきなれば、朝は夜より生ず、極陰の中より一陽生じ、夜休息するゆえに朝の気するどなり。此の意を会得して、敵の気の盛んなる所をば是を避けて戦わざるべし。我を陰にして戦はず働かずひかえ止めて置くこと、(2)たとえば何にても腹たつことあらんに、其の怒を押へ胸をさすりて居るが如し。この怒発せぬ内は、怒のやむことなし。こらえこらえて堪忍のならぬと云う時に発する時は、其の怒り常に一倍す。是夜より朝の気の生ずる道理なり。されば本文の治気者也と云は、其の理敵味方に通ずることなり。

(1) 勘弁：考えわきまえること
(2) たとえば：原文は「たとはば」になっている。「たとふ」は四段活用と下二段活用がある。四段活用させれば「たとはば」になるが、下二段活用させれば「たとへば」になる。現代では下二段活用させるのが一般的であるため、「たとへば」に改めた。「たとへば」は現代の仮名遣いでは「たとえば」になる。

　人にいろいろと言われても腹を立てて言い返さない人がいる。そういう人は怒を発っさないだけで、内心の怒はその腹の中にたまっていっている。その怒は強力な気となり、その人に反撃の準備をさせる。しばしば怒る人はしばしば気がぬけるから、腹中に強力な気がなくなる。強力な気がないからその行動が弱くなる。怒り散らす人よりも、怒らない人のほうがはるかに怖い。

昔斉の国と魯の国と戦いしことあり、長勺と云う処にて対陣せし時、斉の方にてかかり、太鼓を打つ音聞こえければ、魯の君荘公戦をはじめんとす。将軍、曹劌おしとどむ。斉の方にて又太鼓の音すれども、曹劌、尚、荘公を押さえて合戦を始めず。三度目の太鼓の時、今ぞよき時節なりとて戦を始め、何の⑴手もなく勝ちたり。荘公いかなる故ぞと問われければ、曹劌答えて曰く、戦は勇気なり、初度の太鼓にて衰うる士卒の気おこる、二度の太鼓におこりたる気衰え、三度目に至れば勇気竭きるなり。彼れが勇気はつきたるに、われは敵に取り合わず待つゆえ、勇気内に満つ、満ちたるを以て竭きたるを打つゆえ勝ちたるとなりと云へり。

　⑴　手もなく：手数もかからず。たやすく。

　又唐の武徳⑴年中に、太宗、竇健徳と戦いたまいしに、健徳の軍兵数里の内に⑵遍満して夥しき大軍なり。太宗高き処に登りたまい、諸将に仰せてのたまわく、敵⑶殺所を経て来るに物音⑷かしがましく聞こゆ、是を以て察するに、軍に法令なしと思わる、我が城へ近々と押よせて陣を取るは、我を⑸かろしめ侮る心あり、敵より何ほどに戦いをいどむとも、昼まで戦うべからず、昼時分にならば、必ず敵の勇気衰うべし⑹とありけり。昼になりて敵の軍兵ども皆石の上に坐し、又争いて水を飲むてい見えければ、よき時分なりとて、合戦をはじめ健徳を生擒にしたまいしことあり。是皆気の始中終を考へて、鋭気をさけて惰帰をうちたる例証なり。

　⑴　年中：ある年代の間　⑵　遍満：あまねく満ちること　⑶　殺所：峠などの難所。また要害の場所
　⑷　かしがまし：やかましい　⑸　かろしめ：下二段活用の動詞「かろしむ」の連用形。「かろんずる」の意味。
　⑹　とありけり：と＋あり＋けり。引用の助詞「と」＋ラ行変格活用の動詞「あり」の連用形＋過去の助動詞「けり」の終止形。「あり」は「言う」の意味。

> 　充満している気、怒を一気に発するようにすれば非常に強いのである。人と争う時、自分は気、怒を充満するようにし、相手の気、怒を散乱させるようにすればまず勝てるのである。

175　以治待乱、以静待譁、此治心者也、

　　　yǐ zhì dài luàn、yǐ jìng dài huá、cǐ zhì xīn zhě yě、
　　　治以て乱を待つ、静以て⑴譁を待つ、此れ心を治める者なり、

　⑴　譁：さわがしい

　是は上に将軍可奪心と云えるを承けて、心を治むることを云えり。心を治むると云うは、心のとりはからいのことなり。大将たるもの、吾一人の身、方寸の心を以て、百万の軍兵を率いて大敵と対陣せんに、勝負の道、利害の変、千変万化にして、まことに⑴まぎろわしきこと是に超えるは又もあるまじ。⑵一著をあやまてば其の害甚だしく、多くの人命を失い、味方の弱みとなる。故に疑いと恐れとの二つの情胸中に戦いて、心の安きひまなかるべし。故に其の心太山の動ぜざる如くなる人に非ずんば、胸中常に⑶間暇⑷無事にして、事の万変に応ずるに、一つとして乱れぬ様にすることはなるまじきことなり。大将の心明らかなれば味方常に治まり、大将の心動ぜざれば味方

常に静かなり。治まるとは軍中の法令式々に調いて、少しにても手もつれすることなきことなり。静かとは軍中静まりかえりて、物音もせぬことなり。大将の心明らかなれば疑いなく、大将の心動ぜざれば恐れなし。明らかなるは智なり。動ぜざるは勇なり。疑いと恐れは智勇の足らぬ所より生じて、軍中の乱るると譁しきとは、大将の心の疑い恐れより生ず。以治待乱以静待譁と云える二つの待の字かろく見るべし。心をつけてこれを待つには非ず。吾が心に疑い恐れなき時は、吾が軍中は常に治まりて静かなり。かくの如く我が心を治めて敵将の心を奪う時は、敵の軍中は必ず乱れ譁しかるべし。彼が軍中の乱れ譁しき時ぞ誠に彼を打つべき図なるゆえ、かかる所を待ち受けて、これをうつと云うことを待と云いたるなり。

(1) まぎろわしき：「目まぐるしい」の意味である「目紛らし（めまぎらし）」のことを「目紛ろわし（めまぎろわし）」とも言う。「まぎろわしき」は漢字をあてると「紛ろわしき」であり、「紛らしき」のことだろう。
(2) 一著：将棋、囲碁などの一手　(3) 間暇：ひま　(4) 無事：事がない
(5) 式々：法令がふさわしく執り行われること　(6) 譁しき：さわがしい

> 事をするには、何事も時勢がある。この時勢はこちらの思うようにいかない。ただよい時勢が来るのを待つよりほかない。しかし何事なく待つのでなく、治以て乱を待つ、静以て譁を待つのである。手前を治にし、静にし、時勢が乱になり、譁になるのをじっと待つ。時勢が乱になり、譁になれば、すばやく動く。

176　以近待遠、以佚待労、以飽待餓、此治力者也、

yǐ jìn dài yuǎn、yǐ fū dài láo、yǐ bǎo dài è、cǐ zhì lì zhě yě、

近以て遠を待ち、佚以て労を待ち、飽以て餓を待つ、此れ力を治める者なり、

是は上に心を治め気を治めることを云えるを承けて、ここには又力を治めることを云えり。力は勢力なり。前に云える気とこの力とは似たることなれども、気は勝つ所を以て云い、力はたたゆる所を以て云うなり。近とは路の近きなり。遠とは遠路なり。以近待遠とは、われは近き路を押して、敵の長途を押し来るを待つことなり。佚はつかれぬことなり。労はつかるることなり。以佚待労とは、我が軍兵のつかれぬを以て、疲れたる敵を待ちうくることなり。飽とは兵糧の余りあることなり。餓とは兵糧の足らぬことなり。以飽待餓とは兵糧沢山にて、敵の餓えたるを待つことを云うなり。如此なる時は味方は勢力あまりありて、敵は勢力足らぬゆえ、必ず敵を挫くべし。是敵味方の勢力のとりはからいなりと云うことを、此治力者也と云えるなり。軍争は争いにひかれて手前のぬくる道理あるゆえ、気心力の上にて、われをよく治ることを云えるなり。

(1) たたゆる：四段活用の動詞「たたゆる」の連体形。「たたゆる」は動詞「たたふ」と同じである。「たたふ」は「充満する」の意味である。
(2) 長途：長い道のり

> 近以て遠を待ち、佚以て労を待ち、飽以て餓を待つ。これは何でもない当たり前のような一

句であるが、実に意味深い。戦いは順当ならば力の強い方が勝つ。戦いに一番肝要な力のつけ方を説いた一句である。「待」という一字が重い。相手を遠、労、餓という不利な状態にして、自分を近、佚、飽という有利な状態にしてただ待つのである。十分に待って力に明らかに大きな差が生じた時に、千仞の上にたくわえた水を一気に切るが如く、一瞬にして攻めるのである。攻撃は一瞬だが、攻撃ができるようになるまでは長い待つの時間が必要なのである。

177　無邀正正之旗、勿撃堂堂之陣、此治変者也、

wú jī zhèng zhèng zhī qí, wù jī táng táng zhī zhèn, cǐ zhì biàn zhě yě,

正正の旗を邀(むか)うること無し、堂堂の陣を撃つこと勿し、此れ変を治める者なり、

　上に気心力を治める道を云えるを受けて、ここには又変を待つことを云えり。変とは敵の変なり。心を治め、気を治め、力を治めるは、畢竟敵の変を待つことなるゆえかく云えり。正々之旗とは、正々は正しき形なり、敵の⁽¹⁾旗色⁽²⁾整(ととの)いて乱れざるを云う。堂々之陣とは、堂々は広大なりとも注し、威盛なりとも注す。大軍にしてしかもその備実して、一点の虚なきを云う。邀とは此の方よりしかけて是を打つことなり。敵大軍にして其の備実し、一点の虚なる所なく、旗色整いて乱れざる敵を、此の方より仕かけて、これと取り合うことあるべからずと云うことを無邀正々之旗、勿撃堂々之陣と云うなり。此治変者也とは、かくの如く実を避け強きを避くるは、始終までかくの如き敵をばうたずと云うことに非ず。敵の変をまちて其の変に従って是を打つと云うことなり。

(1) 旗色：旗のひるがえる様子
(2) 整(ととの)り：この書籍では、「調り」と「調」の漢字を使っているものが多いが、ここは「整」を使っている。どちらの漢字も使うことができる。

　梅堯臣が注には、正々之旗堂々之陣は我を恐れぬ敵なり。敵のわれを恐れぬは、あらわれ見えたる外に奇変の術あるによりて、我を恐れぬと知りて、其の奇変のところを察して、是をとりはからうべしと云えり。此の注にても義通ずるなり。
　直解開宗の説には、変とは常にことなることなり。敵をうつは軍の常法なるに、如此の敵をばよけて撃たぬこと常法にことなるゆえ、変を治むと云うと注せり。この注にては治の義きこえず、従うべからず。

　ここは「正正堂堂と戦う」の語源となっている。「正正堂堂と戦う」は卑劣なことをせず、真正面から戦うという意味で、立派で正しいこととされている。ところがその語源たる孫子が正正堂堂と戦うなと言っているのである。いつのまにか語源とまったく反対の意味になっている。これは世間の人が考える戦争と実際の戦争との相違を示している。世間の人は戦争を武術の試合、兵器の競争のように考えている。武術が優れている者、兵器の優れている者が勝つのだと思っている。正正堂堂と真正面から戦い、その武術と兵器を競うのが戦争だと考えている。ところが実際の戦争は実で以て虚を撃ち勝つのである。どんなに武術が優れていても、どんなに兵器が優れていても、虚を撃たれれば敗れる。

178　故用兵之法、高陵勿向、

gù yòng bīng zhī fǎ, gāo líng wù xiàng,

故に用兵の法、高陵に向う勿れ、

　故用兵之法と云う五字衍文なり。篇の終わりに具に論ず。高陵はたかきおかとよむ。おかとは小さき山のようなるものなり。向かうとは高陵の上に居る敵を見上げて攻めることを云う。戦の勢い高き所より⁽¹⁾卑き所を撃つは順なり。卑き所より高き所を撃つは逆なり。其の上石にても何にても、山より落とす時は、僅かのものにても大きなる⁽²⁾ふせぎとなるなり。故に高みに居る敵を見上げて攻むべからずと云う意なり。諸葛孔明も、山陵之戦不仰其高（shān líng zhī zhàn bù yǎng qí gāo 山陵の戦其の高を仰がず）と云えり。されども⁽³⁾昭烈帝、馬鞍山に陣を取りたまえる時、呉の将軍、陸遜、四方より⁽⁴⁾せりよせて勝ちたることあり。是は呉は勝兵の勢、蜀は敗兵の勢已に分かれたる上なれば、地勢の順逆に妨げなかりしなり。本文は将の智勇も均しくて、軍の勢力一様なる敵と戦う上のことを云えり。

(1) 卑き：「ひくし」の連体形。現代語では「低き」になる。　(2) ふせぎ：防御
(3) 昭烈帝：蜀の劉備のことである。諡が昭烈である。
(4) せりよせて：せり＋よせ＋て。四段活用の動詞「せる」の連用形＋下二段活用の動詞「よす」の連用形＋接続助詞「て」。「せる」は「少しずつ間をせまくする」意味。「よす」は「攻め寄せる」意味。接続助詞「て」は連用形に接続する。

179　背丘勿逆、

bèi qiū wù nì,

丘を背にするを逆える勿れ、

　丘もおかとよむ、小山のことなり。背丘とは山を後にあてて陣を取りたることなり。逆とは此の方より仕掛けて戦うことなり。山を背にあてて陣を取りたる敵をば、しかけて戦うことなかれと云う意なり。其の意は山を後にあつれば、後へ引かれぬこころあるにより、其の勢いつよきなり。そのうえ山の近所ほど地形⁽¹⁾つまさき上りなるものなり。故に此の方より仕掛ければ、敵よりはつまさき下りにて順なり。此の方よりはつまさき上りにて逆なり。順逆の勢い⁽²⁾各別なり。故にしかけて戦うべからず。平地へ引き出して打つべしと云う意なり。

(1) つまさき上り：少しずつ登りになっていること　(2) 各別：それぞれ異なる

　昔南北朝の時、北朝の方又二つにわれて、後周と高斉と二帝になりて争いける時、洛陽は高斉の方なりけるに、後周の方より軍を遣わして洛陽を囲みたり。高斉の方の大将、段韶これをふせぐ。卯坂と云う山にのぼり、後周の方の軍勢を見すかさんとて大和谷と云う所までゆきたる時、後周の方の軍兵とゆき逢いたり。段韶すなわち山を後にして備を立て待つ所に、後周の軍勢徒武者を前に立ててかかりければ、段韶騎兵に下知して戦い引きに引きけるを、後周の軍兵⁽¹⁾ひた追いに追い上げる。段韶敵軍の疲れたるを待ちて、高みよりおしおろし、大いに打ち崩したる類これなり。

(1) ひた：もっぱら

180　佯北勿従、

　　yáng běi wù cóng、
　　佯り北ぐるを従う勿れ、

　佯北とは(1)直に敗北するにあらで、此の方を(2)偽引んためにいつわりて引くなり。従はしたがうと云う字なり。敵の引くあとを恋いて追いゆくことなり。只逐うと云う時は敵を(3)追いとむることもこもるゆえ、従と云う字をかきて長追いをする意あり。まことに敗北する敵は、是を追討にして功をなすこともあれども、佯て北る敵ならば、迹を恋いゆくべからず。必ず伏兵に会いて不覚をとるなりと云う意なり。

　(1) 直に：間に他のものが入らぬこと　つまりこの場合は「直に敗北する」で「本当に敗北する」の意味
　(2) 偽引：底本は「おびか」と仮名をうってある。「おびく」の未然形「おびか」である。現代語では「誘く」と書く。
　(3) 追いとむる：追い＋とむる。四段活用の動詞「追う」の連用形＋下二段活用の動詞「とむ」の連体形。「追って止める」意味。

　李典が語に、無故退不可追（wú gù tuì bù kě zhuī　故無く退く、追うべからず）と云えり。無故退とは戦い負けたるにはあらで、何の子細もなく引くことなり。是味方を伏兵のある場所まで引きつけて、横を入れて勝つべき計なるゆえ、不可追と云うなり。古より旗(1)靡き(2)轍乱れ、人(3)囂く馬駭くを真の敗北とし、引けども(4)旗色の整い、行列そろい、足もと乱れず、或いは森林などの方を、(5)ひたもの見返り見返りするは佯北なり。其の顧みる方に伏兵ありと知ることなり。

　(1) 靡く：横に傾き伏す　(2) 轍：車が通ったあとに残る車輪のあと　(3) 囂く：さわがしい
　(4) 旗色：旗のひるがえる様子　(5) ひたもの：むやみに

　昔戦国の時、秦の国より趙の国を伐ちしに、趙の国より趙括を大将として、長平と云う所にて是を拒ぐ。秦の方には白起を上将軍としてよせたり。趙括が方よりかかりて軍を始めけるに、白起老将なれば、わざと崩れて引きたるを、趙括真に崩るると思い、秦の方の陣城のきわまで追いつめ、陣城へ攻め入らんとしけれども、兼ねて要害堅固にしたる陣城なれば攻め入ることあたわぬ所に、白起が兼ねて設けたりし二万五千人の奇兵趙括が後をとりきる。又一軍五千騎を以て趙括が(1)陣所の間を取りきれば、趙の方の軍兵二きれになりて互いに相救うこともならず、我が陣所へ帰ることもならず。兵糧の道たえて難儀に及ぶ所を、白起軽兵を出して是をうつ。趙括戦負けて遂にうたれたることあり。

　(1) 陣所：陣営

　又蜀の(1)昭烈帝いまだ劉表に属したまえる時、劉表が命によりて曹操を攻めたまうに、曹操より夏候惇、利典両人に是を拒がしめ対陣しける時、昭烈忽ち(2)陣屋に火をかけ引かれける。夏候惇諸将に命じて追い伐たしむ、利典が曰く敵故なくして退くは必ず伏兵あり、ことに此のみちすじ狭く草木茂れり、追うべからずと。されども夏候惇用いず。案の如く夏候惇が軍兵伏兵に挟まれ(3)すで

に危うかりしを、李典兼ねて心づき救いの兵を遣わしけるゆえ、⁽⁴⁾事故なかりしことあり。

(1) 昭烈帝：蜀の劉備のことである。諡が昭烈である。　(2) 陣屋：陣営　(3) すでに：まったく
(4) 事故：さしさわり

又南北朝の比、北斉の候景、梁の武帝へ降参し、彰城と云う城を囲みける時、北斉の大将高澄、慕容、紹宗を遣わし是を伐たしむ。紹宗計りて曰く、梁の方の軍⁽¹⁾かたぎ武く物はやければ、⁽²⁾おしはなしの合戦にては勝利を得がたしとて、伴り崩して偽引きけり。梁の方にても候景下知して、敵を追うとも二里に過ぐべからずと云う。日本の⁽³⁾八九町なるべし。されども軍兵用いず、長追して大いに敗れたることあり。

(1) かたぎ：気風
(2) おしはなし：おし離し　「おし」は接頭辞で意味を強める。
(3) 八九町：1町＝109.09メートルだから、8町＝872.72メートル、9町＝981.81メートル

又唐の安禄山が謀反の時、唐の方には郭子儀勅を⁽¹⁾蒙り、安禄山が方の衛州の城を囲む。禄山が子、安慶緒、三軍を率いて後詰めす。郭子儀三千の⁽²⁾射手を物かげにかくし置き、備を少しあとへくりけるを慶緒追いかけ、郭子儀が軍兵を陣城の内へ追い込む。郭子儀軍門を開きければ、太鼓の声夥しく、三千の射手一度に矢を放ちて雨のふる如く射かけける。賊徒度を失う所を、本備を以て⁽³⁾かけ敗り、安慶緒を虜にしたることもあり。

(1) 蒙り：四段活用の動詞「こうむる」の連用形。「いただく」の意味。　(2) 射手：弓を射る人
(3) かけ敗り：（かけやぶり）　漢字で書くと、「駆け敗り」である。「駆く」は「進撃する」の意味。

総じて伴り崩れて、敵を偽引くこと、古今そのためし多し。されども⁽¹⁾不功者なるものは、敵を偽引かんために偽りて崩るるとて、誠の崩になること又多し。

(1) 不功者：熟達していない者

181　鋭卒勿攻、

　　　ruì zú wù gōng、
　　　鋭卒を攻める勿れ、

鋭は精鋭と注す。精はしらげなり。米をしらげたる如くすぐりたる意なり。鋭はするどにて勢の盛んにするどにして、其の⁽¹⁾鋒に向かい難きを云う。卒は士卒軍兵なり。すぐり⁽²⁾えらみたる軍兵の勢盛んにするどなるをば、⁽³⁾むざと攻むべからずと云う意なり。陳皥が注などに、千里遠闘其鋒莫当（qiān lǐ yuǎn dòu qí fēng mò dāng　千里遠く闘いて其の鋒当たる莫し）と云えり。はるばると遠方より是非勝利を心がけて来る敵は、其の勢するどにて、其の鋒にはなかなか向かうことなり難きと云うと云う意なり。さればすぐりえらみたる軍兵ばかりに限らず。勢にのりて攻め来る軍兵の鋒には、向かいがたき道理なり。

(1) 鋒：「鋒先」とも書く。「刀、槍、鉛筆など、とがったものの先」の意味。
(2) えらむ：選ぶ　(3) むざと：考えもなく、軽率に、むやみに

蜀の⑴先主、関羽、張飛をうたれ憤り甚だしく、呉国を攻めんとて大軍を率い、自身⑵発向したまい、夷陵と云う所に陣を取りたまう。呉の方より陸遜⑶討手に向かいけるが、其の勢のするどなるには、むざとかかるべからずとて合戦をせず、七八箇月を経て軍兵の疲れ怠り、勢いのぬけたる所を待ちて破りしことあり。

　(1) 先主：蜀の劉備のこと。劉備の子を後主と言う。　(2) 発向：出発し目的地へ向かうこと
　(3) 討手：敵軍を討伐する軍勢。この場合は単に「討伐」の意味で使っている。

　又三国の末に呉の将、諸葛恪、魏の新城を取り囲みける時、魏の方には司馬景王、毌丘倹、文欽を遣わして⑴拒ましむ。毌丘倹、文欽戦わんとしければ、景王の曰く、諸葛恪遠く本国をはなれ深く攻め来り、軍兵を死地に置きたり、其の鋒するどにてたやすく撃ち難しとて、陣城を取り固めて、合戦をせず数日を送る。諸葛恪⑵もみたてて新城を攻め落とさんとして、手負死人多く出来るを見て、景王人数を本国の方へまわし、路を起ちきるべき様に見せければ、諸葛恪これに惧れて逃げ去りたることもあり。

　(1) 拒む：ささえ防ぐ　(2) もみたつ：激しく攻めたてる

　又前趙の劉曜、西姜のえびすを退治したる時、劉曜が方の将軍遊子遠、えびすの大将、権渠と戦いて数箇度これを破る、権渠が子に伊余と云うもの、⑴専諸が勇、⑵慶忌がはやわざを備えたる勇士なり。父の戦に打ちまけたるを憤り、生死不知のえびすどもを引率して、子遠が陣門へおしかけ、⑶雑言吐きて罵りけれども、子遠軍門を閉じて戦わず。数日を経れば、伊余が心に其の勇力を恐れたりと思い、驕りの心生ずるを見て、未明に陣を払いて伊余が陣へよせ、偽りて北て引き出し、伏兵を設けて生捕にせしこともあり。

　(1) 専諸：春秋時代の呉の人。呉の公子光のため、刺客となり、呉王僚を殺害した。
　(2) 慶忌：春秋時代の呉王僚の子　(3) 雑言：種々の悪口

　又唐の太宗みずから諸軍を率い、劉武周を退治したまう時、玉壁城に登りて敵の備を眺望し、江夏王道宗を召して、敵を挫く方略を尋ねたまう時、道宗答えて曰く、賊徒大軍のいきおいを⑴恃み⑵さかよせに押し来る、其の鋒ちからわざに挫き難し、陣城を取り要害を構え、合戦をやめて其の勢のぬくるを待つべし、敵は烏合の勢にて、一旦一味をなすと云えども、日数を経れば必ずわれわれになり、其の上糧乏しくなるべし、其の期を待ちたまわば戦わずして擒となるべしと云う。太宗わが見る所もこれに同じと勅詔ありて、その如くしたまえば、敵果たして糧尽きて夜引く所を、いぬを付けてこれを伺い、一戦にて勝ちたまうこともあり。

　(1) 恃む：あてにする　(2) さかよせ：攻め寄せてくる敵を、逆にこちらから攻めること

　又、薛仁果を征伐したまう時、敵の勢十余万そのいきおい勇猛にして、太宗の陣へ⑴せり合いをしかけ、合戦を挑みければ、諸将戦わんと奏聞す。太宗の仰せに味方しばしば利を失い、敵はかちほこりて勢つよし、陣城を固めて其の勇気をぬくべしとて取り合いたまわず。日数を経る内に敵方糧少なくなり、二心をはさむもの出来るを見て、梁実と云う大将に命じて、浅水原と云う所に陣城を取らせたまう。敵方の猛将、羅睺と云うもの攻めけれども、要害を固めて戦わず。羅睺怒りて⑵愈

軍争　第七 | 225

急に攻めける時、将軍、龐玉に命じたまいて敵陣の右の方へ人数を出し餌にかいたまう。羅睺果たして梁実をば別軍に押さえさせ、自身龐玉と戦い龐玉敗軍に及ばんとする所に、太宗左の方より大軍を以て不意を打ちたまい、左右より夾みて攻め、遂に勝利を得たまうこともあり。

　⑴ せり合い：競いあうこと　⑵ 愈：ますます

　又春秋の時楚国より随の国を伐ちしに、随の⑴大夫そのきみ随侯に申さ⑵く、楚国にて左を上にすれば、楚の君は左備に居たまうべし、其の備は精鋭の兵なり、右備へ取りかけば必ず敗れん、一方敗れば其の勢に乗じて両軍皆敗れんと云えども、⑶寵臣、少師これを用いず。強き敵をさしおきて弱き敵にかかること武勇に非ずとて、左備と戦い敗北したることもあり。

　⑴ 大夫：官職の名称　⑵ く：言う、申すなどについて会話文を導く　⑶ 寵臣：寵愛する家来

　是皆鋭卒を攻めざると攻めるとの相違なり。

> 　相手が強く、日の出の勢いがある時は戦わずして専ら待つ。相手の気が衰え、日が下る状態になってはじめて攻めるのである。
> 　全盛期のモハメドアリに勝つことは非常に困難である。しかし時を待ち、モハメドアリがパーキンソン病にかかった後であれば、三流のボクサーでも勝つことができる。鋭卒は攻めず、衰えるのを待つのである。

182　餌兵勿食、

ěr bīng wù shí、
餌兵食う勿れ、

　餌は⑴えばなり。餌兵とは魚にえばを⑵かう如く、敵の手ごろに打ちとるべき様なる人数なりとも、土地なりとも、又兵糧なりとも、財宝なりとも、敵にあてがい、敵其の勝利を貪りてそれを取らんとする様にするを云う。食とはえばにかかることなり、敵より計にて、何にても勝利を我に与えて、我を釣らんとせば、それに取りつかず、⑶いろうべからずと云うことを、勿食と云うなり。杜牧は敵より食物の内に毒を入れて棄て置くことあり、是を食うべからずと云い、張預は小荷駄兵糧牛馬を棄てて、敵に奪わせて餌とするに、とりつくべからずと云う。皆狭き説なり。とかく何にても勝利を与えて、敵をつるを餌と云うと心得べし。敵の餌につく所を横より是を打つか、或いは敵の追い来るを妨がん為に、餌を与えて敵の路に手間どる様にすることもあり。又向かう敵を⑷だしぬき、⑸引きはずして他所へ赴かんとする時も、餌を飼うことあり。何れにてもそれに取りつく時は、敵の方便にのるゆえ、食すること勿れと云うことなり。陳皡は食の字を貪ると云う字の誤なるべしと云いたれども、食の字に貪る意あり。本文の如くにて明らかなり。

　⑴ えば：鳥獣などを誘わんとて食わす餌　⑵ かう：与える　⑶ いろう：いじる
　⑷ だしぬく：他人の隙をうかがったり、だましたりして自分が先に事をする　⑸ 引きはず：避ける

183 帰師勿遏、

guī shī wù è、
帰る師は遏む勿れ、

　帰師とは故郷へ帰る軍兵なり。士卒幾百万人ありとも、人々久しき旅をしたれば、父母妻子に逢いたく思うこころ(1)親切なるゆえ、是を遮り遏めてかえすまじとする時は、其の心一致になり、大将の号令を(2)仮らずして、一人一人皆悉く命をすてて戦うものなり。故にたとい戦い勝つとも味方の人数多く打たれ、大いなる損になるゆえ、遮り遏めて帰すまじき様には、せぬものなりと云うことなり。

(1) 親切：深く切なること。痛切。これは「深切」と書くこともあり、このほうが意味はわかりやすい。
(2) 仮らず：現代語では「借らず」になる。

　昔曹操自身、張繡を攻めける時、荊州の(1)刺史劉表より張繡が方へ加勢し、曹操の帰路をたちきる。曹操引き帰さんとしければ、張繡あとより追い(2)かくる。前後に敵をうけ難儀に及ぶ所に、劉表、張繡何れとも要害を固めて戦わず。曹操即ち夜中に(3)蟻道を掘りて、小荷駄を先へ遣わし、奇兵を設けて待ちければ、敵よりは曹操夜中に落ちたりと思い、追い来る所を軍をはじめ、後より奇兵起こり、夾打にして大いに敵を破りたり。曹操、荀彧に語りけるは、敵吾が帰師をとどめ、我に死地を与えたるがゆえ軍に勝ちたりと云えり。

(1) 刺史：官職の名称　(2) かくる：下二段活用の動詞「駆く」の連体形。「進む」の意味。
(3) 蟻道：文字通り蟻が通るような小さな道だろう。

　ここの曹操の戦い方は学ぶものが多い。曹操は前後に敵を受け、窮地に陥った。それで夜中に小さい道をつくり、自由に動けない小荷駄をまず逃した。その後で兵を退却させた。しかし伏兵を残して置いた。敵は伏兵があると思わず深追いした。そこで伏兵と退却した正兵とで挟み撃ちにして勝った。
　窮地に陥った時は原則退却であること、退却は動きの遅いものを先にすること、単に退却するのでなく伏兵を残し敵が油断すれば攻撃できる形にして退却することは学ぶべきことだ。逃げるにしても相手に虚ができればいつでも攻撃できる形にして逃げるのである。相手の太刀を受けるだけでなく、相手に虚ができれば即座に切りつけるのである。

　又斉の建武二年、北朝より斉の鐘離城を囲みたる時、崔慧景と云う大将鐘離の後詰めをし、北朝の軍兵みな退きたりけるに、いかがしたりけん、邵陽州と云うしまに、北朝の人数一万人ほど引きかねて、路をとりきられ居たりしが、午五百匹進ずべし、道を貸したまえと乞いける。慧景残らず打ち殺して恩賞に預からんとせしを、慧景が(1)旗下の(2)軍主に張欣泰と云うもの、孫子が本文を引きて撃たせざりしこともあり。

(1) 旗下：将軍直属の家来　(2) 軍主：軍隊をつかさどるもの

　又、張掖郡と云う所にて、後涼の呂弘と云う大将、段業と云うものを攻めたれども軍利あらず、

引かんとす。段業路をたちきりて撃たんとする時、沮渠蒙遜、孫子の語を引きて諫めけるに、段業用いず。残らず打ち殺して後の禍を断つべしとて合戦し、大いに敗北せしことあり。

又曹操、袁尚と戦いし時、故郷へ帰る敵も、大道を引くは本国へこころざすこと専一なれば打つべからず、山にからまり引くは其の心専一ならずとて、打ちて是を破りしこともあり。一概に⑴こころうべからず。

　⑴　こころう：漢字では「心得」になる。「心得る」こと。

184　囲師必闕、

　　wéi shī bì quē、
　　囲む師は必ず闕く、

囲師とは敵をかこむことなり。必闕とはきびしく四方を囲み⑴つむることをせず、一方明け置きて敵を落とすことなり。四方より囲みつめて落つべき路なければ、敵の心専一にて其の力十倍す。故に必ず一方を明けること定法なり。曹操が注に司馬法を引きて、囲其三面、闕其一面、所以示生路也（wéi qí sān miàn、quē qí yī miàn、suǒ yǐ shì shēng lù yě　其三面を囲みて、其一面を闕くは、生路を示す所以なり）と云えり。囲みつむる時は敵必ず死の心になる、一方明くる時は落ちて命を全くすべきと云う心あり。是敵に生くべき一路をこしらえて見するこころゆえ、示生路と云えるなり。

　⑴　つむる：下二段活用の動詞「つむ」の連体形。「つむ」は漢字で書くと、「詰む」。「あいた所のないようにする、ふさぐ」の意味。

昔後漢の光武の時、⑴妖巫とて⑵幻術をする⑶巫覡の類に、維汜と云うもの一揆を起こしたる時、其の弟子の単臣、傅鎮両人、原武城を攻めとり立て籠もる。臧宮と云う大将数千の軍兵を以て攻めけれども落ちず。人数多く打たれたる時、⑷明帝いまだ東海王にてましましたりしが、孫子が本文の意を以て、囲をゆるめられければ、程なく城落ちたることあり。

　⑴　妖巫：あやしいみこ　人を惑わすみこ　⑵　幻術：人の目をくらます術
　⑶　巫覡：女みこと男みこ。巫が女みこで、覡が男みこ。　⑷　明帝：光武の第四子　後漢の第二代の帝になる。

又張歩と云うもの斉の国を⑴押領せし時、光武の大将、耿弇軍兵を率いて是を征伐せしに、まず張歩が持ちの城、祝阿を攻めけるが、其の近所に鐘城と云う城あり。鐘城の方を明けて祝阿城を三方より囲み手痛く攻めければ、祝阿の人数しろを落ちて、鐘城へ⑵つぼみける。鐘城のもの祝阿の城攻めのていを聞き、鐘城をも明けて落ち行きたり。是孫子が法を用いて攻めぬ城までをも落としたるなり。

　⑴　押領：力ずくで取ること　⑵　つぼむ：狭い所へこもる

又南北朝の時北朝の方二つにわれて、爾朱兆、高歓と国を争いける時、高歓、南陵山と云う所にこもりけるに、人数三万までもなかりける。爾朱兆は二十万の兵を以て是を囲む。孫子が法を用いて三面を囲みければ、高歓牛馬をつなぎ合わせ、爾朱兆が明け置きたる方を塞ぎ、味方の軍兵の落

ちることのならぬ様にして戦いけるゆえ、城中皆落つべき⁽¹⁾便りを得ず。人の心おのづから一致して、⁽²⁾寄手敗北したることもあり。

　(1) 便り：手段、方法　(2) 寄手（よせて）：攻めてくる軍勢

　皆事の様はかわれども、孫子が意を得たるものなり。

185　窮寇勿迫、

qióng kòu wù pò、
窮寇は迫る勿れ、

　窮寇はきわまるあだとよむ。きわまるとは至極ゆきつまりたることなり。あだとは敵を賤めたる詞にて、唯敵と云うことと心得べし。迫るとは急に⁽¹⁾せりつむることなり。至極ゆきづまりたる敵は⁽²⁾死狂いするものゆえ、ゆるやかに追うべし。急にせりつむる時は、必ず不覚をとるものなり。家語にも鳥窮則喙、獸窮則攫（niǎo qióng zé huì、shòu qióng zé jué　鳥窮すれば則ち喙（ついば）む、獸窮すれば則ち攫（つか）む）と云うことあり。俗語にも窮鼠反て猫を噬（か）むと云えり。

　(1) せりつむる：下二段活用の動詞「せりつむ」の連体形。漢字では「迫り詰む」になる。「おしつめる」の意味。
　(2) 死狂い：しにものぐるい

　春秋の時呉国より楚国を伐ち、楚の兵敗北する時、先に大河ありしを呉王、闔閭（こうりょ）追いつめ撃たんとす。⁽¹⁾夫概王（ふがいおう）諫めて曰く、困獸猶鬪、況人乎、若知不免而致死、必敗我、若使半済、而後可撃也（kùn shòu yóu dòu、kuàng rén hū、ruò zhī bù miǎn ér zhì sǐ、bì bài wǒ、ruò shǐ bàn jì、ér hòu kě jī yě　困獸猶鬪う、況んや人をや、若し免れざるを知りて死を致す、必ず我を敗らん、若し半ば済（なかわた）らしめば、後に撃つべきなり）と云えり。困獸とはゆきつまりたるけだものなり。畜類にてもゆきつまりせんかたなければ必ず鬪うものなり。まして人なれば獸より知恵あるものにて、先に大河あれば先へは行かれぬことをしりて、とても免れぬと思わば、必死の戦をなして、必ず我を敗るべし。人数半分ほど川を渡る所を撃たば、彼が心専一ならぬゆえ、勝利を得べしと云う意なり。闔閭これに従いて勝利を得たることあり。

　(1) 夫概王（ふがいおう）：闔閭の弟

　又漢の趙充国、先零羌と云ううえびすを伐つ時、えびす漢の大軍を見て恐れて引きけるが、さきに湟水（こうすい）と云う大河ありて、路狭くわきへゆくべき様なし。趙充国迹を慕いて追いけれども、わざと敵に追いつかぬ様にゆるやかに追い行きけり。諸将不審をなしければ、充国答えて曰く、敵は窮寇なり、急にせりつむることあるべからず、緩やかに追わば必ず軍を反さじ、急に追わば必死の戦をなすべしと云う。果たしてえびすども数万人、湟水の河に溺れて死にけり。其の弊にのりて充国急においつめ、悉く退治せり。是緩やかに追われて河に溺るることは、ゆるやかなれば落ち延びて命を全くせんと思う心より、心臆して先を急ぐによりて、いそぎて河を渡らんとして溺れしなり。もし急に追いたらば、先に大河あり、とても逃れぬ命と知りて、必死の戦をなさんこと⁽¹⁾治定なり。充国まことに老将にて、よく孫子が方略を用いたり。

(1) 治定：必然的であること

　又五代の時⑴石普の大将、符彦卿、杜重威、北国の⑵見分に出でて、野中にて⑶ふと北狄のえびすに逢う。えびすの猛勢十万に囲まれ、水に⑷渇えて難儀す。軍兵みな井の泥を衣服に包み、絞りて其の汁をのむ。人馬⑸渇死するもの夥し。符彦卿が曰く、⑹手を束ねて生擒られんよりは、命を棄てて国恩を報ぜんとて、精兵をすぐりて自身戦をはじめ、大きに北狄を破りしこともあり。是又敵孫子が本文を知らずして、敗北に及べるなり。

(1) 石普：後晋の別称。石敬塘が建国した国であるからこのように言う。
(2) 見分：実際に見て調べること　(3) ふと：突然おこるさま。漢字をあてると「不図」になる。
(4) 渇え：下二段活用の動詞「渇う」の連用形。通常は「餓う」と書き、「うえる」意味だが、ここは「渇」を使っているので、水がなくて喉が乾いているのである。
(5) 渇死：喉が乾いて死ぬこと　(6) 手を束ねる：何もしない

186　此用兵之法也、

cǐ yòng bīng zhī fǎ yě、
此れ用兵の法なり、

　この一句は結語なり。張賁劉寅が説に、上の故用兵之法と云うは衍文にて、高陵勿向と云うより是まで下の九変篇の文⑴錯簡してここにあり。九変篇の始めに合軍聚衆と云える文の下へ入れ、此の結語の此用兵之法也と云う六字を九変篇の絶地無留と云える文の下へ入るべしとなり。尚九変篇の内に衍文あり。それは九変篇の解に説けり。さればこの本文の高陵勿向と云うより窮寇勿迫と云うまでを九変の内の八つと見て、九変篇の内の絶地無留と云うを入れて、九変の数を合わせたるものなり。総じて古書の錯簡衍文明らかに考えがたし。張賁劉寅が説決して孫子が本義なるべしとも思われず。されども此の篇の故用兵之法と云うより末は、⑵いかさまにも軍争之術にも非ず。外の篇の錯簡と思わるるなり。章段句読を考え正して、たとい古書の如くなしたりとも、書を講ずる⑶用所にて、今日兵を用いん上には何の益もなきことなり。まして高陵勿向と云うより下は、上下の文勢に拘らず、一句に一句の用所あれば、錯簡衍文を考え正さずとも、⑷弓箭の道是によりて益を得べきことなり。

(1) 錯簡：文章などが前後していること　(2) いかさまにも：いかにも　(3) 用所：使いみち
(4) 弓箭：箭は矢のこと。

> 徂徠は兵法を学問と考えていない。実際の戦いで役に立つものであればそれでよいと考えている。

参考文献

　インターネットもよく参照したが、参考にしたURLを列挙することはしない。インターネットは次々と別の画面を開くから、URLがたえず変わり、それをいちいち記録する手間を私はしなかった。ここは明らかに自分のURLを参考にしているから、それを参考文献として書いてほしいという方がおられるなら、連絡してもらえれば、参考文献に列挙しなかったことを謝罪し、もし改訂版を出すことがあれば、きちんと参考文献として書きたい。

王弼　注（1974）『老子』台湾中華書局.
大槻文彦（1994）『新編　大言海』冨山房.
荻生徂徠（1926）『孫子国字解』（漢籍国字解全書　第10巻）早稲田大学出版部.
荻生徂徠（1920）『孫子詳解』（『孫子国字解』改題）大日本教育書院.
荻生徂徠　道済　校（1750）『孫子国字解』出雲寺文治郎.
金谷治　訳注（1975）『孫子』岩波書店.
鎌田正、米山寅太郎（1992）『大漢語林』大修館書店.
新村出（1986）『広辞苑　第二版補訂版』岩波書店.
新村出（1992）『広辞苑　第四版』岩波書店.
日本大辞典刊行会（1979）『日本国語大辞典』小学館.
百科辞典編集部（1965）『現代新百科事典』学研.
本田済（1975）『易』（新訂中国古典選）朝日新聞社.
松村明（2006）『大辞林　第三版』三省堂.
村山孚　訳（1984）『孫子・呉子』徳間書店.
守屋洋　守屋淳（2014）『新装版　司馬法・尉繚子・李衛公問対（全訳「武経七書」）』プレジデント社.
諸橋轍次（1971）『大漢和辞典』大修館書店.

■著　者　荻生徂徠

　1666年に江戸に生まれ、1728年に没した。江戸時代の大儒である。柳沢吉保に仕え、徳川吉宗にも信任され、政治上の諮問に答えた。その学は古文辞学派と言われ、その当時の言語や制度の客観的研究によってその意味を明らかにしようとした。多くの門人を集め隆盛であった。著書には『論語徴』、『政談』、『弁道』、『弁名』などがある。

■注釈者　今倉　章

　1953年生まれ。山口大学文理学部文学科英文専攻卒業。高校の英語教員を2年間した後、京都大学大学院文学研究科中国哲学史専攻修士課程修了。英語教師や学習塾の経営をした後に徳島大学医学部医学科卒業。その後は医師として働いた。最近は医師としての仕事を減らし、著述などに時間をかけている。
　ホームページ　http://www.ne.jp/asahi/akira/imakura

注釈　孫子国字解　上

2016年11月1日　初版第1刷発行

著　者　荻生　徂徠
注釈者　今倉　章
発行者　今倉　章
発行所　株式会社希望
　　　　徳島県阿南市羽ノ浦町中庄大知渕2-3
　　　　電話　0884-44-3405
　　　　http://kiboinc.com

印刷製本　徳島県教育印刷株式会社

万一乱丁、落丁がございましたら、小社までお送り下さい。
送料小社負担でお取り替えいたします。
ISBN
Printed in Japan